厦门大学校长基金专项项目成果
中央高校基本科研业务费专项资金资助
(Supported by the Fundamental Research Funds for the Central Universities)
项目编号：20720151102

中国海洋文明专题研究

ZHONGGUO HAIYANG WENMING ZHUANTI YANJIU

第四卷
郑成功与东亚海权竞逐

杨国桢 主编 王 昌 著

人民出版社

《中国海洋文明专题研究》
总　序

改革开放以来,中国的海洋发展取得令人瞩目的进步,有力地推动中国现代化进程。进入 21 世纪,随着中国海洋权益的凸显,海洋意识的提升,中国海洋发展战略上升为国家战略,这是现代化建设的本质要求,也是中国历史发展的必然选择。

现代化是现代文明的体现。西方推动的现代化依赖海洋而兴起,海洋文明成了现代文明的象征,随着大航海时代崛起的西方大国不断对海外武力征服、殖民扩张,海洋文明成了西方资本主义文明、工业文明的历史符号。20 世纪,海洋文明又进一步被发达海洋国家意识形态化,他们夸大"海洋—陆地"二元对立,宣扬海洋代表西方、现代、民主、开放,而大陆代表东方、传统、专制、保守。在这种语境下,海洋文明的多样性模式被否定,中国的、非西方的海洋文明史被遗忘,以至在相当长的时期内,人们相信:中国只有黄色文明(农业文明),没有蓝色文明(海洋文明)。直到今天,还严重制约我们对海洋重要性的认识。

文明是人类生活的模式。文明模式的类型,一般可以按生产方式,或按经济生活方式,或按精神形态或心理因素,或按社会形态来划分。我们按经济生活方式的不同,把人类文明划分为农业文明、游牧文明、海洋文明三种基本类型。现代研究成果证明,海洋文明不是西方独有的文化现象,西方海洋文明在近现代与资本主义相联系,并不等同资本主义社会才有海洋文明。海洋文明也不是天生就是先进文明,有自身的文化变迁历程。濒海国家和民族的海洋文明表现形式不同,都有存在的价值。海洋文明是人类海洋物质与精神实践活动历史发展的成果，又是对人类历史发展产生重大影响的因素，既有积极作用，又有消极影响。树立这样的海洋文明观念，是理解、复原人类海洋文明史，提出中国特色海洋叙事的基础。

不以西方的论述为标准，中国有自己的海洋文明史。中国海洋文明存在于海陆一体的结构中。中国既是一个大陆国家，又是一个海洋国家，中华文明具有陆地与海洋双重性格。中华文明以农业文明为主体，同时包容游牧文明和海洋文明，形成多元一体的文明共同体。海洋文明是中华文明的源头之一和有机组成部分，弘扬海洋文明，不是诋毁大陆文明，鼓吹全盘西化，而是发掘自己的海洋文明资源和传统，吸收其有利于现代化的因素，为推动中国文明的现代转型提供内在的文化动力。在这个意义上，中国海洋文明史研究是中国现代化进程提出的历史研究大题目。只要中华民族复兴事业尚未完成，中国海洋文明史研究就一直在路上，不能停止。

中国海洋文明博大精深，留存下来的海洋文献估计有近亿字，缺乏全面的搜集和整理；20 世纪 90 年代兴起的海洋史学，还在发展的初级阶段，而中国海洋文明的多学科交叉和综合研究还在起步，缺乏深厚的文化累积，中国的海洋叙事显得力不从心，甚至矛盾、错乱。在这种状况下，基础性的理论研究和专题研究任重道远，不能松懈。面对这个现实，我从 20 世纪 90 年代开始呼吁开展中国海洋社会经济史和海洋人文社会科学研究，主编出版了《海洋与中国丛书》（"九五"国家重点图书出版规划项目，获第十二届中国图书奖）、《海洋中国与世界丛书》（"十五"国家重点图书出版规划项目），做了奠基的工作，但距离研究的目标还相当遥远。

2010 年 1 月，在我主持的教育部哲学社会科学研究重大课题攻关项目《中国海洋文明史研究》开题报告期间，教育部社科司领导和评审专家希望我做长远设计、宏大设计，出一个精华本，一个多卷本，一个普及本。于是我设想五年内主编一本 40 万字的精华本，即该项目的最终成果《中国海洋文明史研究》；一个多卷本，即《中国海洋文明专题研究》（1—10 卷），250 万字，已经申请获批为"十二五"国家重点图书出版规划项目，并列入创办海洋文明与战略发展研究中心的规划，得到厦门大学校长基金的资助；一本 20 万字的普及本，后来取名为《中国海洋空间简史》，将由海洋出版社出版。

精华本由该项目的子课题负责人编写,他们都是教授、研究员、博士生导师;多卷本和普及本则由年轻博士和博士研究生撰写。目前这项工作进入尾声,三个本子都有了初稿,虽说修改定稿的任务还很繁重,总算看到胜利的曙光。

最先定稿的是这套10卷本。策划之初,考虑到编写中国海洋通史的条件尚未成熟,如果执意为之,最多是整合已有的研究成果,不具学术创新的意义,故决定采取专题研究的方式,在《海洋与中国丛书》和《海洋中国与世界丛书》的基础上,扩大研究领域,继续进行深入探讨。由于中国海洋文明的议题广泛,涉及众多领域,不可能毕其功于一役,我们的团队实际上是"铁打的营盘流水的兵",有进有出,人力有限,一次5年10册的规模便达到了极限。因此,研究必须细水长流,以后有机会还会延续下去。

由于专题研究需要新的思路、新的理论、新的方法、新的资料,投入与产出性价比低,许多人望而却步。而在那些善用行政资源和学术资源,追求"短平快、高大全"扬名立万的大咖眼里,这只是个"小儿科",摆不上台面。改变这种局面,需要有志者付出更大的努力。所幸入选的9位博士年富力强,所领的专题以博士学位论文为基础,驾轻就熟,且先后所花时间长则8年,最短也有4年,尽心尽力,克服了种种困难,不断充实、修改,终于交出了一份比较满意的答卷。至于各个专题是否都能体现学术研究"小题大作"的精神,达到这样的高度,有待读者的评判。

杨国桢

2015 年 9 月 23 日于厦门市会展南二里 52 号 9 楼寓所

目　　录

绪　　论

一

进入 21 世纪,海洋在国家战略及经济可持续发展中的地位日益显著。海洋不仅提供了丰富的物质资源,也是中国与世界各国开展国际交流合作的重要通道。但是,当前中国向海洋发展的前景可谓机遇与挑战并存。

中国与亚洲海洋邻国的一系列摩擦,引起时人极大的关注。在黄海,渔民捕鱼的问题时常引发中韩的争议;在东海,中国与日本关于钓鱼岛的问题争论不休,一度剑拔弩张;在南海,越南曾宣布对西沙群岛与南沙群岛拥有主权;菲律宾则占领南沙群岛的部分岛礁,频频挑起事端。如何维护中国的海洋主权,已是当前国家面临的重要问题。

然而,中国面临的海上问题并非今日独有。从历史上看,中国传统的政治经济文化核心地带在黄河流域,大陆的稳定历来是第一位的。沿海地区及邻近海域在中央政权看来不但容易滋生游民,影响社会稳定,甚至可以成为勾结敌国损害国家利益的混乱地带。明清以来,中央政权断断续续地采取了海禁政策。与之互为因应的则是海上的混乱局面。自明中叶以来的倭寇问题、明末清初的"海寇商人"、"荷夷"的骚扰,到清中叶的"大海盗"蔡牵等,海上问题成为明清两朝的共同难题。鸦片战争,西方国家更是从海上打开了中国的大门,"三千年未有之变局"由此而起。

长期忽视海洋发展的社会意识和社会心理以及鸦片战争以来西方海洋理论的强势影响,直至 20 世纪末,还有激烈的言论认为中国只有黄土文化,没有海洋文化。改革开放以后，中国打开了和世界交流的国门，向海洋发展成为经济可持续发展的根本保证。在此背景下，学界开始重视海洋相关理论的研究。

20世纪80年代以来，台湾学界陆续出版《中国海洋发展史论文集》，厦门大学杨国桢教授长期致力于中国自身海洋文明的研究，也形成了一系列成果。中国有自己的海洋文化和海洋文明，逐步为学界接受。杨国桢先生在《重新认识西方的"海洋国家论"》一文中指出，当前西方国家的"海洋国家"理论实际上是马汉"海权论"话语体系下的概念，经过麦金德的海陆二分法和民主、专制二分法构建出"海洋国家"与"大陆国家"的对立。如何摆脱西方海洋文明的"话语权"控制，是当前中国海洋文明理论研究面临的重要问题。

中国有着悠久独特的海洋文明发展历程。无论是宋元时期繁盛的海外贸易，还是郑和"七下西洋"的壮举，都是中国海洋发展史上的重要内容。并且在郑和时代以前，中国的造船技术、航海技术等方面，都处于世界领先地位。大航海时代开启后，葡萄牙、西班牙、荷兰、英国等西方海洋强国接连进入东亚海域，寻求贸易和利润。中国方面，明中叶以来海禁的松动，特别是隆庆开海以来，中国东南沿海商人大量来往于东亚、东南亚的各个港市经营"生理"，形成海外华人贸易网络。西方势力的到来，将中国卷入世界贸易竞争中。东西方势力进而在东亚海域展开了政治、经济、军事、文化的全面角逐。

本书关注的论题，是这一时期郑成功与荷兰人的海权竞逐。大航海时代以来，全球化进程不断加速。郑成功的活动，表明在大航海时代开启之初，中国在东亚海域乃至世界海洋的舞台上仍具有重要地位。这一时期的东亚海域海权竞逐的结果，便是郑成功在与荷兰人的海权较量中胜出。他主导东亚贸易网络，并最终将台湾纳入中国版图。郑成功以海外贸易为主要经济来源，跨越台湾海峡"驱荷复台"，实为中国海洋史上的重大事件。这是中国与西方国家在海上展开的最早的并且是规模较大的海上竞争。郑成功是否具有"海权"思维？这场竞争有何意义？"郑成功与东亚海权竞逐"这一论题的研究，对于探讨中国自身的海洋文明的内涵无疑是一次有益的尝试。郑成功在海上成败的经验教训,也是中国重返海洋的重要财富。

二

　　民国时期已有朱希祖等学者对郑成功进行研究。此外,国内关于郑成功的研究成果较为明显地集中在新中国成立后纪念郑成功"驱荷复台"的学术研讨会上。1962 年,厦门举办了一次纪念郑成功复台 300 周年的学术讨论会。1982 年以后,国内学界几乎每隔五年便举行纪念郑成功驱荷复台的学术研讨会,大致编成以下论集:《郑成功研究论文选》①,主要为 1962 年厦门学术会议论文集,1982 年重新整理出版;《郑成功研究论文选续集》②、《郑成功研究论丛》③,1982 年厦门学术会议论文集;《台湾郑成功研究论文选》④,1982 年厦门学术会议学术组选取台湾郑成功研究的论文集;《郑成功研究国际学术论文集》⑤,1987 年厦门学术会议论文集;《郑成功研究》⑥,1992 年厦门郑成功学术会议论文集;《郑成功研究》⑦,1997 年泉州郑成功研究论文集;《长共海涛论延平——纪念郑成功驱荷复台 340 周年学术研讨会论文集》⑧,2002 年厦门郑成功学术研讨会的论文集;《郑成功与台湾》⑨,2002 年在泉州举行的纪念郑成功复台 340 周年的学术讨论会;

---

　　①　厦门大学历史系编:《郑成功研究论文选》,福建人民出版社 1982 年版。

　　②　郑成功研究学术讨论会学术组编:《郑成功研究论文选续集》,福建人民出版社 1984 年版。

　　③　郑成功研究学术讨论会学术组编:《郑成功研究论丛》,福建教育出版社 1984 年版。

　　④　郑成功研究学术讨论会学术组编:《台湾郑成功研究论文选》,福建人民出版社 1982 年版。

　　⑤　厦门大学台湾研究所历史研究室编:《郑成功研究国际学术会议论文集》,江西人民出版社 1989 年版。

　　⑥　方友义主编:《郑成功研究》,厦门大学出版社 1994 年版。

　　⑦　泉州市郑成功学术研究会编:《郑成功研究》,中国社会科学出版社 1999 年版。

　　⑧　杨国桢主编:《长共海涛论延平——纪念郑成功驱荷复台 340 周年学术研讨会论文集》,上海古籍出版社 2003 年版。

　　⑨　泉州市政协、南安市政协主编:《郑成功与台湾》,厦门大学出版社 2003 年版。

《郑成功研究文集》①,2012 年厦门举办的郑成功研究讨论会论文集。

除了以上郑成功研究学术会议论文集以外,还有陈碧笙的《郑成功历史研究》②及邓孔昭的《郑成功与明郑台湾史研究》,③张宗洽的《郑成功丛谈》④是个人关于郑成功研究的论文集;意大利研究者白蒂著有《远东国际舞台上的风云人物》。⑤ 此外,新中国成立以来,在各种学术杂志上发表的关于郑成功研究的论文,更有数百篇之多。

受时代意识的影响,以上关于郑成功研究的侧重点有明显变化。20 世纪 90 年代以前,主要纪念郑成功"驱荷复台"即从反殖民反侵略的角度研究郑成功驱荷复台的意义,以及"抗清"即研究郑成功在抗清斗争中的民族气节及反民族压迫对清廷民族政策转变的意义。郑成功的阶级属性、当时的国内主要矛盾、郑成功海上贸易与资本主义萌芽的关系是学者们争论的焦点。与此同时,关于郑成功的史实、郑成功与其他历史人物的关系、郑成功与台湾等方面的研究,也逐步深入。20 世纪末以来,开始有学者关注郑成功的活动在中国海洋发展史上的意义,郑成功与海权便是这一视野中的一个切入点。

（一）早期郑成功的研究

20 世纪 90 年代以前对郑成功的整体研究,有傅衣凌的《关于郑成功的评价》⑥及《关于郑成功研究的若干问题》⑦,陈孔立、李强的《李自成·多尔衮·郑成功》⑧等。傅衣凌从国内矛盾认识出发,认为郑成功代表国内地主

---

① 池本地主编:《郑成功研究文集》,厦门大学出版社 2012 年版。

② 陈碧笙:《郑成功历史研究》,九州出版社 2000 年版。

③ 邓孔昭:《郑成功与明郑台湾史研究》,台海出版社 2000 年版。

④ 张宗洽:《郑成功丛谈》,厦门大学出版社 1993 年版。

⑤ [意]白蒂:《远东国际舞台上的风云人物——郑成功》,庄国土等译,广西人民出版社 1997 年版。

⑥ 傅衣凌:《关于郑成功的评价》,载《郑成功研究论文选》,第 9 页。

⑦ 傅衣凌:《关于郑成功研究的若干问题》,载《郑成功研究论文选续集》,第 232 页。

⑧ 陈孔立、李强:《李自成·多尔衮·郑成功——历史的"合力"之一例》,载《郑成功研究论丛》,第 31 页。

阶级抗战派及东南新兴海商利益,驱荷斗争保障民族独立,免受外来资本主义侵略,为康乾中国经济发展提供先决条件。他进一步提出评价郑成功应从亚洲历史进程中去认识,郑成功驱荷复台,对日本、朝鲜等国的独立性及华侨经济都有巨大的影响。认为郑成功的抗清斗争迫使清廷调整与汉族地主关系,缓和民族矛盾,而驱荷复台则维护领土主权,开发台湾,为实现全国统一准备条件。早期大多数对郑成功的研究并未超出上述视野,而大致从以下方面进行研究:

第一,论述郑成功"驱荷复台"的伟大意义。这方面的文章主要有朱杰勤的《十七世纪中国人民反抗荷兰侵略的斗争》、[①]朱维幹的《郑成功光复台湾的壮烈事迹》[②]、陈国强的《郑成功驱逐荷兰侵略者收复台湾的伟大斗争》[③]等。此外,还有专门从军事角度探讨郑成功的复台战争,如陈孔立的《郑成功收复台湾的战争分析》,[④]、陈碧笙的《郑成功收复台湾战史研究》[⑤]邓孔昭的《郑成功收复台湾的战略运筹》[⑥]和《郑成功收复台湾期间的粮食供应问题》,[⑦]郭志超的《风潮对荷、郑和清、郑战争影响例析》[⑧],认为郑成功利用风潮,对登陆鹿耳门带来很大帮助。台湾陈锦昌的《郑成功的台湾时代》[⑨],可说是研究郑成功复台战史最翔实的成果。作者收集中文

① 朱杰勤:《十七世纪中国人民反抗荷兰侵略的斗争》,载《郑成功研究论文选》,第1页。
② 朱维幹:《郑成功光复台湾的壮烈事迹》,载《郑成功研究论丛》,第1页。
③ 陈国强:《郑成功驱逐荷兰殖民者收复台湾的伟大斗争》,载《郑成功研究论文选》,第47页。
④ 陈孔立:《郑成功收复台湾的战争分析》,载《郑成功研究论文选》,第304页。
⑤ 陈碧笙:《郑成功收复台湾战史研究》,载陈碧笙:《郑成功历史研究》,第1页。
⑥ 邓孔昭:《郑成功收复台湾的战略运筹》,载邓孔昭:《郑成功与明郑台湾史研究》,第1页。
⑦ 邓孔昭:《郑成功收复台湾期间的粮食供应问题》,《台湾研究辑刊》2002年第3期。
⑧ 郭志超:《风潮对荷、郑和清、郑战争影响例析》,载方友义主编:《郑成功研究》,第148页。
⑨ 陈锦昌:《郑成功的台湾时代》,台北向日葵文化出版社2004年版。本书在大陆出版时改名为《失落的超级舰队——郑成功与东方海洋霸权的瞬间》,广州新世纪出版社2011年版。

史料和相关荷兰档案史料,较全面地还原了郑成功复台的战斗经过。

第二,对郑成功"抗清"的研究。主要有胡允恭的《郑成功抗清驱荷的英雄事迹》①、陈在正的《一六五四至一六六一年清郑之间和战关系及其得失》②、廖汉臣的《延平王北征考评》③、薛瑞录的《郑成功北伐战略新探》④、安双成的《清郑南京战役的若干问题》⑤、陈碧笙的《1657—1659年三次北上江南战役》⑥等。以上的研究,对郑成功军队的优势劣势的剖析十分详细,如郑军长于海战,短于陆战、攻坚战等方面均有提及。

第三,有研究者从郑成功个人的角度进行研究。如郑成功的思想方面,有刘伯涵的《郑成功与东林复社的关系》⑦、陈名实、林国平的《郑成功的儒学思想及其影响》⑧、林其泉、郑以灵的《郑成功经济思想初探》⑨、黄志中的《试论郑成功的经济思想及其实践》⑩等。军政建设方面,有吕荣芳、叶文程的《郑成功在厦门的军政建设》⑪、钱海岳的《郑成功在军事上的贡献》⑫、邓华祥的《略论郑成功为建设和巩固厦门根据地的斗争》⑬,等等。

① 胡允恭:《郑成功抗清驱荷的英雄事迹》,载《郑成功研究论文选》,第245页。
② 陈在正:《一六五四至一六六一清郑之间的和战关系及其得失》,载《郑成功研究论文选续集》,第114页。
③ 廖汉臣:《延平王北征考评》,载《台湾郑成功研究论文选》,第85页。
④ 薛瑞录:《郑成功北伐战略新探》,载《郑成功研究国际学术会议论文集》,第74页。
⑤ 安双成:《清郑南京战役的若干问题》,载《郑成功研究论文选》,第115页。
⑥ 陈碧笙:《1657—1659年三次北上江南战役》,载陈碧笙:《郑成功历史研究》,第175页。
⑦ 刘伯涵:《郑成功与东林复社的关系》,载《郑成功研究论文选续集》,第303页。
⑧ 陈名实、林国平:《郑成功的儒学思想及其影响》,《福州大学学报(哲学社会科学版)》2007年第2期。
⑨ 林其泉、郑以灵:《郑成功经济思想初探》,载《郑成功研究论文选续集》,第161页。
⑩ 黄志中:《试论郑成功的经济思想及其实践》,载《郑成功研究论文选续集》,第178页。
⑪ 吕荣芳、叶文程:《郑成功在厦门的军政建设》,载《郑成功研究论文选续集》,第148页。
⑫ 钱海岳:《郑成功在军事上的贡献》,载《郑成功研究论文选》,第322页。
⑬ 邓华祥:《略论郑成功为建设和巩固厦门根据地的斗争》,载《郑成功研究论丛》,第123页。

第四，关于郑成功的海上贸易。这方面的成果主要有韩振华的《一六五零至一六六二年郑成功时代的海外贸易和海外贸易商的性质》①、台湾南栖的《台湾郑氏五商之研究》②，考证郑氏有杭州的山五商金、木、水、火、土及厦门的海五商仁、义、礼、智、信五大商来组织贸易活动，山海各商行也有刺探军情的作用。林仁川的《试论郑氏政权对海商的征税制度》③，认为郑芝龙的"令旗"兼有海上贸易通行证及海商船税的意义，此后郑功成继承此制度并改为"牌票"，征收"牌饷"。

此外，还有对"郑氏海商集团"的研究。聂德宁的《郑成功与郑氏集团的海外贸易》④，认为郑成功继承发展了郑芝龙的海上实力，并且整合了浙海水师力量，对其海外贸易形成有力保障。郑成功还丰富其贸易形式，增强了商业竞争力，从而在与荷兰人的竞争及海盗行为的斗争中胜出。郑克晟的《郑成功的海上贸易及其内部组织之特点》，⑤认为郑氏集团有成员成分复杂、内部重要成员相对独立、依靠宗族关系和乡亲关系来保持郑氏"舶主"地位的特点，一旦出现利益冲突，便难以团结，导致郑氏集团最后的失败。

第五，郑成功与东亚各国之间的关系。聂德宁的《明末清初中国帆船与荷兰东印度公司之间的贸易关系》⑥一文，认为在明末清初这一时段内，中国商船与荷兰东印度公司之间经历了被掳掠到竞争以至抗争的过程。最终郑成功击溃荷兰人，保护了中国海商利益。李德霞的《浅析荷兰东印度公司与郑氏海商集团之商业关系》⑦，认为荷兰东印度与郑氏集团之间时而

①　韩振华：《一六五零至一六六二年郑成功时代的海外贸易和海外贸易商的性质》，载《郑成功研究论文选》，福建人民出版社1982年版，第136页。

②　南栖：《台湾郑氏五商之研究》，载《台湾郑成功研究论文选》，第194页。

③　林仁川：《试论郑氏政权对海商的征税制度》，载《郑成功研究国际学术会议论文集》，第260页。

④　聂德宁：《郑成功与郑氏集团的海外贸易》，《南洋问题研究》1993年第2期。

⑤　郑克晟：《郑成功的海上贸易及其内部组织之特点》，《中国社会经济史研究》1991年第1期。

⑥　聂德宁：《明末清初中国帆船与荷兰东印度公司之间的贸易关系》，《南洋问题研究》1994年第3期。

⑦　李德霞：《浅析荷兰东印度公司与郑氏海商集团之商业关系》，《海交史研究》2005年第3期。

相互利用时而竞争,但无论在军事方面还是商业贸易方面都处处受制于郑氏集团,最终不敌郑氏集团。文章对郑芝龙与荷兰东印度公司之间关系的探讨较为详细,但限于篇幅,对郑成功时期郑氏集团与荷兰之间的竞争事实则简略带过。

庄国土《析郑成功致菲律宾总督书》一文①认为,郑成功对菲律宾西班牙人的檄文主要目的在于保护其商船安全及公平贸易,客观上并没有达到护侨的目的。郑山玉、于东《郑成功致菲律宾总督书管窥》一文②认为,郑成功有保护华侨的目的,但此文在翻译上的曲折使得在解读过程中易产生歧义。

黄玉斋的《郑成功时代与日本德川幕府》③,提到郑成功在1648年、1651年曾向德川幕府的第三代将军德川家光求援,1658年对幕府的第四代将军德川家纲的求援。杨国桢《闽在海中、追寻福建海洋发展史》④一书的第五章"隐元禅师与仙岩"考证隐元禅师1654年在厦门的相关活动,认为隐元禅师受郑成功所托赴日求援的可能性较大。但胡沧泽《郑成功与隐元禅师赴日的关系》一文⑤认为隐元赴日主要在传佛法,与郑成功借兵无关。汤锦台的《郑氏父子与平户》⑥,认为从王直以来在平户的华商已形成一股强大的势力,郑成功受到这一力量的支持。在日本的经历使得郑成功对荷兰人有所了解,从而打下驱荷复台的基础。

（二）郑成功与海权的相关研究

虽然早在20世纪50年代就有学者注意到郑成功与海权的关系,但限

---

① 庄国土:《析郑成功致菲律宾总督书》,载方友义主编:《郑成功研究》,第389页。

② 郑山玉、于东:《郑成功致菲律宾总督书管窥》,载泉州市郑成功学术研究会编:《郑成功研究》,第307页。

③ 黄玉斋:《郑成功时代与日本德川幕府》,载《台湾郑成功研究论文选》,第263页。

④ 杨国桢:《闽在海中:追寻福建海洋发展史》,江西高校出版社1998年版,第198页。

⑤ 胡沧泽:《郑成功与隐元禅师赴日的关系》,泉州市郑成功学术研究会编:《郑成功研究》,第232页。

⑥ 汤锦台:《郑氏父子与平户》,载《长共海涛论延平——纪念郑成功驱荷复台340周年学术研讨会论文集》,第254页。

于史料及研究视野的限制,对这一问题的研究成果较少。20世纪末以来,海洋史学的兴起,郑成功的海上活动在中国海洋发展史上的地位逐步引起重视。郑成功与东亚海权的问题,成为一个新的研究视角。

台湾学者方豪在1950年发表的《明郑的海权掌握和对外关系》①,注意到海权对于郑氏的重要性。文章认为,海权的掌握是郑成功抗清驱荷的基础,海权和海利是明郑的生命线。与葡萄牙、荷兰、西班牙、日本的商业贸易往来,是郑氏海权的基础。可惜文章并未结合史实铺开论证,也未对"海权"的概念做明确界定。

杨国桢在2003年发表的《郑成功与明末海洋社会权力的整合》②,认为郑成功的海上政权是大航海时代东亚的海洋竞争和中国海洋经济在沿海社会发展的结果。民间海洋社会权力填补了明末以来海洋社会经济发展而出现的权力真空,促进了海洋社会经济的发展。从隆庆时期以来,中国的海洋社会权力经历了从民间—地方官府—海上政权的整合,代表了中国沿海社会向海洋的转向。水师和海洋贸易是郑成功海上政权的基础,郑氏政权行使明朝中央政权的公权力,以政权形式组织海洋贸易,鼓励私商,以武装保护海上安全和商业利益,与海洋世界规则接轨,体现了中国传统社会结构的弹性。由于海洋经济和海洋社会长期停留于民间地方层次,无法与清朝政府抗衡。海洋政权的失败,使得中国错过了通过海权竞争融入世界市场的战略机遇期。文章在东亚海权竞争的背景下考察明末海洋社会权力,对海洋社会经济的发展背景及对海洋社会组织结构、运作进行分析,无疑打开了一个新视角。

郑永常《郑成功海洋性格研究》一文③,认为郑成功的早期经历及家庭背景使其形成了一种海洋性格,认识到海上贸易和航运的重要性,从而展现出一种海权思维。文章例举了郑成功海上活动的事例,分别是派官员到台

---

① 方豪:《明郑的海权掌握和对外关系》,载方豪:《方豪六十自定稿》,台北学生书局1969年版,第953页。

② 杨国桢:《郑成功与明末海洋社会权力的整合》,载杨国桢:《瀛海方程》,海洋出版社2008年版,第285页。

③ 郑永常:《郑成功海洋性格研究》,《成大历史学报》2008年第6期。

湾魍港向中国渔民征税,派何斌在鸡笼借打捞沉船测量港道水深,抗议大员荷船夺去属下商船及财物,维护海域航道安全,禁航马尼拉的禁令,警告和抗议巴达维亚查扣商船和货物,对大员禁运及发布回航令,想将常寿宁放逐台湾的想法,对安然无礼的处理,委托何斌在台湾征收通行税,攻取台湾,诏谕吕宋一共 12 个事例,说明郑成功的海洋性格,并以马汉的海权论来印证,认为郑成功的海权思维接近其时的荷兰人①。文章以海洋性格及海权的视角来检视郑成功的海上活动,在研究视野上可认为已有突破。但本文读者可能产生些许疑惑,比如,海洋性格到底是什么样的性格？另一个问题则是,仅仅对郑成功的经历及涉海活动事例的考察,来说明郑成功的海权意识及郑氏政权为海权国家,是否足够充分？考虑到海权及海权国家的内涵与欧美的社会条件及历史背景相关,因此,在判断其他地区时,是否也应将具体国家或是政权的历史背景、社会构成等因素纳入考量？遗憾的是,限于篇幅,作者并未对此详加论证。

倪乐雄的《从制海权和社会转型的角度看郑氏水师》②,认为郑氏水师与西方意义上的海军相似,表面中国在没有外部力量介入的条件下也能产生一定规模和程度的资本主义。作者的另一篇文章《从"延平条陈"到澎湖之战——郑氏集团的海权战略得失分析》③,认为郑清的南京之战和厦门高崎之战展现了海权对陆权的优劣势,海权和海利是郑成功集团成败的关键。此外,作者还有《郑成功时代的海权实践对当代中国的意义》④一文,认为郑成功海商集团发展出强大的海上军事力量表面以海外贸易为经济基础的社会必然要用海军来维系自己的生存,海上力量是维护国际贸易秩序的根本。作者一系列的文章主要从军事、战略方面考察郑氏政权,在事实的论证方面似乎有所欠缺。另一个主要问题则是相关概念的界定,作者在许多论述中

① 郑永常:《郑成功海洋性格研究》,《成大历史学报》2008 年第 6 期。
② 倪乐雄:《从制海权和社会转型的角度看郑氏水师》,《军事历史研究》1997 年第 4 期。
③ 倪乐雄:《从"延平条陈"到澎湖之战——郑氏集团的海权战略得失分析》,《军事历史研究》2012 年第 1 期。
④ 倪乐雄:《郑成功时代的海权实践对当代中国的意义》,《华东师范大学学报(哲学社会科学版)》2012 年第 2 期。

将"海权"与"制海权"等同，①有待商榷。

　　意大利的研究者白蒂《远东国际舞台上的风云人物——郑成功》②一书把郑成功的活动置于远东的复杂形势下进行考察，强调郑成功的活动对远东海域乃至世界格局的影响。作者认为，从李旦、郑芝龙开始，中国的海上力量得到统一，得以在东亚海域与西方海洋强国竞争，并凭借对东亚、东南亚贸易网络的掌控及强大海上军事力量在竞争中胜出。东亚海域的局势变化引起了西方海洋强国的调整与变化，从而影响了近代欧洲历史的进程。此书的视野跳出了中国沿海与台湾海峡，将郑成功在东亚的活动置于大航海时代东西方势力相互角逐的时代背景下考察，在视野方面无疑有了巨大的进步。但此书视角广阔又限于篇幅，在许多细节方面作者并未深入地分析。对郑成功的商贸活动、与各方势力在海上的竞争和冲突等等史实的处理似乎过于简略，而对郑成功的政权组织及中国沿海的社会背景几乎没有涉及。以上几点虽非此书研究最主要之目的所在，但未加注意，对于认识郑成功及其海上政权在东亚海域的地位而言，或许是一个缺憾。

　　上述研究已是针对郑成功与东亚海权研究的仅有成果。如上，虽有学者已关注郑成功与东亚海权竞逐的新视角，但对于郑成功与海权的研究，理应虑及当时中国东南社会的历史背景及郑成功海上政权的作用。此外，"海权"作为一个舶来词汇，其内涵如何界定？

三

　　"海权"的含义到底如何理解？当前学界对于海权尚无统一的定义。

　　有研究者认为，海权说到底，就是海洋空间的行动自由权。③ 也有人认

---

① 倪乐雄：《从制海权和社会转型的角度看郑氏水师》，《军事历史研究》1997 年第 4 期。

② ［意］白蒂：《远东国际舞台上的风云人物——郑成功》，庄国土等译，广西人民出版社 1997 年版。

③ 张世平：《中国海权》，人民日报出版社 2009 年版，第 1 页。

为，海权在经典意义上，是国家对海洋的利用和控制。① 另外还有人认为，海权，顾名思义，就是拥有或享有对海洋或大海的控制权和利用权，但是这种权力的范围涉及军事、政治、经济等多个领域。② 总体来说，研究者在使用"海权"这一概念时，大致主要有三种观点：一是侧重海上权力或力量；二是侧重海洋上的权利；三是侧重海洋权利与海上力量结合起来。

"海权"的不同解释无疑极易引起理解和运用的混乱。海权既是一个外来词汇，若不考察其外文原义而随意加以个人的理解，恐难言合理。有研究者指出，在近代中国，首先使用"海权"一词的是驻德公使李凤苞的《海战新义》，此书在1885年刊印，其中说："凡海权最强者，能逼令弱国之兵船出战。"但是，当前并不清楚其对应的是英文词汇还是德文词汇。③ 此后，"海权"一词逐渐出现于清廷官方记载。如清光绪三十二年（1906），出使考察政治大臣戴鸿慈等奏称："由荷赴意，行抵罗马。观其庶事克修，俨然强国。海军制度，可与各国抗衡。地处温带，最宜蚕桑。滨海之国，大要尤注意渔业，于扩张海权，有绝大关系。"④

以"海权论"风靡世界的马汉的《海权对历史的影响》初版在1890年。1897年，马汉在给伦敦出版商马斯顿的信中说：我可以说，我经过深思熟虑所选用的，现在已这样流行的Sea power。这个名词，我是希望它能迫使人们注意并得到流行。我故意不用maritime这个形容词，是这个词太通俗，不能引起人们注意或是不能使人们把它放在心上。Sea power，至少其英语意义，看来已保留了我所使用的意义。⑤ 马汉自己指出Sea power是其"选用"的，可见，在马汉以Sea power作为其著作中的主要概念以前，这一词汇早已流行于欧美社会。马汉的著作是对海权提出了系统的理论，影响深远，但这

① 石家铸：《海权与中国》，上海三联书店2008年版，第1页。

② 朱华友：《中国海权战略序言》，载鞠海龙：《中国海权战略》，时事出版社2011年版，第3页。

③ 王荣国：《严复海权思想初探》，《厦门大学学报（哲学社会科学版）》2004年第3期。

④ 《清德宗实录》卷五百六十一，光绪三十二年丙午六月。

⑤ 参见张炜、郑宏：《影响历史的海权论（马汉：海权对历史的影响（1660—1783）浅说）》，军事科学出版社2000年版，第35页。

一思想无疑曾经历了一定时段的积累与沉淀。此后,中国学人普遍将 Sea power 翻译为海权。

在《大不列颠百科全书》中,Sea power 的含义是"一个国家的军事力量在海洋的延伸,以一个国家无视敌人和竞争者使用海洋的能力为准则,它由不同的因素构成,比如战术、武器、辅助设备、商业航运和受训练的专业人员"。① 而在美国的《哥伦比亚百科全书》中,Sea power 的解释是"能够使一个国家控制一部分海洋并拒绝敌对国家对海洋的利用、维护一个国家战争或和平时期的海洋权利的海军力量"。② 词条的最后注明这个解释引自马汉的《海权对历史的影响(1660—1783)》。这两个解释固然不能完全代表 Sea power 在 19 世纪末在欧美社会的含义,但无疑也具有一定的参考价值。马汉曾言,海权的历史,就其广义来说,涉及了有益于使一个民族依靠海洋或利用海洋强大起来的所有事情。但海权的历史主要是一部军事史。③ 而影响海权发展除个人因素外,主要是"不仅包括用以武力控制海洋或其任何一部分的海上力量的发展,而且包括一支军事舰队源于和赖以生存的平时贸易和海运的发展"。从马汉对海权的这些描述来看,显然海权包含的意义极广,但海上军事力量是最为关键的。依此看来,国内研究者如张文木认为的英文 Sea power 表示的是"海上力量"、"海上权力"而非"海上权利"④,以及倪乐雄认为的"海权一般指国家运用军事力量对海洋的控制"⑤

① sea power, means by which a nation extends its military power onto the seas. Measured in terms of a nation's capacity to use the seas in defiance of rivals and competitors, it consists of such diverse elements as combat craft and weapons, auxiliary craft, commercial shipping, bases, and trained personnel. 见 http://www.britannica.com/EBchecked/top-ic/530698/sea-power。

② Sea power, naval strength which enables a state to contral part of the sea and deny its use to enemy nations or to uphold its maritime right in time of peace or war. 见《THE CO-LUMBIA ENCYCLOPEDIA》,New york:Columbia University press,1950,p.1784。

③ [美]马汉:《海权对历史的影响(1660—1783)》,安常容等译,解放军出版社1998 年版,第 1 页。

④ 张文木:《论中国海权》,《中国海洋大学学报》2004 年第 6 期。

⑤ 倪乐雄:《文明转型与中国海权——从陆权走向海权的历史必然》,上海文汇出版社 2011 年版,第 48 页。

是比较符合马汉"海权"原义的。

　　那么，中国古代是否有"海权观念"，或是"海权思想"？有研究者认为，在马汉《海权论》传入中国以前，中国人对海洋的认识是：海洋可以兴渔盐之利，可以通舟楫之便。至于海洋可以作为通往世界的要道，可以作为国家经济贸易的重要途径，以及海洋可以作为军事上重要的战略基地、控制敌国海岸以保障本国海上贸易顺利进行等观念，中国人是没有的，魏源也没有。① 但另一个观点截然相反，也是诸多历史学者所持的主要观点。例如王家俭认为，魏源时期就具有海权思想。② 杨国桢指出，若以马汉对海权所描述的"它不仅包括通过海上军事力量对海洋全部或一部的控制，而且也包括对和平的商业和海上航运业的控制"这两个要素来看，明嘉靖时期吴朴的《渡海方程》中就存在海权主张。这本书可惜已失传，但同时代人的一篇读书札记中对此书有记录，"其上卷述海中诸国道里之数，南至太仓刘家河开洋，开至某山若干里，皆以山（指岛屿）为标准。……每至一国，则云：此国与中国某地方相对，可于此置都护府以制之。""其下卷言二事，其一言蛮夷之情，与之交则喜悦，拒之严反怨怒，请于灵山、成山二处，各开市舶司以通有无，中国之利。"③ 显然，若没有对中国古代涉及海洋的言论进行详细考察，就对中国古代是否具有"海权观念"做出判断，毫无意义。

　　"海权"作为一个舶来词汇，与当时的欧美的社会背景密切相关，其内涵也基于当时的历史背景。正如张文木言，不同国家在不同的经验基础上对于海权会有不同的理解。④ 在马汉的《海权对历史的影响（1660—1783）》中，作者指出国内产品—海洋运输—殖民地是海权的三大重要环节，海上力量、海上基地与殖民地、海上交通是国家海权的构成要素。而影响国家海权的基本条件有六点，分别是地理位置、自然结构、领土范围、人口、民族特点、政府的特点和政策。但是，马汉所得出的观点，出自对近代欧

---

① 周益锋：《"海权论"东渐及其影响》，《史学月刊》2006 年第 4 期。
② 王家俭：《清史研究论数》，台北出版社 1994 年版。
③ 杨国桢：《海洋迷失：中国史的一个误区》，载杨国桢《瀛海方程》，海洋出版社1998 年版，第 96 页。
④ 张文木：《论中国海权》，《中国海洋大学学报》2004 年第 6 期。

洲国家的海洋历史经验的总结。那么,以"海权论"的理论体系来分析东亚历史上的海洋问题,是否合适?

从亚洲海域的历史形势来看,与欧美国家的海洋发展历程存在着一定的区别。东亚海域的地理特点,是其"亚洲地中海"的特征,可以说,这片海域是较为封闭的。西边通往印度洋的海路,是狭窄的马六甲海峡;东边则是岛链外巨大的太平洋。亚洲海域的历史特点,是中国在这一区域的主导性优势。具体来说,是一个以中国为中心的朝贡贸易体系。在中国的传统的夷夏观念下,东亚、东南亚许多国家都是中国的朝贡国,名义上是政治附属国。史蒂文·德拉克雷的《印度尼西亚史》中提到,10世纪初,室利佛逝派往中国的正规外交使团建立了与中国皇帝的友好关系,中国更愿意把这种关系视作一种本质上的属邦关系……持有室利佛逝特许状的商人、室利佛逝的同盟国和委托人,获得了靠近获利丰厚的中国贸易的特权。通过这样的方式,室利佛逝国扩展了自己的势力,最终它获得了海上帝国的规模和地位。① 15世纪以后,马六甲国家在获得了中国的贸易优先权和贸易保护之后,迅速地变成那一地区的主导力量。② 葡萄牙人攻击马六甲时,"王苏端妈末出奔,遣使告难。时世宗嗣位,敕责佛郎机,令其还故土"。③

朱元璋即位之初,便"遣使以即位诏谕日本、占城、爪哇、西洋诸国"。④更定蕃国朝贡仪。是时,四夷朝贡,东有朝鲜、日本,南有暹罗、琉球、占城、真腊、安南、爪哇、西洋、琐里、三佛济、渤泥、百花、览邦、彭亨、淡巴、须文达那凡十七国。⑤

明人吴朴在《渡海方程》中,建议国家应在中南半岛各港市设立"市舶司",驻派军队保护贸易。这个建议的背后,无疑把中南半岛的国家认为是自己的附属国。

---

① 史蒂文·德拉克雷:《印度尼西亚史》,郭子林译,商务印书馆2009年版,第13页。
② 史蒂文·德拉克雷:《印度尼西亚史》,第21页。
③ 《明史》卷三二五,《列传》第二一三,"外国六"。
④ 《明太祖实录》卷三十八,洪武二年正月乙卯条。
⑤ 《明太祖实录》卷二三二,洪武二十七年夏四月庚辰。

另一方面,在 17 世纪欧洲人进入东亚海域之前,中国的东南民间商人已在东亚海域形成了贸易网络。华商和中国帆船是这一海域的主角。有学者指出:"月港开放后的 40 余年,是漳州海商主导东亚贸易网络的黄金时代。"①即便中国的中央政府从海洋退缩,但中国方面民间的海上力量在东亚海域仍是一家独大。取得中国方面(官方或是民间海上力量)的许可,便可在东亚海域进行贸易、渔业等海上活动。在此背景下,"海权"的竞争,其实是"海洋社会权力"的争夺。

"海洋社会权力"的概念是由杨国桢先生提出的。明代中后期,随着政治腐败,中央控制力下降,社会经济向商品经倾斜发展,朝贡贸易衰落,民间海上走私贸易猖獗,海洋经济和海洋社会在传统体制的空隙中孕育兴起。②海洋经济是海洋社会的基础。海洋经济,指人类在海岸带、岛屿和海洋中直接或间接地开发利用海洋资源和海洋空间的经济构成、经济利益、经济形态和经济运作模式。③"海洋社会",指向海洋用力的社会组织编成。粗略地说,它的基层组织包括海上生产、生活的社会群体,如渔民、船员、水手、海商、海盗等;海岸带陆域的农村、港口城镇、渔村聚落、宗族和民间会社,海洋资源或产品的加工、仓储、运销、研究的机构,海洋管理和服务的部门。亦即各种海上力量以及陆岛支持力量的组织编成。和陆地社会具有显著差别的,是各种社会群体组合的船上社会。它们都有自己的组织制度、行为方式,带有小社会的特征。民间海洋社会权力的存在是维持海洋经济、海洋社会运作的必要条件,但它与官方行使的公权力相抵触,因而被视为违法行为。④

杨国桢先生指出,海洋社会权力在 16—17 世纪的大航海时代,主要体现在军事和商业的能力。

欧洲人的到来改变了传统亚洲海域的局面。对于欧洲人来说,不管是

① 杨国桢:《十六世纪东南中国与东亚贸易网络》,《江海学刊》2002 年第 4 期。
② 杨国桢:《明清海洋社会经济发展的基本趋势》,载《瀛海方程》,第 131 页。
③ 杨国桢:《试论海洋人文社会科学的概念磨合》,载《瀛海方程》,第 19 页。
④ 杨国桢:《海盗与海洋社会权力——以十九世纪初"大海盗"蔡牵为中心的考察》,《云南师范大学学报》2011 年第 5 期。

在较封闭的地中海,还是跨越了大半个地球的航行,每一个国家在不同的历史时期都面临着海上强劲的对手,各海域时常还是群雄争霸的局面。地理大发现以来,首先是西班牙人和葡萄牙人在海上展开角逐;16 世纪的荷兰联合英国击败了西班牙的无敌舰队,也是西方海上势力的一次洗牌。这些西方国家需要强大的海上军事力量来保护商船和航线,需要帆船的补给基地和贸易基地,才能够在弱肉强食的海洋世界中立足。因此,当马汉分析总结大航海时代以来西方的海权历史,便提出海权史"在很大程度上记叙了国家间的斗争、相互的对抗以及往往最终导致战争的暴力行径,尽管它不是唯一的见证"。① 并且,殖民地和海上基地、海上力量、海上航线是海权的构成要素。

海权是基于军事力量对海洋控制和利用的能力。这一点上,"海权论"与"海洋社会权力"的概念所强调的内涵是一致的。"海洋社会权力"指出,在 16—17 世纪大航海时代的东亚海域,主要表现在商业能力和军事能力。而"海权论"认为海上力量、殖民地和海上交通是国家海权的构成要素。笔者认为,考察在 17 世纪中期的东亚海域的海权问题,上述两种理论都是需要借鉴的。

在此需要特别说明的是,为方便叙述,本文所指"中国沿海"特指中国东部、南部的近海区域,而"东亚海域"则包括除近海以外今日之渤海、黄海、东海、台湾海峡东部、南海以及巽他群岛附近的海域。

四

本书从东亚海权竞逐的视角解读郑成功的海洋活动,以时间线索为主线,参杂对相关问题的讨论。正文部分包含五个章节。

绪论,本章说明本书的缘起、郑成功研究的相关学术史回顾,以及本书

---

① [美]马汉:《海权对历史的影响(1660—1783)》,李少彦等译,海洋出版社 2013 年版,第 1 页。

所指"海权"概念的界定。

第一章,十七世纪前期的东亚海权格局。本章主要说明郑成功的父亲郑芝龙时代东亚海权的状况,主要包含中国沿海的形势以及荷兰人、西班牙人、葡萄牙人在东亚海域的活动等。

第二章,郑成功的海上政权。本章说明郑成功的出生以及他如何继承郑芝龙的势力,并利用南明的政治影响取得闽海的控制权,从而进一步建立海上政权。本章还将就郑成功海上政权的特征以及郑成功重要部下Gampea 的身份进行研究。

第三章,东亚海域的角逐。郑成功的海上政权,与东亚海域的其他势力产生了激烈的竞争。东亚各地贸易权、航行权的竞争,以及荷兰人占据下的大员的争夺,是本章的重点。这一时期大员的重要华人何斌的作用和意义,也是本章探讨的问题之一。

第四章,中国沿海的争夺。本章说明郑成功的海上政权与清廷在东南沿海制海权上的争夺以及海上政权的困境、郑成功东进台湾的原因。

第五章,海上基地的开拓。本章主要通过对郑成功攻克大员关键战役的研究,探讨郑成功获胜的原因。此外,郑成功的个人因素在这次战役中的作用,以及郑成功对马尼拉未完成的远征计划,也是本章将涉及的问题。

结语,是全书的总结。

本书主要利用的史料,是既有的中文相关史料以及荷兰东印度公司的档案资料。

中文史料方面,郑成功属下杨英的《先王实录》是郑成功研究最可靠的资料之一,厦门大学的陈碧笙教授曾校注此书,本书即采用此版。此外还有《台湾外记》《海上见闻录》《闽海纪要》等一大批明清之际的文人留下的记载,以及沿海地区的地方志、郑成功相关人物的文集、杂记等,也是本文的主要参考资料。郑成功研究的另一便利,则是各种相关史料集的编辑出版。这一部分史料集主要有:《郑成功史料选编》①,主要从明清史籍中摘录与郑

---

① 福建师范大学历史系编:《郑成功史料选编》,福建省郑成功研究学术讨论会组织委员会 1982 年版。

成功有关的记载;《郑成功满文档案史料选译》①,主要是清廷档案中的郑成功相关史料;《郑成功收复台湾史料选编》②,则摘录包括《难忘的东印度旅行记》、《被忽视的福摩萨》、《巴达维亚城日志》等外文史料;《郑氏史料初编》③、《郑氏史料续编》④、《郑氏史料三编》⑤则是从明清宫廷档案中辑录的郑氏相关的史料;《清初郑成功家族满文档案译编》⑥,补充了《郑成功满文档案史料选译》未收录的顺治十三年(1656)以后与郑氏相关的满文档案。此外,还有《郑成功在潮州活动资料》⑦,则专录郑成功在粤东活动的史料。

　　此处需要重点说明的是本书所引用的荷兰东印度公司档案资料,主要是《巴达维亚城日志》、《热兰遮城日志》和《东印度事务报告》。

　　《巴达维亚城日志》和《热兰遮城日志》都是当日之荷兰人在其商馆中所留下的记录。《巴达维亚城日志》是由巴达维亚城总督府将该市所发生的重要事件和东南亚各地的荷兰东印度公司的商馆报告书要纲整理合并,以日记体裁写成。《巴达维亚城日志》最早由日本学者村上直次郎日译,其中第一、二册由郭辉再将之中译,第三册由程大学中译。《巴达维亚城日志》的中译较早,学者引用也较多,如台湾史专家杨彦杰的《荷据时代台湾史》,便大量引用《巴达维亚城日志》的内容。《热兰遮城日志》则是大员荷兰商馆的日志,主要记录台湾及附近地区的事务。此日志是荷兰东印度公司的内部文献,读者原是东印度公司的高层,为往来书信作证。台湾学者江树生旅居荷兰二十余年,于2011年终于将全部四册中译。这些日志虽是荷

---

①　厦门大学台湾研究所、中国第一历史档案馆编辑部主编:《郑成功满文档案史料选译》,福建人民出版社1987年版。

②　厦门大学郑成功历史调查研究组编:《郑成功收复台湾史料选编》,福建人民出版社1982年版。

③　《郑氏史料初编》,台湾文献丛刊第157种,台湾大通书局1984年版。

④　《郑氏史料续编》,台湾文献丛刊第168种,台湾大通书局1984年版。

⑤　《郑氏史料三编》,台湾文献丛刊第175种,台湾大通书局1984年版。

⑥　《清初郑成功家族满文档案史料译编》,载陈支平主编:《台湾文献汇刊》第一辑第六册、第七册,厦门大学出版社、九州出版社2004年版。

⑦　郑绪荣编:《郑成功在潮州活动资料》,潮汕历史文化中心2007年版。

兰人站在其立场而写成的文字,但内容丰富,其中许多类似记流水账的贸易细节,不失为可靠的资料。这一资料逐渐受到研究者重视,郑永常的《郑成功海洋性格研究》一文,便以此日志为主要史料。

《东印度事务报告》又称为《总督一般报告》,是东印度公司为了更有效地掌握其在亚洲的活动,作为最高领导机构的十七董事会要求巴达维亚的东印度公司总督和评议会要定期就东印度公司在亚洲的活动提交报告。这一报告主要用途在于为东印度公司董事会制定政策做参考。程绍刚将其中与台湾有关的记载中译汇编成《荷兰人在福尔摩沙》。这一报告的特点在于对东亚各地的荷兰商馆以及与其相关的事务均有记载,对《巴达维亚城日志》和《热兰遮城日志》是极好的补充。

此外,还有零星中译的荷兰东印度公司档案以及当时的传教士、航海者留下的记录。如荷兰学者胡月涵的《十七世纪五十年代郑成功与荷兰东印度公司往来的函件》①,选译了1653—1656年之间郑成功与荷兰东印度公司之间的往来函件,其中关于1653年荷兰抢劫广南返回厦门的中国商船事件的细节披露,郑成功求医荷兰,1656年郑成功禁航大员、马尼拉等等内容,颇具史料价值。

由于中文史料对于郑成功在东亚海域活动的记载甚少,荷兰东印度公司的档案使得本书的研究成为可能。

---

① 胡月涵:《十七世纪五十年代郑成功与荷兰东印度公司之间来往的函件》,载《郑成功研究国际学术会议论文集》,第292页。

第一章　十七世纪前期的东亚海权格局

16 世纪以来,欧洲人的航海活动开启了人类文明的大航海时代。继葡萄牙人、西班牙人之后,西欧新兴的海上强国荷兰也进入东亚海域。到了 17 世纪前期,荷兰东印度公司已经成为东亚海域最强大的势力之一。此时,中国方面则处于明末私人海上力量迅速发展壮大的时期。崇祯元年(1628),郑芝龙归顺明廷,完成海洋社会权力的整合。郑芝龙与荷兰东印度公司成为这一时期东亚海权的主要竞争者。西班牙人据马尼拉、葡萄牙人据澳门、英国人在东南亚海域的活动以及日本的锁国,成为影响东亚海权格局的其他因素。

第一节　郑芝龙与海洋社会权力

一、郑芝龙控制闽海

明中叶以来,伴随朝贡贸易的衰弱,民间海上贸易迅速发展,海洋经济和海洋社会组织在传统体制的空隙中孕育兴起。杨国桢先生指出,这一时期海洋社会经济发展的基本动因,大致有六点:一、中外历史发展趋势的整体推动,即东南沿海区域作为全国经济重心的地位日益提升与早期资本主义势力在明中后期逐步跨过印度洋进入西太平洋海域带来商业刺激;二、东南沿海商品经济的特殊性;三、社会价值观念由拘谨简约到竞尚奢靡;四、中央政府海贸政策的松动;五、东南沿海地区的人口游离因素,向海求生;六、海乱及政治的社会因应,海洋政治地位的提升。①

海洋社会经济迅速发展的同时，海上活动群体也不断壮大。隆庆年间开放漳州月港，海商群体被纳入明廷体制内。《天下郡国利病书》记载万历十七年巡抚周寀议"东西二洋番舶题定只数，岁限船八十八只，给引如之。后以引数有限而私贩者多，增至百一十引矣"。② 万历二十五年（1597），福建巡抚金学曾建议"东西洋引及鸡笼淡水占坡高址州廿□寺处共引一百十七张请再增二十张"③，得到朝廷许可。到了崇祯三年，兵部尚书梁廷栋言："闽地瘠民贫生计半资于海，漳泉尤甚，故扬航蔽海上及浙直下及两粤，贸迁化居，惟海是藉。春夏东南风作民之入海求衣食者以十余万计。"④因此，自16世纪下半叶起，从日本平户、长崎到会安、大城、马尼拉等地，开始形成了闽南人的新据点，由这些据点构建成了一张无形的闽南海商贸易网络。⑤另一方面，据曹永和先生研究，17世纪30年代，每年到台湾捕鱼的渔船总数在300—400艘，某些年份的总人数可能逾万人，而大部分渔民来自东南沿海地区。⑥ 出海商船的商人、水手、伙计等和渔民，是奔波于海上的最主要群体。海商的贸易商品来自大陆地区的生产，从海外进口的货物也需要通过沿海地区销往内地；渔民捕获的海产品同样需要交易。如此，海洋经济的辐射范围还要广得多。

明廷的有限开海无法满足东南沿海海商的需求。仅开海澄一港，给沿海各处的海商增加了转运货物的风险；所给船引远远无法满足海商的需求；严禁与日本贸易，不符合海商对利益最大化的追求；税收权在漳州府，造成与泉州府之间的矛盾。更重要的是，明廷的开海是在其对海洋区域控制力

---

① 杨国桢：《明清海洋社会经济发展的基本趋势》，载杨国桢：《瀛海方程》，第131—135页。

② 顾炎武：《天下郡国利病书》，原编第二十六册，福建，"洋税考"，《续修四库全书》五九七·史部·地理类，上海古籍出版社2013年版，第292页。

③ 《明神宗实录》卷三百五十六，万历二十五年十一月庚戌。

④ 《崇祯长编》卷四一，崇祯三年十二月乙巳。

⑤ 参见汤锦台：《闽南人的海上世纪》，台北果实出版社2005年版，第204页。

⑥ 曹永和：《明代台湾渔业志略补说》，载曹永和：《台湾早期历史研究》，台北联经出版事业公司1980年版，第233页。

下降的情况下采取的措施。因此,无论在制度设计还是执行上都存在根本问题,因此,东南沿海的走私贸易无法杜绝,私人海上力量兴起。

郑芝龙,字曰甲,号飞虹,小名一官,福建南安石井人。《台湾外记》记载郑芝龙,"天启元年辛酉,一官年十八,性情荡逸,不喜读书;有膂力,好拳棒。潜往粤东香山澳寻母舅黄程"。① 这里描述郑芝龙,似为流氓混混形象。但参考其他记载,郑芝龙其实不仅颇通文墨,而且善权谋。《靖海志》记载:"芝龙姣媚妖顺,音律、樗蒲,靡不精好。"②"樗蒲"是一种棋类游戏,"音律"也非一般下层农民所能精通。另有记载称郑芝龙,"长躯伟貌,倜傥善权变"③。足见《台湾外记》对郑芝龙之描述并不全面。在郑芝龙纪念其伯母黄慈慎的墓志铭中,他自己曾回忆:"忆余兄弟少时,与二弟芝鳌、芝兰居同堂,学同塾。"④显然,他自幼年起便接受传统儒家文化教育。郑芝龙还曾为郑大郁的《经国雄略》作序,以下是其序言:

　　自古非常之士禀绝异之资,负不羁心气,方平居未遇,则概然叹息,以为无所试,及一旦得志,几何盘错当前而不乾旋坤转,大展其干,济心略者,固知天生一人品出而雄示一世有伟才自由力量,有经济乃有文章,夫文而备此始称真文武。而能是不愧真武抑语有心。承平尚文、世乱用武,此缓急相济之论也。今天下纷沦竟裂,新主枕戈。为臣子欲清天步政,宜抱鼓披坚、传矢千里乃尚尔。缝弱翰迁阔事情,今日之事恐非宴息赋诗自鸣意气心时矣。昔萧王中兴汉祚,其雄迈非常,在授邓禹以西讨之略策、耿弇以北定之功。我国家王气自南金陵重建,得无一非常心之人出而展胸中凤负,乘以恢荡中原上报天子,宁甘坐观沦陷竟置匡复于不讲哉?孟周是编,搜罗今古援证天人与夫山川形便,安攘富疆极心之

① (清)江日昇:《台湾外记》卷一,福建人民出版社1983年版,第3页。
② (清)彭孙贻:《靖海志》卷一,《台湾文献丛刊》第35种,台湾银行经济研究室1959年版,第1页。
③ (清)凌雪:《南天痕》卷二十五,列传三十八,"镇臣传",《台湾文献丛刊》第76种,台湾银行经济研究室1959年版,第417页。
④ 参见汤锦台:《开启台湾第一人郑芝龙》,台北果实出版社2002年版,第46页。

帆海绝缴考图俾留心，经国者读此备知穷变度险孚号忠志协佐中兴殆虚语哉？史称岳武穆班师还鄂，两河豪杰太行忠义率众归之。由是金人动息、山川险易，武穆咸得其实。我皇上果能推诚信任更得其所任心，将如岳武穆邓耿其人者，将见非常之略、展非常心功立。则是编经国雄略诚有裨于乃心王事者之心一券也，功岂浅鲜乎哉？钦命镇守福建等处并浙江金温地方总兵官、太子太师敕赐蟒衣南安伯石江郑芝龙撰。①

在这篇序言中郑芝龙引用刘秀中兴汉室的典故，并描述邓禹、耿弇、岳飞的事迹，文字流畅。这样的文章功底，无疑是其幼年时期所受传统儒家教育打下的基础。

郑芝龙到香山澳并非偶然。郑芝龙的祖父郑瑢的继姚吾氏和谭氏，便是潮州澄海县人。海澄开港以后，不少闽南人往广东澳门一带谋生。此时由于明朝廷严禁与日本的贸易，葡萄牙人经营澳门到长崎的贸易线路大获其利，中国私商也参与其中。天启三年五月，"程有白糖、奇楠、麝香、鹿皮欲附李旭船往日本，遣一官押去"。② 李旭即李旦，大海商。于是，郑芝龙开始了他的海上传奇。

天启四年（1624）至天启六年之间郑芝龙的活动，当前史料记载可谓复杂而混乱。明末清初人张遴白的《浮海记》对这一时期郑芝龙的记载被证明较为可信，其中说"李习者，闽之巨商也，往来日本与夷狎，遂弃妻子娶于夷。郑芝龙年少姣好，以龙阳事之。习托万金归授其妻。会习死，芝龙尽以之募壮士，若郑兴、郑明、杨耿、陈晖、郑彩等皆是"。③

而李旦的儿子，荷兰人称之为 Augustin 的，曾写信给荷兰人称郑芝龙吞没其父亲的财产。④ 郑芝龙利用李旦的一部分财产起家，应是无疑的。

---

① 郑芝龙：《经国雄略序》，（明）郑大郁：《经国雄略》，美国哈佛大学哈佛燕京图书馆藏中文善本汇刊第 19 册，商务印书馆 2003 年版，第 1—5 页。

② （清）江日昇：《台湾外记》卷一，第 3 页。

③ 张遴白：《浮海记》，《台湾关系文献集零》，台湾省文献委员会 1994 年版，第 14 页。

④ 参见陈碧笙：《郑芝龙的一生》，载《郑成功研究论集》，福建教育出版社 1984 年版，第 148 页。

此后,郑芝龙的队伍逐步壮大。时"闽浙沿海,咸知思齐等据台横行。绍祖已死,季弟蟒二(后名芝虎)同其四弟芝豹、从兄芝莞附搭渔船往寻,是以声势愈大"。① 其中郑芝虎更是勇猛,史载"芝龙有弟芝虎,勇冠军"②,"若郑芝虎,郑芝龙左右手也"。③ 郑芝虎并与周鹤芝、刘香齐名。有史料记载:"周鹤芝,字九玄,福清人也。曾祖某,嘉靖中金都御史。芝饶机智,有胆略,善射。……久之,遂劫掠为盗,徒众骁勇,与刘香、郑芝虎齐名。"④颜思齐的海上组织并无严格的秩序,各部之间较为独立。利益之下,"义"往往徒有虚名。相比之下,郑芝龙与其胞弟、族兄之间的血缘关系,无疑要牢靠得多。更重要的是,郑芝龙善权变、机智和胆略,已使其成为这一时期海上最突出的人物。并且,郑芝龙在澳门学会了葡萄牙语,后来短暂担任荷兰人通事,能够方便地与各方打交道。因此,颜思齐死后,郑芝龙成为海上各部之首。天启六年(1626)到崇祯元年(1628)以前,郑芝龙的主要对手是俞咨皋、许心素和杨禄、杨策。

据杨国桢先生考证,许心素是同安充龙人。⑤ 天启四年(1624)对荷兰人的交涉中,俞咨皋通过许心素使李旦出面周旋,而后许心素被俞咨皋任命为厦门把总。《靖海纪略》记载:

> 去年抚贼杨禄等,原系郑芝龙伙党。禄等领龙银,备器械为贼具,及招抚之时,则撇出芝龙。龙之所以怀忿,而甘心于禄辈也。⑥

从这段记载来看,杨禄原本是郑芝龙部下,但领了郑芝龙的银子投靠俞

---

① (清)江日昇:《台湾外记》,卷一,第11页。

② (清)李天根:《爝火录》卷十二,乙酉(1645、唐王隆武元年)秋七月庚戌朔。《台湾文献丛刊》第177种,台湾银行经济研究室1963年版,第683页。

③ 《兵部题行"闽海屡报斩获"残稿》,《郑氏史料初编》卷二,《台湾文献丛刊第》157种,台湾大通书局1984年版,第97页。

④ 凌雪:《南天痕》卷二十四,列传三十七《武臣传》,第413页。

⑤ 杨国桢:《郑成功与明末海洋社会权力的整合》,载杨国桢:《瀛海方程》。

⑥ (明)曹履泰:《靖海纪略》卷一,《答朱明景抚台》,《台湾文献丛刊》第33种,台湾银行经济研究室1959年版,第3页。

咨皋，由此两边结怨。但从另一层面来看，颜思齐向来被明朝官方称为"大海寇"，而郑芝龙继承颜思齐势力，也是明廷眼中的最大"海寇"之一。因此，郑芝龙与俞咨皋、许心素的矛盾，事实上是民间海洋社会权力与明朝官方海洋社会权力之间的矛盾。

时宰同安的曹履泰曾有记录：

> 杨禄、杨策一无奈蠢贼，伙不过以千计，船不过以十计。以我漳泉两郡并力图之，何难灭此朝食。所虑者，贼在于外，奸在于内耳。俞总兵腹中止有一许心素。而心素腹中止有一杨贼。多方勾引，多方恐吓。张贼之势、损我之威，以愚弄上台。而转剿为抚，异日者担得之资，俞与素各各满腹，便可了局矣。①

俞咨皋与许心素勾结杨禄、杨策，包揽海上实务，大获其利。但郑芝龙势力发展更为迅速，曹履泰称"今龙之为贼，又与禄异。假仁、假义，所到地方，但令报水，而未尝杀人。有彻贫者，且以钱米与之。其行事更为可虑耳"。② 另一方面，郑芝龙运用其财力，造大船，买红夷大炮，逐渐成为海上最强大的军事力量。曹履泰描述郑芝龙的势力"郑贼固甚么么，而狡黠异常，习于海战；其徒党皆内地恶少，杂以番倭骠悍，三万余人矣。其船器则皆制自外番，艨艟高大坚致，入水不没，遇礁不破，器械犀利，铳炮一发，数十里当之立碎；此皆贼之所长者"。③

明军疲弱，水师尤甚。俞咨皋因此尽力避郑芝龙之锋芒。对此曹履泰大为不满，"近闻郑贼已据东粤之墱头为穴。惠潮之地，杀掠最惨。而风汛一便，此地又不知何如。俞总兵耽处堂之娱，甫云出汛，而旋已收入中左矣"。④

---

① （明）曹履泰：《靖海纪略》卷一，《上过承山司尊》，第 2 页。
② （明）曹履泰：《靖海纪略》卷一，《答朱明景抚台》，第 4 页。
③ 《兵部题行"兵科抄出两广总督李题"稿（崇祯元年二月二十九日行）》，《郑氏史料初编》卷一，第 1 页。
④ （明）曹履泰：《靖海纪略》卷一，《答朱抚台》，第 10 页。

崇祯元年,郑芝龙终于击败许心素,完成对厦门湾的控制。"丁卯四月,郑寇蹯入,烽火三月,中左片地,竟为虎狼盘踞之场。七月寇入粤中,九月间,俞将又勾红夷击之。夷败而逃。郑寇乘胜长驱。十二月间入中左,官兵船器,俱化为乌有。全闽为之震动。"①明军无可奈何,"自去岁十二月以来溃败以来,已逾半年矣。无将,无兵"。②

但郑芝龙并不欲与明廷斗争到底,而是"百计求抚"。究其原因,恐怕不出以下几点:

其一,根深蒂固的社会意识。明代理学影响甚深,虽然明中后期社会风气有所改变,但就社会意识来说,士农工商的等级意识并无松动。即便对于一部分沿海民众而言,出海逐利虽然也能够得到一定的社会认同,但毕竟范围有限。这一点,从曹履泰组织民兵对抗郑芝龙就可以看出端倪。"(天启七年)自初九日以至十三日,日日有擒贼来解者。乡间人操利器,家有斗志,神气大振矣。十四日,贼到五通地方,要登岸。乡兵聚集数千搏之,贼各负伤而去。"③曹履泰组织的乡兵,在刘五店一带屡屡挫败"海寇",显示了官方意识对"海寇"的态度。而郑芝龙从日本接回郑成功,也并不是让他往海上历练,而是遍求名师,让他接受最好的传统儒家教育。《台湾外记》曾记载一事:

> 有相士见之(郑成功)曰:郎君英物,骨格非常,对芝龙称贺。芝龙谢曰:余武夫也,此儿倘能博一科目,为门第增光,则幸甚矣。④

看来在郑芝龙意识里,读书做官,也才是光耀门楣的根本途径。

其二,是海上组织的发展问题。至崇祯元年,郑芝龙已经成为闽海最强大的海上武装力量,挫败荷兰,击溃明军。但这一支海上力量如何进一步发展,也成为迫在眉睫的问题。郑芝龙每到一处,便令当地民众"报水",但如

---

① (明)曹履泰:《靖海纪略》卷二,《与李任明》,第22页。
② (明)曹履泰:《靖海纪略》卷二,《上熊心开抚台》,第26页。
③ (明)曹履泰:《靖海纪略》卷一,《答朱抚台》,第6页。
④ 江日昇:《台湾外记》卷一,第32页。

此反复,沿海边民民愤甚大,实行起来也愈加困难。另一方面,郑芝龙势力的不断壮大,对于其下属的控制也出现一定的问题。郑芝龙的海上组织并无严密的组织建设,各部之间相对独立,一旦利益冲突,马上分崩离析。这一点,前有杨禄之叛,后有李魁奇、钟斌、刘香之乱可证。郑芝龙与其几位兄弟芝虎、芝凤等关系固然牢固,但对于整个海上群体的有效控制来说,还远远不足。

其三,则恐怕与郑芝龙本身的经历有关。郑芝龙从李旦起家,对于海上贸易有足够的认识。中国大陆本身的产品,如瓷器、丝绸等,才是海上贸易最重要的资源。只有控制货源,才能主导海外贸易,这才是最大的利益源泉。此外,陈碧笙先生认为荷兰人的不断施压,也是郑芝龙百计求抚的原因之一。① 因此,即便郑芝龙在海上称雄,四令"报水",对于取得海上贸易的商品而言却是南辕北辙。

崇祯元年,郑芝龙受抚。但郑芝龙的部下却迅速分裂,陈衷记、李魁奇等纷纷离去。留在郑芝龙身边的,仍是郑芝虎等几位兄弟和早期跟随的陈辉等少数人。明廷招降郑芝龙的初衷是为了稳定海疆,但对郑芝龙又不十分信任,于是陷入两难的境地。一方面,明廷对郑芝龙的势力感到担忧,希望遣散郑芝龙的势力;另一方面,郑芝龙的几位部下拒不受抚,不依靠郑芝龙又无法解决海上问题。

郑芝龙的船队原本大致有四万人之多,船只千余。在明廷的要求和部下离去之后,迅速降到万人左右。"(崇祯元年)郑寇解散,终不可问。目下约有万人未散。"②即便如此,曹履泰对此还是忧心忡忡。自崇祯元年起,郑芝龙的海上对手变成了他的老部下李魁奇、钟斌、刘香等人。"近日之劫财杀人,未有不出自郑芝龙之散伙者。"③这一时期,郑芝龙纳入明朝体制内,代表官方的海上力量与李魁奇等私人海上力量展开较量。

郑芝龙与俞咨皋最大的区别,在于海上事务、海战的能力。俞咨皋本身并不熟悉海洋,而郑芝龙生长于海滨,数年间又出没波涛,加之其精明能干,

---

① 参见陈碧笙:《郑芝龙的一生》。
② (明)曹履泰:《靖海纪略》卷一,《上朱抚台》,第17页。
③ (明)曹履泰:《靖海纪略》卷二,《上熊心开抚台》,第27页。

实为海上人群中的精英人物。天启七年七月,俞咨皋与郑芝龙曾有一战。时郑芝龙谕诸弟曰:"明日此敌,惟王飞熊、林胜、李梦斗三人深识水务,兼有胆略,当先除去。其余碌碌群鸡,不足介意。"①而这次战役也基本在郑芝龙的掌控之中。"将及寅时,芝豹大艍已过东碇,闻炮声不绝,顺风潮赶来。咨皋见后面又有贼船将至,急传令与商世禄带领船只分御。世禄奉令,方指挥转舵欲去迎敌,别船诸将不知是要分军,误为退师,各转舵,一时全艍哄动大乱。咨皋制按不住,被芝虎、芝熊、芝莞、芝燕四将按住乘虚奋击。……皋首尾受敌,兼之潮起风逆,各星散而遁"。② 海上作战,潮汐及潮水流向、风向等等因素都能够在战斗中起到重要作用,而兵士若非出身海上,或是渔民或是船上水手等熟悉水性之人,则必须经过长期严格的操练才能具备在海上的实战能力。郑芝龙在其海上生涯中,已形成了一套行之有效的战略战术。另一个例子,则是郑芝龙在崇祯六年(1633)与荷兰人在料罗湾的著名海战。此战的经过,《热兰遮城日志》1633 年 10 月 22 日记载:

> 集结的全部中国舰队出现了,其中一队向我们航来,他们都极力要去抢占我们的上风……他们看起来,配备有相当的大炮与士兵……这时他们分别向我们靠过来,有三艘同时钩住快艇 Brouckerhaven 号,其中一艘对他们自己人毫无顾虑地立刻点火燃烧起来,像那些丢弃自己生命的人那样疯狂、激烈、荒诞、暴怒、对大炮、步枪与火焰都毫不畏惧地,立刻把该快艇的尾部燃烧起来,虽然该快艇还从船头用步枪,火器拼命抵抗,但已经完全没有希望摆脱他们,不久以后,据所能看到的情形,该快艇自行引爆火药,炸裂整个船尾,随机沉入海底。
>
> 我们率领 Bredam 号、Bleyswijck 号、Zeeburch 号、Wieringen 号与 Salm 号费尽力气摆脱非常多的火船,往外逃去,因为现在发现,真实的情形是,他们全部舰队都准备成火船,不是要来交锋作战,相反的是要来钩住我们的船就放火燃烧起来,虽然是配备精良的最好的大战船,也

---

① (清)江日昇:《台湾外记》卷一,第 24 页。
② (清)江日昇:《台湾外记》卷一,第 25 页。

是一钩住我们的船，就放火燃烧起来，在一瞬间火焰就那么惊人地高耸炎烈起来，实在令人难以置信。①

面对船只装备、武器都优于自己的荷兰人，郑芝龙利用自己船多人多的优势，用火船从上风处冲击荷兰船队，大败荷兰人。这一仗的结果，荷兰人自认为"我们的力量已经衰落到本季在中国沿海不能再有任何作为了"。②时任福建巡抚的邹维琏则记录道"闽粤自有红夷以来，数十年来，此捷创闻"。③

原本郑芝龙"就中左所受抚，余众渐行解散"④。但为了对付李魁奇、钟斌、刘香等海上势力，明廷又不得不让郑芝龙扩充实力。时曹履泰在一书信中提到：

> 初一日，郑芝龙驾大船十五只出海，与芝虎合赊。招募勇壮约有三千人。芝龙兄弟同心，其气甚锐，事必可图。⑤

而此后在一系列的战斗中，郑芝龙发挥其海上作战的才能，将李魁奇、钟斌等一一剿灭，其中除有荷兰人参与其间外，另有以下几点值得注意。

第一，是私人海上力量致命的内耗问题，前文已有所提及。李魁奇与钟斌之间的矛盾使这一问题更为清晰。海上各部的组合十分松散，先是"李魁奇之横，即芝龙有未能约束者"，⑥此后"李魁奇与郑芝龙同伙同抚，因分赃不均，魁奇叛去"。⑦钟斌在未能获得李魁奇早先承诺的利益时，也立即

---

① Voc 1104，fo.15—72，《热兰遮城日志》第一册，江树生译注，台南市政府1999年版，1633年7月5日到1634年10月26日，第132页。

② Voc 1104，fo.15—72，《热兰遮城日志》第一册，1633年7月5日到1634年10月26日，第132页。

③ （明）邹维琏：《达观楼集》卷十八。

④ 《崇祯长编》卷十，崇祯元年六月庚寅。

⑤ （明）曹履泰：《靖海纪略》卷二，《上熊抚台》，第34页。

⑥ （明）曹履泰：《靖海纪略》卷一，《复张游击》，第18页。

⑦ （明）曹履泰：《靖海纪略》卷二，《上熊心开抚台》，第27页。

率部下离去,重新投奔郑芝龙。这一过程,当日之荷兰人有所耳闻:《热兰遮城日志》1630 年 1 月 11 日记载:

> 今天接到李魁奇寄来的一封信,信里说,昨夜钟斌率领十五艘大戎克船逃去浯屿岛,理由是因为向他索还我们的班达人……今天从一个中国人听到钟斌逃走的真正理由是,李魁奇曾经许诺要用钱支付他的部下,这事他拖延了,但他(钟斌)坚持说,他的部下不肯再等下去了,因此要求他去出售在他船上的丝,李魁奇听了很生气,答说,不许他再提这事,他不要听这事了,令他立刻回去他的船上,否则就要砍他的头了。于是钟斌立刻登上他的舢板,在开出去的时候说,这样以后不再管他了。①

第二,是对李魁奇等所谓"海盗"的认识问题。传统史籍中记载明末清初的"海盗",总是记载其出没海上劫船杀人,对沿海村庄掠夺破坏等恶行。事实上,这似乎仅是明廷官方的片面说法。前文提及,郑芝龙尚为寇时,每到一处变勒令"报水",对于杀人抢劫其实并不热衷。另一方面,连明廷认为的最具草寇习性的李魁奇占据厦门之后,对于海商的做法,也只是凭借其武装力量征收商税而已。因为消灭海商,竭泽而渔,便是断绝自己的生路。李魁奇也试图包揽与荷兰人的贸易,《热兰遮城日志》1630 年 1 月 3 日记载:

> 李魁奇那边完全没有人来交易,偶尔从一些私人购买到微量的 cangan 布,纽扣,带子,他们都是偷偷地来的。我们问他们,为什么不带值钱的商品来,我们会善待他们,并用好的价钱收购,他们回答说,因为害怕李魁奇所以不敢带来,据说,没有他的许可而带来卖给我们,会受到严厉处罚,如果去申请许可,必须付他很多税,多到无利可图,因此商人都深居不出……②

---

① Voc 1101,fo 395,《热兰遮城日志》第一册,1630 年 1 月 11 日,第 12 页。
② Voc 1101,fo 394,《热兰遮城日志》第一册,1630 年 1 月 3 日,第 11 页。

李魁奇试图自己将货物运至大员与荷兰人交易。1629 年 12 月 31 日及 1630 年 1 月初荷兰人记载：

> 李魁奇送来约 15 担生丝，要用以支付昨天谈妥的 300 担胡椒，但因那些生丝大部分从粗劣，并从内部腐烂了，故予退还。[①]

> 傍晚李魁奇送 500 匹 cangan 布来船上，用以支付那 300 担胡椒，这些是我们来此泊船以后，从他取得的全部的货物。[②]

但问题在于，不管在货物的数量还是质量上，李魁奇都无法满足荷兰人的需求。这其实也是郑芝龙早已预料到的问题，李魁奇只是陷入了郑芝龙受抚前的境地。

由上可见，这些明廷所谓的"海盗"们并不仅仅是杀人越货的强盗。郑芝龙、李魁奇等存在对沿海地区掠夺破坏的事实固难以否认，但在明廷官方力量从海上退缩的情形之下，这些民间海上力量填补了权力的真空，以武力为后盾维护自身利益并制定海上准则的客观事实，也值得注意。

崇祯八年，郑芝龙最终剿灭刘香。"刘香既杀……海上从此太平，往来各国节飞黄旗号，沧海大洋如内地矣。府、按又为报功，（崇祯九年）因升漳、潮两府副总兵。"[③]郑芝虎虽在与刘香的战斗中牺牲，但郑芝龙的家族力量依然强大，郑鸿逵、郑芝豹等郑氏兄弟成为郑芝龙的左膀右臂。至此，郑芝龙基本完成了对大厦门湾的控制。崇祯九年，郑芝龙以五虎游击升副总兵加一级；崇祯十三年，加福建参将郑芝龙署总兵。[④] 郑芝龙的部下，如郑鸿逵、郑彩、陈辉等，也成为明廷体制内的军官。随着郑芝龙地位的提升，明廷对海洋社会权力的控制也得到加强。

---

① Voc 1101，fo 394，《热兰遮城日志》第一册，1629 年 12 月 31 日，第 11 页。

② Voc 1101，fo 395，《热兰遮城日志》第一册，1630 年 1 月 5、6、7 日，第 12 页。

③ 计六奇：《明季南略》附录，《台湾文献丛刊》第 148 种，台湾银行经济研究室1962 年版，第 519—520 页。

④ 《崇祯实录》卷十三，崇祯十三年春正八月丙子。

二、郑氏令旗与郑芝龙的海上贸易

郑芝龙受抚前的主要获利来源之一,是向海商取得的"报水"。"报水"原是官府抽分朝贡番舶进口税的俗称。在海防废弛,官府失去对海洋的控制力之时,船头或海寇收取"报水",显示海洋社会权力下移民间。"报水"很快成为海洋社会通行的法则。① 但随着郑芝龙受抚明廷,这一税收的权力也重新纳入明朝体制。前贤论及郑芝龙对海上贸易的掌握,常常引用郑亦邹《郑成功传》的记载:

> 芝龙幼习海,群盗皆故盟或门下。就抚后,海舶不得郑氏令旗不能来往;每船例入三千金,岁入千万计,以此富敌国。自筑城于安平镇,舻舳直通卧内。所部兵自给饷,不廪于官。镣凿剽锐,徒卒竞劝。凡贼遁入海者,檄付芝龙,取之如寄。以故郑氏贵震于七闽。②

但事实上,这段记载忽略了其中的复杂过程。郑芝龙受抚之后,其职位仅为游击,级别不高。虽已纳入明廷体制,其时海上事务的运作也并非全由郑芝龙掌握。1635 年 3 月 7 日的《热兰遮城日志》记载:

> 从这艘戎克船及前面抵达的戎克船的商人们得悉……官吏一官的戎克船跟其他人的戎克船一样,没有通行证就不能前来此地,不过在几个商人的请求下,官吏们已经打算还要发行通行证给六到八艘戎克船,使他们运各种货物前来大员交易,但每艘戎克船每年必须缴纳国税 50 两;因此那些先取得通行证的商人们害怕,这一来将会有更多戎克船运细货和粗货来,因为先取得通行证的戎克船,每艘每年必须缴纳 400 两的国税。③

---

① 杨国桢:《郑成功与明末海洋社会权力整合》,载《瀛海方程》,第 285 页。
② 郑亦邹:《郑成功传》,《台湾文献丛刊》第 67 种,台湾经济银行研究室 1995 年版,第 3 页。
③ Voc 1116,fo.238,《热兰遮城日志》第一册,1635 年 3 月 7 日,第 199 页。

1639 年 1 月 9 日至 2 月 16 日之间，郑芝龙默许下的一艘商船由于没有通行证，被金门长官没收，荷兰人记载道：

> 金门的官吏没收了船主 Swalianhg 的戎克船上的货物，因为该船未申请通行证。很多商人现在不敢再把他们的货物装船，一官当通知过商人们，把他们的货物装在 Swalianhg 的船上，但是当他们合计超过 400000 荷盾的货物被没收时，他并没有为他们做什么事。①

同年的 11 月 7 日到 12 月 10 日，又发生了一起金门官吏没收货物的事件：

> 一官还不是掌权者，因为最近有一艘戎克船装运 50 锭黄金和 25 担要运往日本的丝，被金门的官吏没收了，因为没有申请通行证。②

这两次事件，商人的损失都很大，也影响了郑芝龙在众海商中的信誉。无奈郑芝龙身在朝廷，且尚未取得东西洋船引的发放权，因此对于这种损失也无能为力。

另一方面，当郑芝龙这一支最强大的海上势力被纳入明朝体制内，明廷官方的征税权已跨越台湾海峡，在大员征收中国的商船税。1633 年 11 月 23 日的《热兰遮城日志》记载：

> 有个名叫 Sidnia 的商人也同船前来，他以前被一官派来这里，用海道委托的名义，向所有前来此地的戎克船收税。③

---

① Voc 1130, fo.1364—1400，《长官范德堡呈总督 Van Diemen 函》，《热兰遮城日志》第一册，1639 年 2 月 8 日和 15 日，第 423 页。
② Voc 1132, fo.278—295，《长官范德堡呈总督 Van Diemen 函》，《热兰遮城日志》第一册，1639 年 12 月 10 日，第 462 页。
③ Voc 1104, fo.39，《热兰遮城日志》第一册，1633 年 11 月 23 日，第 136 页。

Sidnia 的中文名字,当前尚无人考证。1633 年 11 月的这次出使大员,目的在责备荷兰人此前发动的那次料罗湾海战。而依据这条记载,郑芝龙派他去大员征收商船税,应在崇祯元年到崇祯七年之间。显然,在收抚郑芝龙以后,明廷对海洋的控制力大大加强了。对此,荷兰人于崇祯五年(1632)也曾记载道:

（一官）备受福建巡抚和海道的重用,因为他们均依靠一官提供海上活动和贸易的全部信息。①

明廷的海上事务需依赖郑芝龙,因此,即便暂时无法控制征税权,郑芝龙还是利用其身份,逐步实现对贸易权的控制。在崇祯元年至崇祯八年,即李魁奇、刘香等海上势力尚未完全剪除之时,他开始利用荷兰人的势力,以贸易协定换取荷兰人的武力支持。同时,也开始用自己的商人来垄断与荷兰人的贸易。

1631 年 11 月 7 日的《热兰遮城日志》记载:

今天上述翻译员搭该戎克船(从厦门)出来,报告说,一官还未从武平回来,不过他已写信回来给他母亲和几个商人,说,如果我们来这里要求通商贸易,在不造成他不利的后果的情况下,要尽量地帮忙我们交易。关于前一阵子通告禁止跟我们通商的告示,中国人证实,那是奉军门之令公布的,因此禁令,除了 Gampea 和 Bendiock 以外,没有商人敢来大员跟我们交易,这两个人显然得到了军门的许可。

一官尚在 Boupingh 贸易如同从前延期,仅一官之 Camphea 及 Bindi 获得特准行之。②

1632 年 11 月,荷兰人又记载道:

① Voc 1104,fol.1—93,《东印度事务报告》,1632 年 12 月 1 日,《荷兰人在福尔摩沙》,程绍刚译注,台北联经出版社 2000 年版,第 123 页。
② Voc 1105,fo.230,《热兰遮城日志》第一册,1631 年 11 月 7 日,第 60 页。

品质良好较前略胜之绢丝,价格甚高,达一百三十五两,倘欲采购,则须对一官之代办人等,各贷款三千勒阿尔。①

显然,郑芝龙的"御用"商人 Bendiock 和 Gampea 也是得到官方许可的,这事实上肯定了其官商的身份。由于明廷此时财力大部分用于对北方少数民族的战斗中,对于东南沿海的军饷,也只能采取权宜的态度。而在剿灭刘香以后,荷兰人在军事方面于郑芝龙已无利用价值,郑芝龙开始利用自己的权力,控制中国方面商品的输出,以下是荷兰人在 1632 年 12 月和 1636 年 2 月的两条记载:

一、所有的货物均需一官或他的属下购入,或是他的母亲和 23 位兄弟,或是他的商人 Gamphea 和 Bindiok。②

二、据搭乘上述戎克船前来该地之商人所言:当其出发时,在安海备有绢丝五万斤以上,原将续运台湾,而一官为搭载上述巨额绢丝之戎克船舵首之约新(jockim)之利益着想,而暂加扣留。一官对此人有未收回之巨额贷款,故望其停船得令约新易于出售船货及丝绢,从而早会中国,早期清还债务。③

从上述记载可见,郑芝龙已开始包揽对荷兰人的贸易,货物的进出全由郑芝龙掌控。同时,郑芝龙还准备绕过葡萄牙人及荷兰人,直接经营与日本的贸易。此时葡萄牙经营的澳门——长崎的贸易尚有一定份额,郑芝龙首先对葡萄牙人采取行动。以下是荷兰人在《热兰遮城日志》1639 年 3 月 27 日的记载:

---

① 《巴达维亚城日志》第一册,郭辉译,台湾省文献委员会 1960 年版,1632 年 11 月,第 82 页。

② Voc 1104,fol.1—93,《东印度事务报告》,1632 年 12 月 1 日,《荷兰人在福尔摩沙》,第 123 页。

③ 《巴达维亚城日志》第一册,1636 年 2 月,第 149 页。

他的同党还天天在增加,他也在广东显耀他的权威;最近他扣留了一个中国商人的 20 箱银,那些银是属于葡萄牙的人的,该中国商人带着那些银去南京(为葡萄牙人购买丝和丝织品),但中途被一官的人,以各种借口,把那些钱取走了。并威胁说,如果还要抱怨,当地的官吏还会给他更多麻烦。一官专程从广东回去安海,为要派发已经准备好停泊在那里的三艘戎克船,他令这些船只的商人口头传话说,将招徕优秀的织工和商人从广东前来安海,使葡萄牙人缺乏这样的人。①

西方人进入东亚海域之初,首先面对的是没有官方支持的中国民间商人。因此,葡萄牙、荷兰人往往采取暴力手段,在利用华人贸易网络取得中国商品的同时也挤压华商的贸易空间,对胡椒等大宗货物往往以武力来达到垄断的目的。当郑芝龙纳入明廷体制而建立起强大的官方海上力量时,局势已渐渐开始扭转。在明廷的支持下,郑芝龙以军事首领及合法官商的身份,成为中国海商的坚强后盾,并逐步取得了东亚贸易的主导权。

到 17 世纪 40 年代,郑芝龙的势力更加强大,几乎占据与日本贸易的半壁江山。《巴达维亚城日志》1644—1645 年条:

商馆长返抵长崎,于其出发后有搭载货被估价为钱五百箱之中国戎克船十二艘进港。惟闻大部分属一官船所有。一官有意继续其贸易,日本人亦至为尊敬他。②

安海及其他地方,以帆船之输入量颇为可观,其最大船只之间四艘系属一官派遣来该地者,其中一艘之载货,竟达 25 万两。③

而同一时期自南京及北部的十三艘帆船总共的售货额仅 261325 两,与郑芝龙的一艘大帆船载货量相当。在日本之荷兰人对郑芝龙不敢怠慢,

---

① Voc 1131,p.674,《热兰遮城日志》第一册,1639 年 3 月 27 日,第 429 页。
② 《巴达维亚城日志》第三册,程大学译,台湾省文献委员会 1990 年版,1644—1645 年,第 93 页。
③ 《巴达维亚城日志》第三册,程大学译,1644—1645 年,第 70 页。

1640 年 12 月，荷兰人记载一事：

> 其中有一官之白麻布四万匹，伊不以此交换商品，而希望变卖现金，由于彼势力强大，万事皆须从于彼，故我等即承诺……①

1641 年 1 月，荷兰人收到郑芝龙的信件。按照此前郑芝龙与荷兰人的契约，郑芝龙每年定以荷兰东印度公司的船只向日本输送商品四万至五万里尔，而郑芝龙在信中要求将此数额增加至十万两②，荷兰人抱怨其"厚颜"，却又无可奈何。在郑芝龙的竞争下，一直以经营中国—大员—日本转手贸易而获利的荷兰人，处境愈加艰难。1643 年巴达维亚总督给荷兰母公司的报告中称：

> 这次回荷兰船队只装运少量甚至没有中国丝货，主要因为一官欲壑难填，居心不良，企图控制我们的贸易，他在日本享受巨额利润，不允许我们获得丝毫的好处，在他支付现金和得到用于日本的货物之前，为显示他与人为善，先将其过剩的货物运至大员，而且要我们视之为相当贵重的货物支付现金，一旦我们对此有所异议而谢绝购入并遣送回中国，他便指责我们对他不公平，嫁祸于人，把货物输入量不足的责任推卸给我们，因为他认为我们付钱不足或甚至蛮横拒绝……（我们应）在尽量避免损失的前提下尽力打击横行霸道的一官，不然，公司的中国—大员—日本的货物运输将全部瘫痪而失去作用。③

郑芝龙海上贸易的一个重要特点，是其家族经营的运作模式。在郑芝龙离开安海之时，郑芝龙的母亲和郑芝豹维持郑芝龙所拥有船只的贸易运作。据荷兰人记录，直接参与贸易的，就有"他的母亲和 23 位兄弟，或是他

---

① 《巴达维亚城日志》第二册，郭辉译，1640 年 12 月，第 238 页。
② 《巴达维亚城日志》第二册，郭辉译，1641 年 1 月，第 293 页。
③ Voc 1142,fol.45,《东印度事务报告》，1643 年 12 月 22 日，《荷兰人在福尔摩沙》，第 248 页。

的商人 Gamphea 和 Bindiok"①,这 23 位兄弟的详细信息难以查证,但这条记载无疑表明了郑芝龙家族势力的庞大。郑芝龙家族势力对贸易的逐步垄断,也压缩了自由海商如 Hambuan② 的生存空间。1636 年 1 月为了 Jocksim 的利益,郑芝龙截留了五万斤的生丝运往大员,便引起了众多商人的不满。荷兰人即听说中国商人"对其(郑芝龙)不当处分,或将有人出而控诉也"。③ 而另一方面,郑芝龙身为明廷官员,也无法在贸易体制上有所突破。因此,郑芝龙固然逐步形成了对海上贸易的控制,但对其余众多的民间海商而言,却并非百利无一害。

崇祯十三年八月,"加福建参将郑芝龙署总兵"。④ 这一时期,海上才真正进入了"海舶不得郑氏令旗不能来往"的局面。隆武元年,郑芝龙迎唐王入闽,更是达到权力的顶峰。隆武二年四月,唐王曾谕郑成功:"兵、饷、器三事,今日已有手敕,确托卿父子。……其总理中兴恢复,兵饷器甲,统惟卿父子是赖。"⑤郑芝龙上疏称:"今三关饷取之臣,臣取之海,无海则无家。"⑥

隆武二年,清兵进逼安海,郑芝龙决意降清。面对郑成功的力劝,郑芝龙答曰:"稚子妄谈! 不知天时时势。夫以天堑之隔,四镇雄兵且不能据敌,何况偏安一隅。倘画虎不成,岂不类狗乎?"⑦另一方面,对于郑芝龙的降清,有学者认为是因为其是"海商资本初起阶段的代表人物,船众有限,力量薄弱,当眼见清廷具有统一全国之势,而不与清廷合作,独占通洋之利也是不可能的"。⑧ 这一判断,有一定合理性。但事实上,郑芝龙此时已担

---

① Voc 1104,fol.58,《东印度事务报告》,1632 年 12 月 1 日,《荷兰人在福尔摩沙》,第 123 页。
② Hambuan 的故事,详见杨国桢:《17 世纪海峡两岸贸易的大商人——商人 Hambuan 文书初探》,载《瀛海方程》,第 244 页。
③ 《巴达维亚城日志》第一册,1636 年 2 月,第 149 页。
④ 《崇祯实录》卷之十三,怀宗端皇帝(十三)崇祯十三年八月。
⑤ 《思文大纪》卷六,《台湾文献丛刊》第 111 种,台湾银行经济研究室 1961 年版,第 113 页。
⑥ 江日昇:《台湾外记》卷二,第 71 页。
⑦ 江日昇:《台湾外记》卷二,第 75 页。
⑧ 参见陈碧笙:《郑芝龙的一生》。

任明廷官员近二十年，成为体制内的官僚和地主、脱离海上生活，也有十余年了。把郑芝龙硬生生划为某个阶级或集团，似乎也过于牵强。

1643年，荷兰人认为"一官不但破坏经中国国王承认之交易条例，且妨害对台湾之输出，将其商品收买向马尼拉及日本输出"，决定"对于违背条约而在台湾以外之地方贸易者加以袭击而捕拿之"①。荷兰人担心其海盗行为影响在日本的贸易，曾探听日本人的口风，后得出结论：

> 荷兰人如得向日本输出所要商品，则捕获帆船之事并无困难，反之，如不能为此，则公司将大为不利，将被称为日本贸易之破坏者。②

原本一触即发的郑荷冲突，因中国大陆局势的变化而未能进一步发展。郑芝龙降清以后，海洋社会权力被其部下所继承。郑联、郑彩据厦门，郑芝豹据安平，郑鸿逵据金门。海洋社会权力的分化加上大陆局势动乱，这一时期的海外贸易大受影响。1647年巴达维亚的报告称：

> 1646年只有两条中国帆船泊至巴达维亚，运来一批粗糙货物，没有任何丝绸，这是贸易不景气，货物输出量少而造成的，据大员的报告今年不会有泊至，我们的中国居民也将深受其苦，对这里的平民百姓也造成损失。③

而中国商品在日本市场的形势也一落千丈，据荷兰人同一篇报告的记载：

> 北方南京的人和南方一官的部下将一批上等丝和丝货运到日本市场，但日本将军已禁止后者驶往日本，因那尾地区属鞑靼人管辖，那里

---

① 《巴达维亚城日志》第二册，1643年12月，第397页。
② 《巴达维亚城日志》第二册，1643年12月，第399页。
③ Voc 1101, fol.36，《东印度事务报告》，1647年1月15日，《荷兰人在福尔摩沙》，第288页。

的居民已并按照鞑靼人的方法把头发剪掉,日本将军不再视他们为汉人而是鞑靼人,鞑靼人从未与日本有过联盟,而且日本人怀疑他们与基督教徒有共同之处。上帝保佑,日本人会坚持这种看法,这样中国贸易将转向大员。①

四年之后,原本势力最弱的郑成功却成为海洋权力的又一主宰者。郑成功与荷兰人的海上角逐,乃是对于东亚海洋社会权力的竞争,事实上也是郑芝龙和荷兰人之间竞争的延续。

第二节　荷兰人的海权扩张

一、荷兰东印度公司的成立

本章第一节中提及荷兰人在中国沿海的活动及其与郑芝龙、李魁奇等中国海上力量之间的关系。本节探讨这一欧洲海上势力如何进入东亚海域,又给东亚海域带来怎样的影响。

今天的荷兰位于欧洲西北部,东临德国,南接比利时,西部和北部都临北海。但在很长的历史时期,"荷兰"指的乃是尼德兰的一个省。近代初期,今日之荷兰、比利时和法国北部的一部分合并起来,叫作尼德兰。16世纪末,北方的几个省份取得独立,被称为"联省",由于荷兰省在"联省"中无论居民数量、财富等都较为突出,此后逐步代替"联省"这一名称。联省组织事实上是一个共和国联邦或联盟。联省的权力机关是联省议会,荷兰的议长以大议长的名义成为联省议会和行政机关的主角。推动荷兰东印度公司成立的奥登巴恩韦尔,便在共和国初期担任三十多年的大议长。在各省组织中,每座城市都是一个小型的国家,有自己的体制和特权。而在城市里面,富豪往往担任城市议员、司法官吏,形成一股强大的势力。因此,商业对

---

① Voc 1101,fol.16,《东印度事务报告》,1647年1月15日,《荷兰人在福尔摩沙》,第282页。

于联省的政策影响巨大，因为这往往是富豪们出台的政策。①

荷兰人认为巴达维亚人是他们的祖先。有荷兰谚语称："上帝创造了海，巴塔维人使之变成陆地。"②巴达维亚人在公元前100年左右因部落纷争从德国北部来到了莱茵河三角洲的一座岛上。公元前13年，巴达维亚与罗马结成同盟。传说巴达维亚人是日耳曼民族中最勇敢的，罗马的禁卫军团曾长期由巴达维亚人组成。公元357年的斯特拉斯堡战役后，巴达维亚人退出了历史舞台。荷兰人以巴达维亚为傲，因此，在东南亚今日之雅加达建立的东印度公司的亚洲总部，便以"巴达维亚"命名。③

地理环境让尼德兰游离于整个欧洲大陆之外。一侧濒临海洋，另一侧是沼泽、荒野，这个国家几乎被"荒漠"所包围。④ 荷兰土地面积不仅狭小，而且也不适合种植粮食。"尼德兰的土地，农业产品（除牛奶外）产量甚少，无论在哪个方面都很难养活如此稠密的人口。……留给这个国家的，似乎只有一条财路了：运输业。"⑤（卡罗林时代）当时巨大的交易中心是多雷斯塔德……这儿即使不能说是集散地，至少也是英国和来因地区之间的转运站，康沃尔（英国西南部）的锡器，北部地区的毛皮和鲸鱼油，中来因的酒，都在此地转运。⑥ 尼德兰拥有非常发达的内陆交通网，其公共的交通的结构比欧洲任何一个国家都要完善。在这个河道密布的国度里，天然便利的交通条件极大地促使了第一次商业腾飞的形成。⑦

当时欧洲的经济发展已不再满足于现有的市场，由于脆弱的商品标准及信息不够灵通等因素，急需要建立一个大的分配中心。而荷兰共和国的地理位置，不仅可连接东北及西南的海路，而且有北—西—南—东方向的内

① ［法］莫里斯·布罗尔：《荷兰史》，郑克鲁、金志平译，商务印书馆1974年版，第66—69页。
② ［法］莫里斯·布罗尔：《荷兰史》，第7页。
③ ［美］胡克：《荷兰史》，黄毅翔译，东方出版中心2009年版，第75页。
④ ［法］保罗·祖姆托：《伦勃朗时代的荷兰》，张今生译，山东画报出版社2005年版，第21页。
⑤ ［法］保罗·祖姆托：《伦勃朗时代的荷兰》，第235页。
⑥ ［法］莫里斯·布罗尔：《荷兰史》，第11页。
⑦ ［法］保罗·祖姆托：《伦勃朗时代的荷兰》，第27页。

河航运网络,完全可以满足其他欧洲国家的需要。因此,荷兰自 15 世纪起,就拥有了一支庞大的商业船队。① 这支海上船队,在日后荷兰人反对西班牙争取独立的战争中起到了决定性的作用。

荷兰人的海上航运事业兴盛,也就产生了数量极大的水手。17 世纪荷兰社会的研究者曾有一段描述:"在荷兰、泽兰、弗里斯兰,海员是一个覆盖面很大的阶层。他们适应了大海,大海给了他们特殊的性格,大海赋予他们一种新形式的生活。他们在发扬民族传统,大海使他们变成性格鲜明突出的人。当然海上工作也很多,捕鱼、近海海员、船队及舰队人员、私掠船船员……他们都有一些共同的特点,比陆地上的人更为粗野、直爽。"②70 年积累的航海经验,又造就了一批能力很强的高级船员,这一切都让荷兰将其竞争对手远远抛在后面。③

16 世纪中叶起,荷兰人在沉默者威廉(即奥伦治亲王)的带领下开始了反对西班牙、争取独立的战争。1566 年起,菲利普二世为了征服尼德兰,将战斗经验丰富的阿尔法公爵派到尼德兰。荷兰人在陆上被击败,但此时荷兰的海上力量已十分强劲,在海上找到了突破口。

1584 年 7 月,奥伦治亲王遇刺身亡。南部的西班牙公爵巴尔玛迅速夺取布鲁塞尔、马利纳和安特卫普。安特卫普当时还是尼德兰最富裕的城市,对北方各省帮助极大。荷兰人的独立战争面临险境。④ 但荷兰人的海上力量开始发挥作用。(遇刺的奥伦治亲王的部下)他们的地盘虽然局限在荷兰、泽兰、乌德勒支三省和弗里兰斯、格尔德兰的部分地区,可丝毫不像被围的样子。他们不仅牢牢控制着河道,而且也是海路的主人。正是他们对继续效忠西班牙的各省实行封锁,那里发生饥荒,物价飞涨,百姓遭殃。在为生存而战斗的同时,他们还发展对外贸易,很快占据世界的第一位。安特卫普陷落后,"海上乞丐"拦住它的出海口,因此阿姆斯特丹、鹿特丹、弗利辛

---

① 〔法〕保罗·祖姆托:《伦勃朗时代的荷兰》,第 235 页。
② 〔法〕保罗·祖姆托:《伦勃朗时代的荷兰》,第 206 页。
③ 〔法〕保罗·祖姆托:《伦勃朗时代的荷兰》,第 241 页。
④ 〔法〕莫里斯·布罗尔:《荷兰史》,郑克鲁、金志平译,商务印书馆 1974 年版,第58—61 页。

根几座城市大为受益。① 在与西班牙的斗争中,水手的力量逐渐体现出来。"(1570年左右)在流亡者中间,有一定数量的水手——'海上乞丐',为了谋生当了海盗,截夺同尼德兰来往的船舶。他们和奥伦治亲王联系,得到一些捕拿许可证。"②

1587年,形势出现转机。西班牙的菲利普二世要求巴尔玛公爵和他一起反对英国和亨利四世的法国,这给了荷兰人一个喘息的机会。1588年,由于西班牙的无敌舰队被英军击败,而返航时还遭遇暴风,荷兰人在海上更加得心应手。拿骚家族的莫里斯·德·拿骚(沉默者威廉的儿子)迅速成长,在对南部西班牙势力的战斗中取得一系列胜利,使得北方的七个联省形成一个严密的集团,并得到亨利四世和伊丽莎白的承认。(1579年)虽然在陆地上西班牙人仍然掌握着控制权,但在海上,荷兰人已完全成为主宰。海洋塑就了他们的国家,塑就了他们居住的沼泽,为他们提供了将财富运回家的交通干线。③ 同时,奥登巴恩韦尔特使得联省的组织更加完善。

此外,尼德兰长期以来便是西欧文化高度发展的地区,也是欧洲教育最普及的区域。有一个故事曾说,莱登城在对西班牙的斗争中作出了伟大的贡献,但不稀罕长期免除捐税,而宁可要一座大学作为酬报。④ 宗教冲突带来流血的忌恨之后,却有助于创造出这种自由讨论和容忍的气氛。⑤ 荷兰对于因政治或宗教原因背井离乡的人敞开国门,法国和瓦隆的胡格诺教徒、德国的路德宗教徒、葡萄牙的犹太人等,都涌向荷兰。出版业审查几乎不存在。⑥ 当时许多受迫害的新教徒和学者都逃难荷兰,著书立说,比如法国的笛卡尔和斯宾诺莎等。对于开辟新航线起到重要作用的地理学家普兰修斯便是来自南尼德兰的避难者。⑦ 荷兰人在宗教问题上比葡萄牙人更具优

① [法]莫里斯·布罗尔:《荷兰史》,第60页。
② [法]莫里斯·布罗尔:《荷兰史》,第53页。
③ [美]亨德里克·威廉·房龙:《荷兰航海家宝典》,肖宇、杨晓明译,河北教育出版社2004年版,第5页。
④ [法]莫里斯·布罗尔:《荷兰史》,第106页。
⑤ [法]莫里斯·布罗尔:《荷兰史》,第107页。
⑥ [美]胡克:《荷兰史》,黄毅翔译,东方出版中心2009年版,第96页。
⑦ [荷]伽士特拉:《荷兰东印度公司》,倪文君译,东方出版中心2011年版,第2页。

势,因为荷兰人力求谋取的是经济利益,传教更多的只是附带品。以致荷兰人初到东南亚之时,"他们(荷兰人)几乎毫无例外地处处受到友好的接待,(东南亚人)到处谋求荷兰人的帮助以反对葡萄牙人"。①

商业传统与政治上的不断胜利,使得荷兰人更加热衷于海上活动。这一时期的荷兰"家境富裕的人家也愿意看到自己的孩子献身海洋事业和探险活动"。② 这一点,从荷兰人对海上冒险故事的痴迷可见一斑。当时荷兰"科普小说的销路也不错,但都是以航海家在报纸上发表的回忆录为蓝本改写而成的游记。1646 年出版的《邦特柯远东旅游日记》再版了 50 次。阿姆斯特丹的科木林出版社把 21 篇游集成册出版,结果是赚得荷包鼓鼓的。这些东西匆匆写就,毫无文学味道,只是与真实经历紧紧相连"。③ 显然,荷兰人十分崇拜在海上出没英雄人物。在邦特克的这部游记中,有许多方面值得注意:一是对航线沿岸的土著民众的态度。在旅行记中,记录了许多与土著居民的打斗纠纷和死伤的情形;二是邦特克本人经历的大海难——由于船只不慎起火引起的。④ 事实上,在很长一段时期内,荷兰人国内经历不断的战乱,城市虽然兴起,但治安还很差。⑤ 因此,在寻求贸易、热衷海上探险的荷兰人看来,这些似乎都不是他们最关心的。16 世纪末,"海上乞丐"甚至直接从奥伦治亲王那里取得"授权书",这个"授权书"允许他们在一定的海域内"行动",事实上就是荷兰官方允许的海盗行为。荷兰的社会各阶层,均或多或少地染指这一行当。⑥

这一时期荷兰人值得注意的另一方面,是其在长期的海上航运事业中形成的另一个性格特点。英国史家丹尼尔·霍尔曾指出:"他们(荷兰人)在作为欧洲马车夫和代理商方面所起的作用,使他们取得了充当经纪人的

———————

① [英]霍尔:《东南亚史》,中山大学东南亚历史研究所译,商务印书馆 1982 年版,第 362 页。

② [法]保罗·祖姆托:《伦勃朗时代的荷兰》,第 240 页。

③ [法]保罗·祖姆托:《伦勃朗时代的荷兰》,第 88 页。

④ [荷]威·伊·邦特库:《东印度航海记》,姚楠译,中华书局 1982 年版,第 37 页。

⑤ 参见[法]保罗·祖姆托:《伦勃朗时代的荷兰》,第 14—17 页。

⑥ [法]保罗·祖姆托:《伦勃朗时代的荷兰》,第 244 页。

经验,这种经验是没有人能比得上的。"①"在 16 到 17 世纪,荷兰为半个欧洲进出口和运输商品。由于这些工作,他们的吝啬和精明渐渐出了名。"②转运商品赚取价差,是荷兰人获得利润的重要途径。因此,我们可以看到,在荷兰东印度公司的运作中,对商业数字都力求细致。在《巴达维亚城日志》、《热兰遮城日志》中,读者很容易注意到这一点。当时的中国人对荷兰人的印象,《台湾府志》曾记载"(荷兰人)性贪狡,能识宝器,善货殖。重利轻生,贸易无远不至"③,可以说十分到位。

综上所述,到了 16 世纪末期,荷兰取得了事实上的独立。而基于海上货物转运发展而来的船队与海上力量,甚至超过了西班牙和英国。以上论述的关于 16 世纪的荷兰的政治、商业、文化方面的状态,对于理解荷兰东印度公司的成立及日后其在亚洲的许多活动无疑是有帮助的。但荷兰东印度公司的成立还有更直接的因素。1580 年之后,荷兰商人要从亚洲货物的贸易中获利越来越难了。1580 年前后,葡萄牙的亚洲商品贸易体系开始以"合约"的形式表现,于是出现了一个"印度"胡椒合约,允许一群商人在印度和马六甲购买胡椒,运至里斯本王室,以固定的价格出手,而另一份欧洲合约则准许买办从王室购得胡椒,再以固定的价格在全欧洲散货。④ 16 世纪末,葡萄牙人想要将船只安全而准时地从亚洲驶回里斯本已经非常困难,而对于南大西洋的英国私掠船更是束手无策。1592 年之后,里斯本的胡椒供应量急剧下降。⑤

这给荷兰人带来了很大的损失,因为荷兰人"一直是欧洲的公共运输商,它将东方的物产先是从威尼斯,后是从里斯本运送到斯堪的纳维亚半岛最偏僻的角落"。⑥ 无法从里斯本获得胡椒及胡椒价格上涨的刺激,促使荷

---

① ［英］霍尔:《东南亚史》,第 359 页。

② ［美］胡克:《荷兰史》,第 95 页。

③ (清)余文仪:《续修台湾府志》卷一九,清乾隆三十九年刻本。《台湾文献丛刊》第 121 种,台湾银行经济研究室 1962 年版,第 686 页。

④ ［荷］伽士特拉:《荷兰东印度公司》,倪文君译,东方出版中心 2011 年版,第 1 页。

⑤ ［荷］伽士特拉:《荷兰东印度公司》,第 2 页。

⑥ ［美］亨德里克·威廉·房龙:《荷兰航海家宝典》,肖宇、杨晓明译,河北教育出版社 2004 年版,第 5 页。

兰人开始探索直接从亚洲进口胡椒的途径。荷兰商人盘算着是否能开辟一条荷兰独享的印度航线。它完全属于荷兰,可以任意对外国人关闭。①

此时荷兰的造船业已十分发达。1600 年之后,荷兰船只的吨位迅速增至 600 吨至 1000 吨。② 对此,中国方面史料也有记载:

> 西洋船之长深广,见余所咏番舶诗,而其帆尤异。桅杆高数十丈,大十余抱,一桅之费数千金。船三桅,中桅其最大者也。中国之帆上下同阔,西洋帆则上阔下窄,如折扇展开之状,远而望之几如垂天之云,盖阔处几及百丈云。中国之帆曳而上只一大缲著力,其旁每幅一小缲,不过揽之使受风而已。西洋帆则每缲皆着力,一帆无虑千百缲,纷如乱麻,番人一一有绪,略不紊。又能以逆风作顺风,以前两帆开门,使风自前入触于后帆,则风折而前,转为顺风矣,其奇巧非可意测也。红毛番舶,每一船有数十帆,更能使横风、逆风皆作顺风云。③

这时候荷兰已能造出适合远洋的大船,装备先进,加上"大量难民从南尼德兰涌入,加上北尼德兰财富的增长,使得这里资本充足"。④ 16 世纪下半叶,航线的知识也传入尼德兰。地理学家普兰修斯为船主、船长及航海者提供知识。荷兰人还曾经尝试从北部通往亚欧大陆,但被喀拉海厚厚的冰层阻止。⑤ 但是"从 1595 年出版的航海记录来看,荷兰人终于知道了前往东印度航群岛的航线"。⑥ 1597 年 8 月,荷兰船队终于第一次从亚洲返航,这是 1592 年 4 月从阿姆斯特丹出发的船队。

1594 年,阿姆斯特丹几个从事香料贸易的大商人,成立了远方贸易公司,旨在共同出资增加运输的船只。类似的商业组织先后建立起来。有研

---

① [美]亨德里克·威廉·房龙:《荷兰航海家宝典》,第 16 页。
② [法]保罗·祖姆托:《伦勃朗时代的荷兰》,第 241 页。
③ (清)赵翼:《檐曝杂记》卷四。
④ [荷]伽士特拉:《荷兰东印度公司》,第 2 页。
⑤ [荷]伽士特拉:《荷兰东印度公司》,第 3—4 页。
⑥ [美]亨德里克·威廉·房龙:《荷兰航海家宝典》,第 8 页。

究者统计 1595—1602 年从荷兰派往亚洲的船队如下①：

启程年份	船只数量	公司	返回年份
1595 年	4	远地公司	1597 年
1598 年	3	米德尔堡公司	1600 年
	2	费耳公司	1600 年
	8	老公司	1599/1600 年
	5	麦哲伦或鹿特丹公司	
	4	麦哲伦公司	
1599 年	3	老公司	1601 年
	4	老公司	1601/1602 年
	4	新布拉班特公司（阿姆斯特丹）	1601 年
1600 年	6	老公司	1602—1604 年
	2	新布拉班特公司	1602 年
1601 年	4	联合泽兰公司	1602—1603 年
	5	老公司	1603 年
	8	联合阿姆斯特丹公司	1602—1604 年
	3	毛赫龙公司	1604 年

　　分散经营的弊端很快显现，由于船队船只较少，在海上难以很好地互助，加剧了海难的危险；对于西班牙人和葡萄牙人的干扰难以作出有力的回击；这些分散的企业之间"充满了令人不安的竞争精神"②，也使得荷兰人的整体利益受损。这时候，议长奥登巴恩韦尔特发挥了作用，他劝商人们进行合作。事实上，由上表可知，在 1601 年，已有几个地方性的联合公司成立了。但这些联合公司之间的竞争也更加激烈。1601 年，阿姆斯特丹人对不信任他们的泽兰人做出让步：如果一家公司被授予 20—25 年的专利权，那么所有荷兰共和国的居民都有机会作为投资人或股东加入这家公司。③ 最后，执政者莫里斯王子（沉默者威廉的二儿子）也参与进来，推动了东印度

---

① 参见［荷］伽士特拉：《荷兰东印度公司》，第 9 页。
② ［法］莫里斯·布罗尔：《荷兰史》，第 77 页。
③ ［荷］伽士特拉：《荷兰东印度公司》，第 10 页。

公司的成立。

荷兰议会于 1602 年 3 月 20 日正式颁布了《公司成立特许状》，其中最重要的条款大致有两点：一、荷兰东印度公司被授予从荷兰共和国到好望角以东及经由麦哲伦海峡的为期 21 年的船运贸易垄断权；二、《特许状》准许荷兰东印度公司以荷兰议会的名义建造防御工事、任命长官、为士兵安排住处以及同在亚洲的列强签署协议。①

荷兰东印度公司由六个商部组成，阿姆斯特丹和泽兰是最大的两个商部。17 人董事会中，阿姆斯特丹有 8 位，泽兰 4 位，余下商部各一位。从法律角度看，东印度公司是荷兰议会的执行工具。在第一份《特许状》的有效期内，曾有投资人抱怨公司董事中饱私囊：

如果我们向市上议院和参议院投诉，那里有公司的董事；如果向海军部投诉，那里有董事；如果向荷兰议会投诉，我们会发现董事和议会其实就是一回事，都穿着"公司"这同一条裤子。②

至此，在 17 世纪开启的时候，荷兰人完成了国内海上资源的整合，荷兰船只开始出现在东亚海域并开始扮演一个重要的角色。而在接下来的数十年内，更成为中国海上力量在东亚最强劲的对手。17 世纪 50 年代，荷兰商船的吨位占欧洲总吨位的四分之三，海军人数几乎比英、法两国海军人数多一倍。③

二、谋取东亚海上霸权

打开直接通向亚洲的航线以后，荷兰人的船队迅速访问了苏门答腊、婆罗洲、暹罗、马尼拉、广州和日本。"派船出航互相竞争的公司是如此之多，以致直到 1602 年联合东印度公司成立为止的这个时期被称为'航海狂'时期，即不加选择地乱航时期。就东南亚而论，几乎没有一个重要港口没有荷兰人船只的踪迹。"④

---

① ［荷］伽士特拉：《荷兰东印度公司》，第 14—15 页。
② ［荷］伽士特拉：《荷兰东印度公司》，第 36 页。
③ 汪熙：《约翰公司：英国东印度公司》，上海人民出版社 2007 年版，第 35 页。
④ ［英］霍尔：《东南亚史》，中山大学东南亚历史研究所译，商务印书馆 1982 年版，第 362 页。

一系列的航行中,荷兰人的航海技术逐步体现出来。探索香料贸易的早期,他们发现了一条比葡萄牙人所使用的更易到达印度尼西亚群岛的近道。葡萄牙人采用阿拉伯人季候风航行的习惯做法,从而到达东非海岸,进入季候风地带,横越赤道以北的印度洋和通过马六甲海峡而接近印度尼西亚群岛。这样一条航线是以印度西海岸的战略中心为转移。然而荷兰人没有受到这种考虑的局限,利用了南半球"咆哮西风带"的西风,这使他们更快地越过印度洋,并使巽他海峡成为通向印度尼西亚的天然近路。①

巽他海峡边上的爪哇岛有丰富的火山土,雨量充沛,非常适合多种谷物的成长,能够生产大量的稻米,因此人口最多。② 但此时的印度尼西亚群岛,在荷兰人到来之前,都是相当混乱的局面,小国林立,战争不断。"一个世纪接着一个世纪地,随着一系列混乱的王国和帝国在这一地区的沉浮,印度尼西亚居民从政治上以很多不同的方式被划分开来。"③这无疑给了荷兰人可乘之机。

荷兰东印度公司的船队自阿姆斯特丹出发,经好望角穿过印度洋到达东亚海域,需要约10个月。在海上,荷兰人还需与竞争对手葡萄牙、西班牙人作战。因此,不论从经济效益或是安全方面的考虑,荷兰人都急需在靠近香料群岛附近取得一个基地。从战略位置来看,这个地方必须位于马六甲海峡或巽他海峡附近。1602年,荷兰舰队的司令瓦尔华克在万丹街建立商馆,但此时万丹王对荷兰人满怀敌意,强纳贡品。而此地由于自然原因,也不适合作为货物的集散地。1610年十一月,经巽他王许可,在"芝流温"河右岸租得商馆的基地,此地便是今日之巴达维亚港。荷兰人首先造石头商社一座。④ 1611—1621年,经历与英人、土人的一系列战争后,荷兰东印度公司总督杨彼得士逊扩建了城墙,并在南方新建街市招

---

① 霍尔:《东南亚史》,中山大学东南亚历史研究所译,商务印书馆1982年版,第392页。

② 史蒂文·德拉克雷:《印度尼西亚史》,郭子林译,商务印书馆2009年版,第2页。

③ 史蒂文·德拉克雷:《印度尼西亚史》,第1页。

④ 《巴达维亚城日志》第一册"序说",第3页。

揽中国、日本移民。此城因其重要的地理位置,成为荷兰东印度公司在亚洲的总部,以"巴达维亚"为名,明清时期的华人则沿用旧称"噶喇巴"或"咬留吧"。

东亚其他地区的商馆也逐步建立起来。1609 年 7 月,荷兰人获得日本幕府德川家康的通商许可,在平户成立商馆。1617 年,荷兰人在暹罗设立商馆,总部设在大城府,苏木、白蜡和毛皮是主要出口货物。1624 年,在明廷方面的逼迫下,荷兰人由澎湖转向大员,建立基地。1640 年荷兰东印度公司在越南东京设立分部,此后这里成为出口丝绸到日本的一个重要贸易站。① 马六甲是荷兰人的心头之刺,它支持马打兰和望加锡与荷兰人对抗。从 1633 年开始,荷兰人对港口实行了严密的封锁,严重阻碍它的贸易和供应。终于在 1641 年攻陷其地。②

贸易逐利是荷兰人到达东亚的最重要目的。荷兰商人从一开始同香料群岛上的居民接触,就试图同他们达成排他性的供货协议,力图控制贸易权。1600 年,安汶的居民答应给予史蒂夫·范·德·哈根丁香贸易的垄断权;1605 年沃尔弗特·哈蒙茨从班达群岛中阿依岛的居民那里获得了肉豆蔻的垄断权,1602 年及以后若干年,其他一些岛也向范·德·哈根许诺了肉豆蔻垄断权。最后 1607 年,梅特里弗同特尔纳特岛签订了垄断协议。但后来各方都打破了这些协议。因为荷兰东印度公司没有能力向岛上居民提供足够的粮食和布料以换取他们的产品,本地船运的破坏甚至引起了基本生活必需品的短缺。③ 但由于欧洲与亚洲市场的逐步开放,香料在欧洲的价格逐步降低。荷兰人只有不遗余力地垄断香料贸易,才有可能获得最大的利益。东亚方面,华人对白银的需求很大,因此日本、马尼拉两个有能力输出大量白银的地区成为中国商品的主要输出地。

到了 1643 年,荷兰东印度公司的一份报告记载当年的商馆收益:

1643 年的商馆盈利:大员　f.196,517.07.09

日本长崎　f.659,583.06.06

---

① 伽士特拉:《荷兰东印度公司》,第 56—57 页。
② 霍尔:《东南亚史》,第 390 页。
③ 伽士特拉:《荷兰东印度公司》,第 49 页。

以下商馆的账簿尚未寄来,估计可盈利如下:

暹罗　f.8000

占碑(1643 年一月至七月）　f.35000

旧港　f.2500

渤泥　f.8000

柬埔寨　f.20000①

显然,荷兰人的贸易链条已经建立起来。荷兰学者伽士拉特指出:"荷兰公司确实有一个十分重要的优势:他们亚洲贸易的竞争对手中没有一个能将日本、波斯、阿姆斯特丹的银价与苏拉特、中国、印尼群岛上市场上的银价相比较。荷兰东印度公司可以选择是在波斯还是在中国或是在孟加拉购买丝绸,还能选择是在日本还是在欧洲卖出这些丝绸。"②

董事在 1650 年发给总督和委员会成员的"总指令"中详细描述了不同贸易站所从事的三种贸易:公司通过"自己的征服"获得的贸易,例如在班达和台湾的贸易;基于"公司签署的排他性合约之效力"的贸易,例如同特尔纳特国王之间和在安汶的贸易;基于同东方诸国国王和统治者签订"协议"之效力的贸易,在那些地方,荷兰东印度公司没有任何特殊的地位。③ 这里的"东方诸国"最典型的代表,乃属明帝国与日本。荷兰人自 1605 年以来,便试图在中国沿海获得贸易基地。此时明廷的水师虽无意深入大洋,但对付在中国沿海活动的小规模荷兰船队仍是绰绰有余。随着郑芝龙控制闽海,特别是 1633 年的料罗湾海战惨败之后,荷兰人更是感觉到无法与之竞争,转而专心经营大员的商馆,只求与中国方面能够顺利地进行贸易。

1609 年 7 月,荷兰人派往平户的船队取得德川家康的通商许可,于 8 月在平户开设商馆。1616 年,德川幕府将荷兰、英国的贸易限定在平户、长崎两地。在日本,荷兰人力求与幕府建立良好关系,获取在日进行贸易的资

① Voc 1142,fol.86,《东印度事务报告》,1644 年 1 月 4 日,《荷兰人在福尔摩沙》,第 256 页。

② 伽士特拉:《荷兰东印度公司》,第 129 页。

③ 伽士特拉:《荷兰东印度公司》,第 79 页。

格。虽然在 17 世纪 20 年代末期,荷兰人与日本商船在大员贸易的问题上产生过一定的纠纷,但在荷兰人的努力下于 1633 年终于解决,荷兰人在日本的贸易开始稳定下来。1640 年,由于受到日本禁教的影响,有日本官员指责荷兰人"不守禁令,于石造仓库之破土,附以基督年号",此后幕府下属官员对荷兰人声明:

> 外国人通商与否,于日本无重大利害关系,而荷兰人已请得前皇帝之朱印状,故当许其通商,并于商业及其他事项,予以前来年之自由。但其船应入长崎港,一切撤出平户,迁移该地。盖陛下除上列场所外,不许外国人居住国内故也。①

因此,荷兰人在日本的商馆于 1641 年迁往长崎港之出岛。鉴于葡萄牙人之惨状,荷兰人对长崎的贸易可谓小心翼翼。长崎荷兰商馆长曾报告巴达维亚方面称:

> 不论理由如何,如果空船进入日本国内出乎常例意外之港湾时,将被视为间谍,故切不可为之。……船只须受检查而货品需逐件申报,如闻被发现有隐藏情事时,商馆长将被处死刑。故应将进口货全部提示……②

虽然在明、日本两处无法取得特殊的贸易权力,但荷兰人在海上的势力却不受限制。对于在东亚的竞争对手,荷兰人采取的策略是从海上对敌人的据点实行封锁。1641 年,荷兰东印度公司就曾封锁马六甲,最终使其屈服。荷兰人无法在中国沿海取得贸易权,便截击开往马尼拉及其他竞争地区的华人商船。1621 年 7 月 9 日的《东印度事务报告》曾指出:

---

① 《巴达维亚城日志》第二册,"序说",第 235 页。
② 《巴达维亚城日志》第二册,1640 年 12 月,第 279 页。

与此同时,我们需要在马尼拉水域保留联合舰队的船只,因为往马尼拉的航行使中国商人不再积极前来雅加达。①

1622年9月6日的《东印度公司事务报告》中,时任总督的科恩曾报告荷兰人的行动:

我们命令他们,在中国沿海不准任何中国帆船驶往巴城以外的地方……我们还将所有在中国沿海,马尼拉和其他地方捉获的中国人用来补充上述地区的人口。②

对澳门的葡萄牙人,荷兰人也早已虎视眈眈。荷兰东印度公司1622年1月21日的另一份报告称:

澳门是一处可随便出入的地方,无军队把守,只有几座炮和一些工事。我们如果派出1000至1500人的兵力即可轻易夺取。③

此外,荷兰人封锁澳门的做法很快收到成效,当年1622年3月26日的报告称:

我们的人今年共截得9艘小型海船,其中6艘属于澳门,3艘属于马尼拉。从所得船上的信件中我们获悉,敌人目前境况窘迫,甚至不敢派船出海。④

---

① Voc 1073,fol.58,《东印度事务报告》,1621年7月9日,《荷兰人在福尔摩沙》,第2页。
② Voc 1076,fol.6,《东印度事务报告》,1622年9月6日,《荷兰人在福尔摩沙》,第11页。
③ Voc 1075,fol.3,《东印度事务报告》,1622年1月21日,《荷兰人在福尔摩沙》,第4页。
④ Voc 1075,fol.6,《东印度事务报告》,1622年3月26日,《荷兰人在福尔摩沙》,第6页。

1638 年,巴城总督的一份报告再次强调:"我们坚持决定拦截占碑和旧港等地的船只,断绝中国人前往这些港口的航路从而逼迫他们前来我处。"①

1642 年 1 月,巴达维亚收到大员方面的来信,其信云:

> 也哈多船勒·基费德号,卡利欧德船特·科鲁巴尔德号及帆船鸡笼号,于十一月十一日(1641 年)在商务员耶哥布·凡·李士费鲁德指挥之下,自台湾出港。其目的为在马狗(澳门)海南及东京湾,监视敌船,(尤其本年搭载葡萄牙货品前往日本,得银将回东京之帆船数艘)……又巡视广南及江巴沿岸各港,尽量对西班牙人予以损害。②

上文已指出,整个阿姆斯特丹市的上层人士几乎全部涉及荷兰船队的海盗行为。而荷兰人到达东亚以后,更把与马尼拉、澳门贸易的其他地区的商船也视为猎物,不加区别全部抢劫。中国商船在此期间损失严重。台湾学者张彬村曾指出,"欧洲人的每艘商船其实也是一艘战舰,造价昂贵,船上否认服务人员也兼有战斗任务……中国的帆船纯粹是商船,不必武装"。③

并且,与荷兰人的船只相比,中国帆船更易于转向,更适合在东亚海域航行。④ 这些优势,都使荷兰人无法改变华人商船占据主导地位的局面,而荷兰人在东亚海域只是"通过参与已长期存在的货物流动而结合到现有的结构之中"。⑤ 在海上仓促遭遇,荷兰人往往以中国帆船与马尼拉等对手贸

---

① Voc 1126,fol.146,《东印度事务报告》,1638 年 12 月 22 日,《荷兰人在福尔摩沙》,第 203 页。

② 《巴达维亚城日志》第二册,1642 年 1 月,第 346 页。

③ 张彬村:《十六至十八世纪华人在东亚水域的贸易优势》,载张炎宪主编:《中国海洋发展史论文(第三辑)》,台北"中央研究院"中山人文社会科学研究所 1988 年版,第 345 页。

④ Voc 1077,fol.8,《东印度事务报告》,1623 年 6 月 20 日,《荷兰人在福尔摩沙》,第 18 页。

⑤ 伽士特拉:《荷兰东印度公司》,第 129 页。

易,或以没有荷兰人的"通行证"为借口,对中国商船进行抢劫。荷兰人1624年1月3日的《东印度事务报告》记载:

> 我们的人从前去大员的冒险商那里得知,有12艘帆船将从漳州驶往马尼拉,司令官莱尔森因此决定派出两条船到马尼拉沿岸,在中国帆船的航行水域截击商船,收获如下:4月17日 Zirickzee 和 de Engelsche Beer 两船截得3条帆船,捕获800名中国人。
>
> Groningen 一船,于(1622年)5月11日同一条中国帆船返回澎湖,该帆船本打算前往马尼拉,在澎湖附近被我们的人截获,船上装运 Cangan 布,大麻、亚麻布和其他粗制货物,以及200名中国人。所获4条船只装运的货物在澎湖计算总价值为 f.87494.3.2。①

当时中文史料曾记载:"自红夷肆掠,漳船不通,海禁日严,民生憔悴。"②但无奈中国商船主要以私人船只为主,缺乏强有力的武装支持。对荷兰人的海盗行为,明廷却以"海禁"来应对,对东南沿海的民生而言实为不利。这种情况直到郑芝龙时期才逐步改善。

到了17世纪40年代,荷兰人无疑成为群岛的最强大的力量,他们维持香料垄断的努力,也大为加强。③"所有人都承认巽他海峡是荷兰人的海域,因此外国船只见到公司的船会降旗,巡洋舰也有权拦住过往船只询问它们的目的地。"④在东亚海域的北部,荷兰人则以大员为基地,对中国沿海与马尼拉、长崎往来的商船进行抢劫。

巩固贸易基地以后,荷兰人也逐步对控制地区征收各种赋税。大员的华人移民,自7岁以上都必须缴纳人头税。如果从事农业生产还必须缴纳

---

① Voc 1079,fol.125,《东印度事务报告》,1623年1月3日,《荷兰人在福尔摩沙》,第29页。

② 沈铁:《上南抚台暨巡海公祖书》,载顾炎武:《天下郡国利病书》,第二十六册,福建,第257页。

③ 霍尔:《东南亚史》,第391页。

④ 伽士特拉:《荷兰东印度公司》,第70页。

稻作税,从事捕鱼须纳渔业税,商业贸易则须纳市场税,以及货物进出口的关税等。1636 年荷兰人的东印度报告提出,"为招徕中国人再来贸易,我们准许他们的要求就所运至货物纳税达成协议,每条帆船需交纳 250—650 里尔,运往中国的货物、现金和商品均按规定纳足税"。①

但明廷方面从未承认荷兰人对大员的主权,这点在郑芝龙与郑成功对荷兰、大员的态度中表现得尤为明显。上文已经指出,郑芝龙曾受命派人在大员征收华人商船的税收。而荷兰人对东亚贸易航线、贸易商品垄断的努力,也大大损害了华商的利益,以上种种冲突,皆为郑成功与荷兰人在 17 世纪 50 年代的竞争埋下伏笔。

第三节　东亚海域的其他势力

一、葡萄牙人在澳门

葡萄牙在世界航海史上的地位早已为人们所熟知。中世纪末期,葡萄牙人完全有资格在欧洲人开展印度洋贸易的努力中领跑。他们在大西洋的优势使他们成为能够应付海上危险的航海民族。在与摩尔人进行长期的宗教战争中,他们建立了一支令人畏惧的海军力量。② 1498 年,葡萄牙人走出了重要的一步,达·伽马的船队在印度港口停靠,成为第一支由欧洲到来的船队。葡萄牙人前往东方的目的是非常明确的。当卡利卡特港口的突尼斯商人问葡萄牙人"不远万里来这儿是为了寻找什么"的时候,达·伽马派去的人回答了这句著名的话:我们来寻找基督徒和香料。③

为了获得印度洋的商业霸权,就必须占领和控制主要的战略据点,并推

---

① Voc 1119,fol.10,《东印度事务报告》,1636 年 12 月 28 日,《荷兰人在福尔摩沙》,第 172 页。

② 霍尔:《东南亚史》,第 301 页。

③ 桑贾伊·苏布拉马尼亚姆:《葡萄牙帝国在亚洲(1500—1700)》,何吉贤译,朗文书屋 1993 年版,第 68 页。

动一种贸易,提供足以维持一支不可抵抗的兵力的收入。① 这种贸易显然就是香料的垄断。1510 年,葡萄牙人攻占了他们在亚洲的第一个稳定的据点果阿,1511 年攻占马六甲。马六甲是东南亚香料的主要集散中心,爪哇商人从各产地收购这些香料,然后运往马六甲。供应的香料数量是如此之多,价格又是如此低廉,以致葡萄牙人若要在欧洲保持高价,就必须垄断这些贸易,并限制其出口。这就需要驱逐爪哇商人,并控制印度尼西亚和阿拉伯之间的通道。② 设在果阿、马六甲和奥尔木兹的三个主要海军基地,是用来保持葡萄牙交通线畅行无阻,并控制海洋以防竞争势力的兴起。③

在中国沿海,葡萄牙人也终于获取了他们的贸易基地。"(嘉靖)三十二年(1553),蕃舶托言舟触风涛,愿借濠镜地暴诸水渍贡物,海道副使汪柏许之。初仅发舍,商人牟奸利者渐运瓴甓榱桷为屋,佛郎机遂得混入。"④明廷对海上小岛本不甚重视,而葡萄牙人又"供税两万以充兵饷"⑤,便允许葡萄牙人暂居澳门。获得与明廷的贸易,澳门迅速兴起。"在短短的几十年内,这个位于香山海岬顶端与珠江出海出南端的默默无闻的小渔村就上升到甚至连广州港也相形见绌的地位"。⑥ "这些强悍的卢西塔尼亚人很快就几乎是排他性地利用起连接印度、马来群岛、中国和日本的海上航线,而以澳门为中心。"⑦澳门的葡萄牙人是中国与外国之间进行贸易的转运者。葡萄牙人经营贸易的主要地方是日本、马尼拉、暹罗、马六甲、果啊和欧洲。⑧16 世纪末期几年,葡萄牙人从日本出口的白银达到了约 20000 公斤。从 16 世纪 60 年代初开始,澳门—日本贸易线的总指挥一职成为一个人人觊觎的

---

① 霍尔:《东南亚史》,第 302 页。

② 霍尔:《东南亚史》,第 303 页。

③ 查·爱·诺埃尔:《葡萄牙史》,南京师范学院教育系翻译组译,江苏人民出版社 1974 年版,第 152 页。

④ 《澳门纪略》卷上,清乾隆西阪草堂刻本,第 74 页。

⑤ 《明神宗实录》卷五百七十六,万历四十六年十一月壬寅。

⑥ 张天泽:《中葡早期通商史》,姚楠、钱江译,中华书局 1988 年版,第 102 页。

⑦ 张天泽:《中葡早期通商史》,第 110 页。

⑧ 张天泽:《中葡早期通商史》,第 119 页。

职位,任职者每年可以得到 70000 或 80000 帕塔卡的收入。①

葡萄牙定居澳门,是在中国的管辖权下生活。葡萄牙人在管辖他们自己国籍的人员方面,通常是不会受到干预的。但在管辖权、领土权、司法权和财政权方面,明廷保持者绝对权力。万历四十六年初,葡萄牙人"列屋筑台,增置火器,种落已至万余,积谷可支战守,而更蓄倭奴为牙爪,收亡命为腹心"②引起了明廷的警惕。在明朝最后的二十年内,澳门陷入了越来越困苦的境地。在这短短的时期内,澳门深受政治腐败之苦,并在中国失去了重要的通商特权。③ 郑芝龙对葡萄牙人采取的措施上文已有交代。而于 1641年 12 月,荷兰人也曾获悉,"一官与其他官员等,继续苦累澳门之葡萄牙人。彼等完全不能贸易,与广东之贸易亦几乎停止"。④

葡萄牙人对日本的贸易也逐步陷入困境。荷兰人对他们的竞争对手自然十分关注,在《巴达维亚城日志》中,记录了一系列关于德川幕府驱逐天主教的情况:

　　一、罗马教徒之迫害,仍在皇帝(德川家光)命令之下继续进行……(1632 年)九月有各派教师四人,在长崎殉教。又有教师数人在大村有马及长崎被捕,皆因宗教而将被刑罚。⑤

　　二、皇帝改委,今井博四郎及曾我又左卫门执行长崎政务……又下令对基督徒严加迫害,以期灭绝……由于一被害教师之口供,已有教师十五人及日本人基督徒约计二百人被捕杀,上列被捕人等不堪苦刑,乃对长崎奉行等供出教师二十五人之住址。⑥

　　三、在日本对于罗马教徒之迫害益见增加,彼等从前之自由被剥夺,依皇帝命令,凡承葡萄牙人血统之子女,包括自由人与被佣人,悉皆

---

① 桑贾伊·苏布拉马尼亚姆:《葡萄牙帝国在亚洲(1500—1700)》,第 112 页。
② 《明神宗实录》卷五百七十六,万历四十六年十一月壬寅。
③ 张天泽:《中葡早期通商史》,第 158 页。
④ 《巴达维亚城日志》第二册,1641 年 12 月,第 325 页。
⑤ 《巴达维亚城日志》第一册,1633 年 2 月,第 86 页。
⑥ 《巴达维亚城日志》第一册,1634 年 2 月,第 104 页。

撤退，结果于本年有二百九十人前来马狗。①

1639 年，葡萄牙船只被禁止开入长崎港。但葡萄牙人并不死心，因对日贸易于澳门来说确实非常重要。1640 年，葡萄牙人又派遣使节到达长崎，向日本人请求重开贸易，《巴达维亚城日志》记载其陈述节要如下：

我等今年对葡萄牙人及西班牙人侨居各地方发出通牒，请其今后停止派遣传教士及终止传教。因此我等谨以澳门市及居民名义申请准许在日本贸易，保证今后不派遣传教士一人，而以我等之身体及卡列欧打船与所载货品为担保，如发现与此相反之事实时，愿受最高官府宣判死刑。②

但等待数日之后，却被日本幕府派官员宣判：

汝等恶徒，前已禁止入国，而今汝等竟犯此禁令，汝等原应在去年处死，因蒙怜悯而幸免。此次罪当惨死，姑念其不携商品，而为请愿前来，故处以有情之死刑。③

同时，葡萄牙人的船只也屡屡遭受中国海上力量及荷兰人的攻击，《巴达维亚城日志》记载：

一、据中国所传消息：海盗 Tan glauw（刘香）于七月末或八月初，在 Pedla Bulanca 海上，与满载货物前往日本制葡萄牙商船五艘相遇，而捕获其中一艘，其余四艘追入马狗（澳门）港，该船似不能再出港，日本航海似已中止。④

---

① 《巴达维亚城日志》第一册，1637 年 1 月，第 186 页。
② 《巴达维亚城日志》第二册，1640 年 12 月，第 265 页。
③ 《巴达维亚城日志》第二册，1640 年 12 月，第 270 页。
④ 《巴达维亚城日志》第一册，1634 年 12 月，145 页。

二、1637 年 1 月 13 日，也多哈船 Langeruck 号率引在马六甲航路捕获之葡萄牙戎克船 Iesus Maria Tosephs 号抵达本地（巴达维亚）……该船搭乘人员五十四人……船货为交与司令官之黄金约计四十八斤至五十斤、绢丝品、砂糖等货物。①

与荷兰人相比，葡萄牙人的劣势在于东亚贸易的初期就体现得十分明显，"这个国家缺少一个巨大而殷实的中产阶级来承担冒险事业中贸易方面的主力，它也缺少像意大利、德国和低地国家所能配备的那样大量有经验的银行家。这些外国银行家利用葡萄牙人的贫穷和商业上的无知，不久就蜂拥而至。他们用金钱打入那些去印度的船队；他们给国王垫款支付远航费用，而常常要求国王把运回的货物直接作为抵押……过了一段时间，安特卫普而不是里斯本成了西欧香料的集散地"。②

到了 17 世纪，荷兰人和英国人"在发展海上势力方面已经取得如此巨大的进步，以致在同葡萄牙人进行的海战中，他们驾驶船只和指挥船只都胜过对方"。③ 而在 1580—1640 年，葡萄牙又经历长期被西班牙王室统治的时期。当 1640 年葡萄牙终于摆脱西班牙获取独立的时候，他们在东亚的势力已经非常脆弱了。而葡萄牙独立以后，澳门与马尼拉的贸易逐渐减少。1641 年，马六甲终于被荷兰人攻占。17 世纪 50 年代，在中国海上力量及荷兰人的夹击之下，葡萄牙人在东亚海权中的地位，似乎仅仅保存了澳门根据地以及同中国、东南亚各港口间的少量贸易。值得一提的是，荷兰人虽然在海上完全占据优势，但攻取澳门的计划却久久未能兑现。

二、马尼拉的西班牙人

17 世纪前期至中期，西班牙人在东亚的势力主要集中在菲律宾群岛。西班牙人在 1542 年曾派一支远征队前往西太平洋，但并未占领菲律宾群

① 《巴达维亚城日志》第一册，1637 年 1 月，第 186 页。
② 查·爱·诺埃尔：《葡萄牙史》，南京师范学院教育系翻译组译，江苏人民出版社 1974 年版，第 156 页。
③ 霍尔：《东南亚史》，第 310 页。

岛。当时的菲律宾群岛上并无强大的政治力量,仅有少数血缘集体。1564年,米格尔·洛佩斯·德·黎牙实比率领另一支远征队,经过一系列的征战,终于在1571年5月占领了马尼拉城。①

西班牙在17世纪早期也曾派遣使节到日本寻求贸易,但未获日方允许。荷兰人在1624年2月的《巴达维亚城日志》中曾记载:

> 西班牙大使携带黄金制食器、绢丝一万五千斤、马数匹附带马车一辆及骡马四匹等礼品,来萨摩,为请得谒见之许可,遣派人员之江户,但尚未获准。②

1633年,日本开始严厉禁教,西班牙人对日贸易的计划更难以实现。

另一方面,为了与荷兰人对抗,西班牙人在1626年派遣一支远征军进入鸡笼港,占据台湾北部。荷兰人对此十分重视,时任大员长官讷茨认为应该攻占鸡笼,理由有四:

> 一、西班牙人可以以鸡笼为据点,经常派船只去拦截前往福建沿海通商的荷船,只要有一船被掳,其损失比攻略鸡笼所需的费用还要大;
>
> 二、西班牙人会利用手中的巨额资本,吸引大批商人和中国商品到鸡笼去;
>
> 三、如果西班牙人占领鸡笼,将煽动岛上的原住民与汉人起来反对荷兰人……
>
> 四、如果把西班牙人驱逐出去,公司可以有机会利用更多的资金,而且由于排除了竞争对手,中国人的商品价格也会大大降低。③

有趣的是,以上四点同样适用于荷兰人,这也侧面说明了大员的地位。

---

① 霍尔:《东南亚史》,第311页。
② 《巴达维亚城日志》第一册,1624年2月,第24页。
③ 讷茨:《致巴城总督及东印度参事会的报告》,1629年2月10日,见厦门大学郑成功历史调查研究组编:《郑成功收复台湾史料选编》,第108—109页。

在短期内,鸡笼确实也吸引了一部分中国商品前来,荷兰人对此有所记载:

> 我国人据自鸡笼航渡马尼拉,于 1633 年 3 月 22 日抵台湾之中国小戎克船之中国船员传闻:今年有士希布船或也哈多船两艘开来鸡笼,再往马尼拉,据其推测,该船已在该地以每百斤两百勒阿尔之代价采购绢丝九万斤至十万斤运入菲律宾群岛。
>
> 在鸡笼患病及死亡甚多,此外已有不便,故先是迁往该地之自由移民多数搭也哈多船归去,乘船者中有西班牙人一百人,葡萄牙人二十人。①

可见,由于鸡笼的气候环境加之与台湾本地土人冲突等问题,并未如西班牙人所愿成为新的对华贸易的据点。相反的,荷兰人于 1642 年攻占鸡笼,完成对台湾全岛的实际控制。

必须指出的是,西班牙人进入东亚海域与葡萄牙、荷兰不同,他们从美洲穿过太平洋而抵达东亚海域,打通了月港—马尼拉—美洲航线。在 16 世纪末以前,马尼拉与中国的贸易兴旺起来。西班牙大帆船从墨西哥港口阿卡普尔科给马尼拉带来了银元和纯金,用以购买中国的丝绸、天鹅绒、瓷器等,而墨西哥银元大量地流入中国的商业港口广州、厦门和宁波。② 中国一直是大帆船所载货物的主要来源。对新西班牙的居民来说,大帆船就是中国船,而马尼拉不过是中、墨间的转口站。③

这个“转口站”的重要性不言而喻,并且在日本、大员受挫后,西班牙人更多地将注意力集中在菲律宾群岛的控制上。由于与中国贸易的繁盛,不少中国人逐渐在马尼拉长期居留。到了 16 世纪末,在马尼拉的华人已经达到 24000 人。中菲贸易与华人社区成为维持马尼拉运转的不可缺少的条件。有菲律宾的西班牙官员在 1609 年曾写道:“要是没有中国人作为各行

---

① 《巴达维亚城日志》第一册,1634 年 4 月,第 113 页。
② 霍尔:《东南亚史》,第 313 页。
③ 金应熙主编:《菲律宾史》,河南大学出版社 1980 年版,第 151 页。

各业的工匠为微薄的工资而勤恳劳动,这个殖民地就活不下去了。"①

但马尼拉的西班牙人对日渐兴盛的华人社区十分担忧,害怕他们成为中国进攻马尼拉的内应。因此,西班牙以征税的方式对华商进行控制。在进口税方面,初时华船到菲仅要交纳系船税,此后,对中国商品按货值征收3%的关税,1606年增加到6%。又如居留税,从1603年的每人两里尔的临时居留税,到1636年提高到10比索。房屋税方面,1620年起华人每人每年支12里尔。更严重的是,在1603年、1640年,西班牙人对华人进行了骇人听闻的大屠杀。西班牙人的做法严重损害了华人的利益,但华商苦于没有强有力的武装支持和统一的组织行动,难与西班牙人抗衡。

至17世纪中叶,西班牙人加强了对马尼拉城的控制。虽然在东亚海面上,面对荷兰人的封锁,西班牙人并无力与之抗衡。但马尼拉以美洲白银吸引中国商人的到来,仍然是中国商品重要输出地。

三、从海上退缩的日本人

若从郑成功一统闽海的永历四年(1650)来算,日本商船被幕府禁止出海已达十五年,早已退出东亚海域权力的角逐。但是日本作为当时世界上最大的产银国,又有着巨大的国内市场,对中国的生丝、丝绸等商品极为青睐。这三个特点,使其在东亚贸易网络中占据重要地位。探讨这一时期东亚海权的问题,有必要对日本的情况稍作说明。

1614年,德川家康成功讨伐丰臣氏的残余势力,其建立起来的江户幕府名副其实地成为号令全国的权力机构。② 德川家康为了充实幕府财力、发展对外贸易,1613年,德川幕府允许荷兰、英国在平户设立商馆。同时,还同东南亚各国进行"朱印船"贸易。③

幕府颁给许可海外航行的朱印状,称为朱印船。输入品以生丝、丝织物、砂糖、鹿皮、鲛皮等亚洲产品为主,欧洲产品则有罗纱等织物。输出品则

---

① 金应熙主编:《菲律宾史》,第171页。
② 赵建民、刘予苇主编:《日本通史》,复旦大学出版社1989年版,第116页。
③ 赵建民、刘予苇主编:《日本通史》,第115页。

是银、铜、铁等。当时日本输出的银占有世界银产量的三分之一。① 从 1604 年起,到全面禁止日本船只开往国外的 1635 年止,朱印证明发给了 355 艘以上的船只。②

另一方面,日本国内的统一使之形成了潜力巨大的市场。这一时期,城下町繁荣起来。城下町是以领主城馆为中心,主要包括武士集团和工商业区域的封建城市。据不完全统计,1614 年城下町已达 132 座;整个江户时代,1 万人以上的城下町共达 452 座。江户时代的城下町,最多的拥有百万人口,一般则在两三万人左右。随着城下町的繁荣,以它为媒介联系全国各地,形成了以江户、大阪为中心的国内市场。③

伴随贸易开放的是葡萄牙人传教士的影响不断扩大。据研究,1605 年,全日本的天主教徒多达 75 万人。④ 幕府对基督徒的壮大感到不安,加上荷兰人从中挑拨,幕府决心驱逐葡萄牙人在日本的势力。⑤

1633 年,日本从单纯的禁教开始转向锁国。将军德川家光正式颁布锁国令,严禁日本船只驶往外国,如有偷渡者,应处死罪;已去国外定居的日本人,不许返归。1635 年,进一步作出规定,严禁一切日本船和日本人出国,一律不许在海外的日本人归国,违犯此令回国者处以死刑。1636 年又规定,严禁日本人收留南蛮人的子孙;若有违者,除本人处死罪外,其亲属亦须判处死刑。1638 年号令全国检举潜伏的天主教神甫和信徒。1639 年,幕府又把在日的荷兰人从平户迁到长崎的出岛,隔绝与日本人的接触。至此,日本除了与中国、荷兰限于在长崎的贸易外,断绝了与外界的联系。⑥

四、短暂出现的英国人

英国人于 17 世纪初也曾进入东亚海域,但在荷兰人的强势压迫下,并

---

① 林明德:《日本通史》,台北三民书局 2005 年版,第 115 页。
② [日]井上清:《日本历史》,天津市历史研究所译校,天津人民出版社 1974 年版,第 323 页。
③ 赵建民、刘予苇主编:《日本通史》,126 页。
④ 赵建民、刘予苇主编:《日本通史》,第 120 页。
⑤ 张天泽:《中葡早期通商史》,第 165—168 页。
⑥ 赵建民、刘予苇主编:《日本通史》,第 121 页。

未在东亚海域掀起更大的波澜。

1588 年,英国人击败西班牙的无敌舰队以后,伦敦商人开始寻求由好望角通往东方的贸易。1591 年,英人兰开斯特率领由三艘船只组成的远征船队经好望角驶往东印度。兰开斯特的船只到达苏门答腊岛北岸,对穿过马六甲海峡的葡萄牙船只进行抢劫,这激起了英人对东印度的热情。①1600 年 12 月 31 日,伊丽莎白给"伦敦官商对东印度贸易"联合公司颁发了专利特许状,赐给它独占好望角至麦哲伦海峡之间的贸易十五年。1609 年,詹姆斯一世颁发给该公司以永久的独占特许状。

兰开斯特的船只于 1602 年再次出发,并于当年的 6 月 5 日到达亚齐。这支船队继续驶往万丹,并获准设立商馆。1615 年,英国在东亚建立的商馆有:

暹罗:犹地亚,北大年

苏门答腊:亚齐、占碑、蒂库

爪哇:万丹、雅加达

婆罗洲:苏加丹那、马辰

香料群岛:望加锡、班达

日本:平户②

好景不长,1617 年,由于英国人难以在荷兰人控制的岛屿插足,英国东印度公司选择了东印度群岛不产香料只产水稻的望加锡作为向邻近岛屿收集香料的基地。但是,荷兰人决定不让英国人打破他们对香料的垄断贸易。他们一方面抬高胡椒的价格,与英国人争夺;一方面加紧对海上的封锁。英荷的正面冲突已成一触即发之势。③

1619 年,荷兰人用自己在东印度占优势的海军在泰科岛截获 4 条英国船,并迫使俘虏的英国商人戴上脚镣手铐,罚做苦工。由于英荷双方在东印度群岛的军事实力相差悬殊,英国被迫于 1619 年 7 月在伦敦与荷兰签订了

---

① 霍尔:《东南亚史》,第 357 页。
② [美]马士:《东印度公司对华贸易编年史(1635—1834)》第一、二卷,中国海关史研究中心组译,中山大学出版社 1991 年版,第 8 页。
③ 汪熙:《约翰公司:英国东印度公司》,上海人民出版社 2007 年版,第 33 页。

条约。英国在这个条约中被允许收购当地所产胡椒的一半和肉桂、豆蔻、丁香的三分之一,被允许在荷兰人控制的印度普利卡特港进行贸易,但必须付出一半的卫戍费用。

在香料群岛的安汶岛上,1623 年 2 月 4 日,荷兰人以英国商人有谋杀并夺取安汶城堡的阴谋为由,对东印度公司的职员即 10 个英国人,9 个日本人、1 个葡萄牙人严刑拷打后判处死刑。①

1624 年 2 月,英国人关闭平户商馆,除若干负债外,得携带之物已尽行携去。② 到 1626 年,英国东印度公司伦敦董事会决定,除了在爪哇岛的万隆保留一个据点外,永远从东印度群岛撤退,将重要力量投向印度。③

---

① 汪熙:《约翰公司:英国东印度公司》,第 33 页。
② 《巴达维亚城日志》第一册,1624 年 2 月,第 25 页。
③ 汪熙:《约翰公司:英国东印度公司》,第 35 页。

第二章　郑成功的海上政权

郑成功是郑芝龙的儿子，是"明人"而非"倭寇"。郑芝龙降清以后，闽海重新陷入混乱的局面。郑成功逐步继承了郑芝龙的大部分实力，并且拥护明廷，以"招讨大将军"为号召，渐渐成为闽海的霸主。此后郑成功据厦门、金门二岛为基地，建立"五军"、"六官"。传统的职官设置却体现出浓厚的海洋特性。此外，本章据相关史料分析论证荷兰文献中郑芝龙、郑成功的部下 Gampea 其实便是郑成功的重要部下忠靖伯陈辉。

第一节　国姓爷郑成功

一、郑成功的出生

郑成功的出生，与华人的海洋活动有着莫大的关联。中国史料对郑成功的出生一般叙述如下：

> 一、郑成功，南安县石井巡司人也。初名森，字大木。父芝龙，字飞黄，小字一官。……之日本，娶倭妇，生成功。①
>
> 二、延平郡王郑成功，福建南安石井人，初名森，父芝龙，娶日本士女田川氏，以天启四年七月十四日诞于千里滨。②

---

① 黄宗羲：《赐姓始末》，《台湾文献丛刊》第 25 种，台湾银行经济研究室 1958 年版，第 9 页。

② （清）吴堂：《同安县志》卷二十七，光绪十二年刻本。

两条史料的作者黄宗羲及清代的吴堂无疑都了解郑成功生于日本，但对郑成功的籍贯"南安石井"均无丝毫怀疑。郑成功之父郑芝龙前往日本的契机，来自母舅黄程的货物随李旦船运往日本。汤锦台曾指出：

> 从16世纪后期起，就是像平户、长崎，或是像会安、大城、马尼拉、巴达维亚等欧洲人出现的这些地方，开始形成了新的闽南人据点。由这些据点所构建而形成的一张无形的闽南海商网络，不但带动了闽南人向海外的大量移民，也促成了欧洲人与中国人的频繁互动。①

移民本义指人口在空间上的流动。海上贸易带动移民，是很自然的。帆船时代的海上贸易，因贸易活动不能赶在季风时节结束，就要在当地滞留候风；有的作为散商找到谋生的出入，便留在当地；有的则亏了本钱，流落海外；有的船长看到其他海域贸易转运的机会，也不急着回国。海洋社会及海上贸易的流动性和不确定性，决定了海上活动群体"四海为家"的生活方式。

郑成功正是华人出海贸易的"结果"。郑芝龙到达日本以后，与平户之田川氏生下郑成功。当前关于田川氏的记载不多，《郑氏附葬祖父墓志》中称"翁主母生于壬寅年八月十八日未时，卒于丙戌年十一月三十日巳时，享年四十有五"。② 崇祯三年夏五月，"芝龙遣弟芝燕往日本迎翁氏及所生子，而倭妇先未有入中地者，不许"。③ 而当翁氏遇难后，"成功大恨，用彝法剖其母腹，出肠涤秽，重纳之以敛"。④ 张鳞白的《浮海记》也载："成功原名森，字大木，芝龙子——母，日本女也。"⑤虽有说法称郑成功的母亲也是华

① 汤锦台：《闽南人的海上世纪》，第 204 页。
② 《郑氏附葬祖父墓志》，载《郑成功族谱四种》，第 266 页。
③ 沈云：《台湾郑氏始末》卷一，载《台湾文献丛刊》第 15 种，台湾银行经济研究室 1958 年版，第 5 页。
④ 黄宗羲：《赐姓始末》卷上，载《台湾文献丛刊》第 25 种，台湾银行经济研究室 1958 年版，第 2 页。
⑤ 张遴白：《浮海记》，"平国公郑芝龙"，《台湾关系文件集零》第二册，《台湾文献丛刊》第 309 种，台湾银行经济研究室 1972 年版，第 16 页。

人后裔，但以文化认同的角度看，无论是当时的各方人士或是郑成功本人都认同郑成功的母亲是日本人。

郑成功生于日本，其母亲也是日本人，可否认为郑成功便是日本人？笔者认为，上述问题的答案是否定的。理由如下：

首先，这一时期的华人出海贸易，从不认为自己是东西洋某国人。陈支平先生在研究东南沿海商人时曾指出：

> 自汉唐以来以迄清代后期日本侵占台湾之前，东南沿海的居民们出海谋生、跨海贸易，很少考虑到国家与国家之间的界限，甚至根本就不存在所谓的"国家界线"的概念。东南沿海商人跨海贸易，更多的是关注到交通工具的可行性，而较少顾忌出国与入境的障碍。只要航船可及，他们就可能前往贸易互通有无，甚至定居下来，成为当地的新居民。即使是定居下来，他们也始终认为自己是福建沿海某地人或闽南某地人，而不是东西洋的某地人。我们现在到东南亚各国考察当地的华人社会，其祠堂、寺庙里的先人牌位，无不适始终慎终追远写上诸如"大清国福建省泉州府晋江县第几都第几图某乡村人"，绝少有人在自家祖先的牌位上写着东南亚某国人的。这种状态，一直到了 20 世纪中叶以后才有了所谓的"国别"的改变。①

这一点从晚清爪哇华侨国籍的问题可以更加清晰地看出。1907 年荷兰颁行荷属东印度归化法，华侨称之为"荷兰新订爪哇殖民籍新律"，共三章十条。该归化法规定自 1908 年起，所有出生于爪哇的华侨，不问其现居该地或已返回中国，均为荷兰国民。但这一规定引起了华人巨大的反应，"民族国家"的身份认同才引起朝野上下的关注。② 显然，在此前很长的时期内，移居海外的华人从未对自己"华人"的属性产生疑问。

此外，研究民族主义问题的学者认为：

---

① 陈支平：《民间文书与明清东南商族研究》，中华书局 2009 年版，第 357 页。
② 许小青：《晚清国人的民族国家认同及其困境——以国籍问题为中心》，《华侨华人历史研究》2003 年第 2 期。

民族主义不是人类社会中的古老现象，它只是在近两个世纪才问世。虽然民族、种族、宗教、部族、地区的认同可以追溯到几千年以前，但民族国家以及与之相伴随的民族认同感、民族忠诚心、每一个民族都拥有自己权利的观念，则是现代的发展。①

可见，民族国家的兴起乃近代之事。明末清初之际，朝贡贸易虽然衰弱，但中国与东西洋各国在政治名义上依然是朝贡关系，即宗主国与附属国之间的关系。那么，中国人前往贸易，绝不会认为自己是日本人或是马尼拉人。近代的"国家"乃是较晚出现的概念，虽然郑成功出生地确实是日本平户，但显然不能以今日之国籍的概念来套用。清代的《大清国籍条例》的第一章"固有籍"第一条规定：

> 凡左列人等不论是否生于中国地方均属中国国籍：一、生而父为中国人者；二、生于父死以后而父死时为中国人者，三、母为中国人而父无可考或无国籍者。②

这是中国近代最早的国籍条例，即便以这个规定来看，郑成功也是"明人"。

其二，从文化认同的角度来看，郑成功也非日本人。

崇祯三年，郑成功回国，此时郑成功仅7岁。对于郑成功7岁前的活动，当前记录甚少，仅传言曾向"花房武士学剑"，可靠性也未可知。对此，近代的儿童心理学研究或许可以提供一些参考。

让·皮亚杰是近代著名的儿童心理学家，其心理学实验与结论在当前仍有非常广泛的影响，是近代儿童心理学的权威。其研究结果表明：七岁以前的儿童，其思想多以"自我中心"为主，而受社会的影响极少。皮亚杰在其经典著作《儿童的语言与思维》中指出：

---

① ［美］大卫·科兹弗雷德·威尔：《来自上层的革命：苏联体制的终结》，曹荣湘、孟鸣岐等译，中国人民大学出版社2002年版，第187页。

② （清）刘锦藻：《清续文献通考》卷二百四十七，"刑考"六。民国景十通本。

一、到一定的年龄为止（7岁左右），儿童的思想和行动比成人要更多具有自我中心的性质……当他们在一道的时候，他们似乎比我们（成年人）更多地谈论他们的事情，但是大部分他们都是对自己讲话。反之，我们（成年人）对于自己的行动比较长时间是保持沉默的，但我们的谈话几乎总是社会化的。……小于七八岁的儿童之间没有真正的社会生活。

儿童不大有控制语言的能力，只是因为他不知道隐瞒事情是怎么一回事，虽然他不停地向他的邻人说话，他很少使自己从别人的观点看事物。他对他们讲话时，大部分他好像是独自一人，好像是大声思考。

简而言之，我们可以说，即使当成人只有独自一人时，他的思想也是社会化的，而七岁以下的儿童即使在社会里，他的思想也是自我中心的。①

二、我们相信，儿童开始沟通思想，大概在七岁和八岁之间。②

三、儿童的理智过程乃是自我中心的，它也使我们能够确定思想社会化的开始是在七岁到八岁之间。

在一定年龄以前（7岁以前），儿童一直把他内心一切与用原因进行的解释或逻辑证明有联系的东西都隐藏在心里而没有把它社会化。……真正的辩论和抽象思维方面的合作乃是7岁以后才出现的一个发展阶段。……在七八岁以前，儿童并不对某一个题目坚持自己的意见。他们真不相信，什么是自相矛盾，但他们却不断地采纳许多自相矛盾的意见。对于这样的矛盾，他们是感觉不到的。③

让·皮亚杰的研究通过大量的实验调查，其研究方法对今日之心理学也有深远影响。由于相关心理学的实验方法极为复杂，以上主要摘录其研究结果。简言之，7岁以前的儿童的思想和心理主要仍在自我探索世界的

---

① ［瑞士］让·皮亚杰：《儿童的语言与思维》，傅统先译，文化教育出版社1980年版，第56—58页。

② ［瑞士］让·皮亚杰：《儿童的语言与思维》，第67页。

③ 参见［瑞士］让·皮亚杰：《儿童的语言与思维》，第83—94页。

阶段,而社会化的程度极低。换言之,社会对其施加的文化影响也较浅。这项研究固然是近代以来的研究成果,时代的变迁、社会环境变化也是在这一问题上需要考虑的因素,但人体的生理、心理发展有其基本规律,因此这一结论对于我们认识郑成功的早期经历无疑仍有重要的参考价值。

7岁回国以后,郑芝龙开始让郑成功接受中国传统的儒家教育。史载郑成功"性喜春秋,兼爱孙吴,制艺之外,则舞剑驰射,章句特余事耳。事其继母颜氏最孝,于十一岁时,书斋课文,偶以小学洒扫应对为题,森后幅束服,有汤武之征诛,一洒扫也;尧舜之揖让,一进退应对也,先生惊其用意新奇"。①

郑成功"十五补弟子员,试高等,食饩二十人中"。② 宏光时入南京太学,闻钱谦益之名,执贽为弟子,谦益字之曰大木。③ 这一时期,郑成功还曾留有诗作。其中一首《春三月至虞谒牧斋师同孙爱世兄游剑门》:

> 西山何其峻,巉岩暨苍穹。藤垂涧易陟,竹密轻微凉。烟树绿野秀,春风草路香。乔木倚高峰,流泉挂壁长。仰看仙岑碧,俯视菜花黄。涛声怡我情,松风吹我裳。静闻天籁发,忽见林禽翔。夕阳在西岭,白云渡石梁。嵫崿争突兀,青翠更苍茫。兴尽方下山,归鸟宿池旁。④

还有一首《越旬日复同孙爱世兄游桃源涧》,钱谦益评曰:"声调清越,不染俗气,少年得此,诚天才也!"⑤

郑成功对明代礼法的理解也非常深刻。"永历六年,鲁王至厦门,成功集诸参军议接鲁王礼。潘庚钟曰,鲁王虽曾监国浙右,而藩主现奉粤西正

---

① （清）江日昇:《台湾外记》卷一,第32页。
② 郑亦邹:《郑成功传》卷上,载《台湾文献丛刊》第67种,台湾银行经济研究室1960年版,第2页。
③ （明）黄宗羲:《赐姓始末》,第1页。
④ 郑成功、郑经:《延平二王遗集》,《台湾文献丛刊》第67种,台湾银行经济研究室1960年版,第127页。
⑤ 郑成功、郑经:《延平二王遗集(外二种)》,何丙仲点较,上海辞书出版社2012年版,第10页。

朔,均臣也,相见不过宾主。成功曰,不然。若以爵位论之,鲁王尊也,况经监国。若用宾主礼,是轻之;轻之,是纲纪混矣。吾当以宗人府府正之礼见之,则于礼两全。诸参军服其论。"①

此外,郑成功进军台湾中投降郑军的荷兰人菲利普梅在其日记中曾记载郑成功的射术:

> 我们来到海边平坦的地方,他(郑成功)的随从就拿三根约二尺高的短棍,每一根顶端都有一个小圆环,小圆环上贴着一个银币大的红纸当箭靶,三根棍子在海边插成一排,互相间隔约十竿(约三十八公尺)。国姓爷遂插三枝箭在他的腰带后面,骑到约五十到六十竿的地方,然后尽马所能跑的最快速度,疾驰而来,拔一箭射中第一根棍子的箭靶,第二枝射中第二根的,第三枝箭射中第三根棍的箭靶……②

郑成功22岁起兵,大部分时间在海上活动,射术在其青少年时期显然已有所成。由上郑成功对"六艺"的理解来看,中国的传统文化也已融入其血液中。

而当时包括南明宗室在内的无论是官方还是民间层面,从未对郑成功明人属性感到怀疑。这一点,从郑成功与隆武帝的对话中也可以看出。隆武时郑芝龙带郑成功见隆武帝,"成功陛见,隆武奇之,抚其背曰:惜无一女配卿,卿当尽忠吾家,无相忘也。赐姓朱,改名成功。封御营中军都督,赐上尚方剑,仪同驸马。自是,中外称国姓云"。③ 这便是"国姓爷"的由来。郑成功此后以"国姓爷"之名威震东亚海域,这个"国姓"乃是明帝的"朱"姓。"中外称国姓",更直接说明此时无论国内还是东亚其他地区对郑成功的"明人"身份的认同。如果当时中国方面有人认为郑成功是"倭人",情况恐怕有所不同。

永历二年,郑成功起兵之初,曾遗书于长崎译官曰:"大明龙兴三百年,

---

① （清)江日昇:《台湾外记》卷三,第109页。
② 江树生译注:《梅氏日记》,台北汉声杂志社2003年版,第69页。
③ 郑亦邹:《郑成功传》卷上,第3页。

治平日久,人忘乱;鞑靼乘虚破两京,神州悉污腥膻。成功深荷国恩,故将喋血以报雠;徘徊浙、闽间,感义颇有乐从者。然孤军悬绝,千苦万辛,中心未遂,日月其迈。成功生于贵国,故深慕贵国。今艰难之时,贵国怜我,假数万兵,感义无限矣!"①

此外,郑成功自己在永历十二年给日本将军的信中称呼"日国上将军",《华夷变态》第一卷记载的这封信,南炳文先生曾点校:

　　成功生于日出(指郑成功生于日本——引者(指南炳文先生,下同)注),长而云从(指郑成功年长后聚集了许多部属——引者注),一身系天下安危,百战占师中贞吉(指郑成功在多次战斗中担当预测部队是否吉利从而决定行止的重任——引者注)。叼世勋之赐李(指郑成功如同徐世勣获赐唐朝皇室之姓李那样,获得隆武帝赐姓明朝皇室之姓朱的殊荣——引者注),恩重分茅(指皇恩重于被封为王侯——引者注),效文忠之祚明(意谓效法张文忠居正之尽力国事,赐福于明朝——引者注),情探复旦(意谓怀抱寻求再现光明即中兴明朝的情悼志向——引者注)。马嘶塞外,肃慎不输余允(肃慎为女真即满族的先世,这里即指满族。余允即中国古代北方少数族钩奴,该族曾相当强盛,对内地汉族形成威胁,在不同的时代有熏琳、荤粥、熏粥、检允、才严枕等不同称呼,有时又将其中的两个名字各取一字并称为一名,如"荤允"即"荤粥"与"全允"的合称。余允即取二名中的"离"与"允"二字交称为"离允",再用同音字"余"代替"离"而成。"马嘶塞外,肃慎不输余允"之意为:满族在塞外聚众整军,马叫彻空,其强大不亚于古代强大的句奴—引者注),房在目中,女真几无剩孽。缘征伐未息,致玉帛久疏(以上的意思是,由于对清朝的征战连续不断,致使通好日本的使者久久没有派出——引者注),仰止高山,宛寿安之在望(以上10字意谓,您高德如山,使我非常仰慕,好像您的长寿安泰就在我的视野之

────────────

① 　(日)川口长孺:《台湾郑氏纪事》卷上,载《台湾文献丛刊》第5种,台湾银行经济研究室1958年版,第25页。

内——引者注），溯泪秋水，怅沧海之大长。敬勤尺函，稍伸丹恫（以上8 字意谓，谨以信件相慰问，稍表赤诚之心——引者注），爱贵带筐，用缔搞交（以上8 字意谓，送上礼物，以缔结深厚的友谊——引者注）。旧好可救，曾无赵居任于复往，中兴伊迩，敢望僧桂悟如昔重来。文难悉情，辞不尽意，伏祈鉴照，可任翘瞻（以上16 字意谓文字难于将情愫悉数表达，言辞无法把心意充分反映，伏望鉴察，岂胜仰盼）。①

从上述对日本的称呼"贵国"、"日国"来看，郑成功并不认为自己是日本人。而郑成功在上述文章中体现出的中国传统文化的造诣，也足令今人为之汗颜。

综上所述，从郑成功的出生、成长及教育背景来看，皆无郑成功为日本人的证据。且不说郑成功的父亲郑芝龙是土生土长的华人，以民族认同、文化认同等各个方面来看，也均不支持郑成功为日本人之说。当然，当日也还没有现代"中国"的概念。明朝是中国历史上的一个朝代，郑成功为"明人"，是无可置疑的。

本节一开始曾指出，郑成功出生的背景乃是华人海外贸易网络的形成和发展。而从 7 岁到成年，郑成功的生活环境更与海洋紧密联系在一起。

郑成功回国之时，郑芝龙已是闽海举足轻重的人物。当时郑芝龙已将安海建成其海外贸易的大本营。"泉南三十里，有安平镇，龙筑城，开府其间。海梢直通卧内，可泊船，竟达海。"②

郑成功早期经历的另一个重要内容，是追随隆武帝时获得的最初的行伍经验。隆武二年（1646）正月，"王（隆武帝）出师于延津，拜泉州布衣蔡鼎为军师，召郭熺、陈秀引兵赴建宁，命朱成功出永定关"。③《思文大纪》也曾记载：

---

① 南炳文:《朱成功献日本书的送达者非桂梧、如昔和尚说》,《史学集刊》2003 年第 2 期。
② 林时对:《河牐丛谈》下册,卷四。
③ 邵廷采:《东南纪事》卷一,载《台湾文献丛刊》第 96 种,台湾银行经济研究室1961 年版,第 11 页。

敕谕御营内阁传行:朕见徽州已复之奏,稍为可慰;又建昌警信之奏,应援宜速。国姓成果速发锐兵二千,同辅臣光春,文武齐心先发,暂住铅山。一为郑彩声援,一候王师并至,合力建功。①

隆武二年三月,时郑成功年 22 岁。赐姓郑成功条陈:"据险控扼,拣将进取,航船合攻,通洋裕国。"隆武叹曰:"骍角也!"封忠孝伯,赐尚方剑,便宜行事,挂招讨大将军印。② 显然,即便郑芝龙不令郑成功参与海上贸易之实务,在这样的环境中成长,郑成功对于海外贸易也有了深刻的认识。"航船合攻、通洋裕国"——以海上力量为主力、以海上贸易为经济基础。这些主张,也被贯彻到郑成功在未来的实践中。事实上,海洋活动实已成为这一区域民众的生活方式;郑成功的视野,也体现了海洋活动群体的思维方式。

二、再统闽海

郑芝龙降清以后,海上形势又陷入混乱。"时海上藩镇分驻于各岛。监国鲁王别将平夷伯周崔(原刊为鹤)之、闽安侯周瑞、定西伯张名振、总兵阮美等守舟山至沙埕,郑彩、郑联等守厦门。定国公郑鸿逵守安平之白沙,使其将陈豹守南澳。赐姓驻厦门,以亲丁三百人遣其故锦衣卫郑芝鹏护家眷。使张进守铜山所;太子太师郑香守海澄之石尾,有众数千人,后为清兵所破,二子郑广、郑海死焉。然粮饷缺乏,取之民间;而郑彩营将章云飞等扰民尤甚。定国公遂率舟师至潮州,随地取饷。"③

郑成功起兵之初仅有数百人,《郑成功传》记载:

成功虽遇主列爵,实未尝一日典兵柄;意气状貌,犹书生也。既力谏不从,又痛母死非命,乃悲歌慷慨,谋起师。携所著儒巾、蓝衫,赴文庙哭焚之;四拜先师,仰天曰:'昔为孺子,今为孤臣;向背去留,各有作

---

① 《思文大纪》卷四,第 59 页。
② 江日昇:《台湾外记》,第 68 页。
③ 阮旻锡:《海上见闻录》卷一,《台湾文献丛刊》第 24 种,台湾银行经济研究室1958 年版,第 6 页。

用。谨谢儒服,惟先师昭鉴之'！高揖而去;祸旗纠族,声泪俱并。与所善陈辉、张进、施琅、施显、陈霸、洪旭等盟歃愿从者九十余人,乘二巨舰断缆行,收兵南澳,得数千人,文称"忠孝伯招讨大将军罪臣朱成功"。①

其中施琅并非此时便跟随郑成功,徐晓望曾指出此记载之谬误。② 但其余的陈辉、张进、洪旭、陈霸等,皆是郑芝龙旧部无疑。郑成功是郑芝龙的长子,理应是郑氏势力的第一继承人。此外,郑成功也取得其叔父郑鸿逵的支持。当郑成功初回安海之时,"每东向望其母,辄流涕,大为季父芝豹所窘;叔父鸿逵独伟视焉"。③ 而《台湾外记》也记载:"森之诸季父兄弟辈,数窘之。独叔父郑鸿逵甚器重焉。逵字圣仪,别号羽公,庚戌进士,每摩其顶曰:此吾家千里驹也。"④郑成功自小表现出来的聪慧及相貌气质,也得到隆武帝的肯定,"既而成功陛见,隆武奇之,抚其背曰:惜无一女配卿"。⑤ 以上种种记载,可以看出年轻时期郑成功的个人魅力得到郑芝龙旧部的肯定,成为聚拢郑氏旧部的重要因素之一。

当郑芝龙降清之时,海上实力并未受损。"王兵至泉州,郑芝龙退保安平,军容甚盛"。⑥ 郑成功最先往南澳募兵,与郑芝龙曾任南澳总兵不无关系。《海上见闻录》记载:

> 时赐姓谋举义,而兵将战舰百无一备,往南澳招募。闻永历即位粤西,遥奉年号,自称"招讨大元帅罪臣"。有众三百人,于厦门之鼓浪屿训练;委黄恺于安平镇措饷。识者知其可与有为,于是平国旧将咸归

①　郑亦邹:《郑成功传》卷上,第5页。

②　参见徐晓望:《试论郑成功与施琅发生冲突的原因》,《福建论坛(人文社会科学版)》2005年第11期。

③　郑亦邹:《郑成功传》卷上,第2页。

④　(清)江日昇:《台湾外记》卷一,第32页。

⑤　郑亦邹:《郑成功传》卷上,第3页。

⑥　(清)夏琳:《闽海纪要》卷一,林大志校注,福建人民出版社2008年版,第6页。

心焉。①

《先王实录》中,也陆续有旧将来归的记载:

一、(永历三年十一月)海阳旧将陈斌来归。斌、身大十围,力举千斤,一号□□,授以兵,管后劲镇事。澄海都督杨广亦来附。初,广与斌有隙,藩□酒解释之,后协力共事。南阳唐玉亦来归。海山都督朱尧来附。各得其兵众,颇□□力。②

二、(永历四年九月)旧将蓝登来见,授援剿后镇,蒋恺为副将;拔周全斌为辖下中军翼将,督兵镇守中左。③

三、(永历五年六月)是月,旧将黄兴来归,授中权镇;旧将黄梧来归,赏银二百两,拨入中权镇为副将。④

众多旧将的回归,逐步使郑成功有了与郑彩、郑联等人抗衡的力量。此时的郑成功在海上各部之中并不突出,实力委实稍逊。但郑成功忠于隆武帝,以隆武帝所授"招讨大将军"为旗号,为其权力组织取得政治上的合法性。这一政治优势,成为郑成功起兵以后迅速发展的又一关键因素。此时的海上各部多争权夺利而不顾抗清大义。起初,"郑彩率舟师至舟山,迎监国鲁王南下。鲁王封郑彩为建威侯,寻晋建国公;其弟郑联为定远伯,寻晋侯。郑彩及阁部熊汝霖进取福宁州,诸县响应,遂入兴化府。熊阁部鼓舞起义,诸起义者皆未给札,兵至数万,多乌合;郑彩谋夺其权,虽与之结姻,忌之,乘舟遣兵攻其舟,并全家杀之。于是义兵愤怒解体。时义兵所在蜂起,汀、邵并乱;据建宁,闽邮为之阻"。⑤ 郑彩不顾抗清大义而与熊汝霖争权,导致"义兵"解体,也内耗了海上各部的实力。

① 阮旻锡:《海上见闻录》卷一,第5页。
② 杨英:《先王实录》,陈碧笙校注,第10页。
③ 杨英:《先王实录》,陈碧笙校注,第19页。
④ 杨英:《先王实录》,陈碧笙校注,第34页。
⑤ 阮旻锡:《海上见闻录》卷一,第4页。

　　而郑成功反清复明的鲜明政治旗帜，使各方反清的势力向其聚拢。他"比闻永历即位，遣人间道上表，尊奉正朔"。①

　　"（永历二年）是岁大饥，赐姓及建国公郑彩各发兵民船至高州籴米；为思恩侯陈邦傅所辖，赐姓船免饷，余照丈尺征粮。船有千余，多是民船。闽中斗米近千钱。"②往粤东沿海地方买粮，"赐姓船免饷"。另一个例子，则是"（永历）四年（1650）庚寅正月，藩发驾至潮阳，知县尝（应作常，避桂恭王常瀛讳）翼风率父老郊迎，陈廓外"。③ 显然，郑成功成为东南沿海最具合法性的政权组织。

　　清军占领区的明遗兵遗将也向郑成功投诚，有的成为郑成功部中的重要力量。摘录《先王实录》的三条记载为例：

　　　　一、初三日，虏镇守漳浦副将王起俸慕义欲归，先遣义子朱之明密赴军门纳款，……缘谋泄，闻藩镇在龟镇港，王起俸十四日随弃妻子，率亲标将吴大明、蔡良、龚口、李化龙、朱口、等数十由龟镇下船到铜见投……其辖将吴大明等升赐有差（俸系南□凤翔人，善骑射。吴大明今为马兵营，亦善骑射）。④

　　　　二、十一月初二日，漳州协守清将刘国轩献城归正。先时，国轩慕义欲归藩下，未得其便，至是月乘总镇张世耀新任兵将未协，先遣母舅江振曦、江振晖等密来见藩，约日兵临城下，献城归降。⑤

　　　　三、定关守将张鸿德慕义弃家来附。忠振伯厚待载归。鸿德系皇厂宿将，善骑射，百发百中。后藩授以前锋镇。⑥

　　以上三将都是"慕义"来归，刘国轩后来更成为郑军中的名将。此外，

---

①　夏琳《闽海纪要》卷一，第10页。
②　阮旻锡：《海上见闻录》卷一，第6页。
③　杨英：《先王实录》，陈碧笙校注，第12页。
④　杨英：《先王实录》，陈碧笙校注，第2页。
⑤　杨英：《先王实录》，陈碧笙校注，第97页。
⑥　杨英：《先王实录》，陈碧笙校注，第129页。

原先民间的反明势力,在反清的形势下也归属郑成功,比较著名的便是万礼。《先王实录》记载:

> 五月,诏安九甲义将万礼等来附。①

《台湾外记》记载:

> 礼即张要,平和小溪人。崇祯间,乡绅肆虐,百姓苦之,众某结同心,以万为姓,推要为首。时率众统踞二都,五月来降。②

另一个例子是浙闽赣交界的"山贼",也与郑成功互通,自愿受其节制。顺治十二年时任清廷兵部尚书的李际期在一篇奏稿中称:

> 唯仙霞岭,乃福建之门户,三百余里渺无人迹,道路险阻,真可谓一夫当关万夫莫开。该地位处浙、闽、赣三省交界,便于奸贼潜伏。贼渠周力接受郑成功之伪札付,聚集数万流民,占据该地,互为声援。③

除了武装力量的整合,众多儒生的归附不仅壮大了郑成功的谋士团,也扩大了郑成功部的影响力,以下两则记载颇可说明:

> 一、(顺治五年,清兵攻同安)成功因攻泉州不克,回安平。有原浙江巡抚卢若腾、进士叶翼云、举人陈鼎俱至,谒成功。④
> 二、(顺治七年)泉州人冯澄世,(字亨臣,隆武举人,有机略)、潘庚钟(字道宣,壬午举人,善谋策)、纪举国(壬午举人,同安人)、林俞卿

---

① 杨英:《先王实录》,陈碧笙校注,第16页。
② (清)江日昇:《台湾外记》卷三,第93页。
③ 《李际期题为请设兵把守福建山海要隘事本(顺治十二年六月十三日)》,载《郑成功满文档案史料选译》,第133页。
④ (清)江日昇:《台湾外记》卷三,第86页。

（隆武举人，漳州人）、林奇昌（隆武举人）、蔡鸣雷（晋江人，庠生）……为参军。①

　　文人儒生的拥护，正体现了郑成功以明为正朔的政治影响。这些文人在抗清斗争中是非常坚定的。顺治五年，郑成功曾短暂攻占同安城，以邱缙、林壮猷、金作裕守城。但清军旋即恢复。叶翼云当城未陷时，谓陈鼎、邱、林三将曰："余今虽未死于君事，却得死于明土，亦吾辈之幸也。"②儒生的加入，同时充实了郑成功的政权组织，郑成功控制下的地方，往往以文人治之。"成功引兵向海澄。是日，潮乍涨，舟达城垣，守将郝文兴降；成功以举人黄维璟、冯澄世先后知县事。"③

　　郑成功先往粤东沿海活动，一方面因为闽海一带郑联、郑彩等各部实力强劲，暂时无法与之抗衡，而粤东沿海、珠江三角洲一带是产粮地，便于军队的补给。"（永历三年）十一月初一日，藩令改诏围，督师□㵦（由）分水关进入潮州驻师。抵黄岗时，潮属不清不明，土豪拥据，自相残并，粮课多不入官。黄岗则有挂征南印黄海如，南洋有许隆（隆应作龙，海上见闻录、闽海纪要皆作许龙，此避郑芝龙讳），澄海有杨广，海山有朱尧，潮阳有张礼；藩次第收平之。"④

　　在粤东沿海逐步壮大实力以后，郑成功回师厦门，终于取得了海上的最重要基地，也在形式上统一了郑氏旧部。《先王实录》记载：

　　（永历四年八月）十五日，藩驾回至中左，欲与建国公郑彩等会师，适建国先数日前出师北上，会其弟定远侯郑联。藩劝令改（解）兵柄，合师共济，联亦听从，令其辖将陈俸、蓝衍、黄峙、吴豪等归附。本藩令陈俸为戎旗镇前协、蓝衍为后协、吴豪为副将、黄峙为中冲镇管兵中军。

---

① （清）江日昇：《台湾外记》卷三，第95页。
② （清）江日昇：《台湾外记》卷三，88页。
③ 夏琳：《闽海纪要》卷一，第24页。
④ 杨英：《先王实录》，陈碧笙校注，第7—8页。

以四镇郑芝莞管理中左地方事,忠靖伯陈辉为水师一镇。①

此事他书所载有所不同,因杨英作为郑成功部下,有意为郑成功掩饰。《海上见闻录》记载:"成功杀定远侯郑联并其军,建国公郑彩逃于南海,将佐多降。"②《南天痕》中有"郑彩传"云:"庚寅,与郑成功构衅,成功击走之,袭执其妻子。成功祖母责其孙善遇之,得释还。彩漂泊海中无所适,成功以书招之,乃归死于家云。"③郑成功回师厦门之时,郑彩率兵出师未回。但郑彩曾嘱咐郑联提防郑成功,可见此时郑成功的实力已然不弱。何丙仲先生曾指出,郑彩与郑成功在海上商业利益方面、港口等方面的潜在竞争也使两人的冲突不可避免。④

郑成功回师厦门,在形式上可说已将郑芝龙的旧部大致联合起来。事实上,虽然此时海上各部在郑成功以明"招讨大将军"的旗帜统一起来,但郑鸿逵、郑芝豹等依然保持一定的独立性。郑成功南下勤王之时,定国公郑鸿逵还曾"送镇将萧拱辰、沈奇等,愿效忠勤王"⑤。两者之间显然并无明确的隶属关系。或许是历史的偶然,永历四年郑成功才取得厦门作为根据地,永历五年的一个事件就成为郑成功贯彻其权威的契机。

永历四年十一月,郑成功时在潮阳。"提塘黄文自行在(永历行在梧州)来,报称:'有旨请藩入援,伪平、靖二王(清平南王尚可喜、靖南王耿继茂)率满骑数万寇广州复之,宁藩望我大师南下会剿甚切'。"⑥

对此,以明为正朔的郑成功自然义不容辞。此年十二月,郑成功与定国公郑鸿逵议曰:"有报自行在来,二酋已下广州,即到广省,先复惠潮矣。又郝肇归清,此处终非久居。叔父暂回中左居守,侄统兵南下勤王,诚为

① 杨英:《先王实录》,陈碧笙校注,第17—18页。
② 阮旻锡:《海上见闻录》卷一,第9页。
③ 凌雪:《南天痕》卷二十四,第412页。
④ 何丙仲:《浅论弘光朝之后的郑彩》,载《海峡两岸台湾史学术研讨会论文集》,厦门大学台湾研究中心、厦门大学台湾研究院2004年版,第77页。
⑤ 杨英:《先王实录》,陈碧笙校注,第25页。
⑥ 杨英:《先王实录》,陈碧笙校注,第22页。

两利。"①

但巧合的是，就在郑成功南下之时，厦门被马得功袭破。《台湾外记》记载：

> （顺治八年三月）马得功统兵袭厦门。芝莞闻报，席卷珍宝，弃城下船。董夫人令泊其船，芝莞见夫人，忙请曰："此战舰也，不便居。请夫人到家眷船中，有人伏侍。"夫人知此船系芝莞积藏，识破机关，乃曰："媳妇喜乘此船，今征战时候，非此不可。"……后成功回厦，将董氏所乘芝莞船积藏金银搬充军饷。②

《闽海纪要》记载此事：

> 夏、四月，成功回师厦门，承制杀郑芝鹏。
>
> 成功旋师，得功渡海已三日矣；成功大悔恨，按芝鹏以失守罪罪之，奉尚方剑斩以徇；诸将股栗，兵势复振，凡六万余人。鸿逵退泊白沙，筑寨居之。③

此后郑成功回到厦门收拾残局，自然非常愤怒。《先王实录》记载详细：

> 四月初一日，藩驾到中左，泊五屿。虏已于数日前挟定国公以太师故令渡过江矣。藩闻之，不胜发指，引刀自断其发，誓必杀虏。又传令不许芝莞及定国与诸亲相□，曰："渡虏来者澄济叔，渡虏去者定国叔，弃城与虏者芝莞，功叔，家门为难，与虏何干"！定国公致书，差人请藩入城，不从，且谕差员曰："定国公与虏通好，请我似无好意；回报定国，

---

① 杨英：《先王实录》，陈碧笙校注，第23页。
② （清）江日昇：《台湾外记》卷三，第96—97页。
③ 夏琳：《闽海纪要》卷一，第22页。

谓不杀虏无相见期也"。定国亦知渡虏之失,藩意难合,即移屯白沙,因再与一书曰:"马虏之归,盖以吾兄在于清,重以母命故耳;不然,我亦何意何心也。倍有疑吾之言,不亦错乎"?是日往白沙。①

值得注意的是,郑成功南下以前,郑氏旧部中陈霸、施琅等直接进言,力谏郑成功不可出兵。陈霸言:"但闻二酋已破广州,杜永和入南琼矣。此去或恐不遇,而中左根本,亦难舍也"②;施琅更是直言此次南下将"大不利"③。据徐晓望的研究,施琅有降清的倾向④,但陈霸却是郑氏最忠实的部将之一,镇守南澳近二十年。显然,众将皆知此时南下是非常危险的,但郑成功却不为所动。

郑成功杀郑芝鹏,孤立郑鸿逵,才在事实上取得了对海上各部的实际控制权。此二位皆为郑成功叔父辈,在客观上成为郑成功实际掌控海上力量的障碍。朱希祖先生评价此事,曾认为郑成功处理郑鸿逵一事,显得郑成功"局量未宏"。⑤ 郑芝龙想带郑成功降清,郑鸿逵帮助他逃到金门;郑成功起义之初力量单薄,郑鸿逵与之合兵同战守。但另一方面,郑鸿逵却正好是郑成功树立其绝对权威的最大障碍。早在永历三年十二月,郑成功与郑鸿逵之间就曾产生矛盾。"定国公闻达濠已平,张礼乞降,致书来贺,请面会机宜,并借张礼一观。"⑥但郑鸿逵其实想杀掉张礼,"时定幕陈四(定国公幕僚)家属被张礼所掠,陈请杀之,随沉之水,致书谓礼醉酒没海。藩悔曰:'吾送去差矣,必谓吾假手,后将何以招亡纳叛而使投降? 定国待人何……'"⑦可见郑成功与郑鸿逵之间的隐患,早已埋下。

---

①　杨英:《先王实录》,陈碧笙校注,第30页。
②　杨英:《先王实录》,陈碧笙校注,第24页。
③　杨英:《先王实录》,陈碧笙校注,第25页。
④　徐晓望:《试论郑成功与施琅发生冲突的原因》,《福建论坛(人文社会科学版)》2005年第11期。
⑤　参见朱希祖:《延平王户官杨英先王实录序》,载《延平王户官杨英从征实录》,台北"中央研究院"历史语言研究所1996年版,第1页。
⑥　杨英:《先王实录》,陈碧笙校注,第11页。
⑦　杨英:《先王实录》,陈碧笙校注,第12页。

郑彩被郑成功赶出厦门以后，"北至玉环山，欲争平夷候地，攻杀累月，后阮进助平夷，彩败去。始，闽安周瑞、荡胡阮进皆彩义子，平夷则称门生，至是互相攻杀，唯力是视矣。"[1]海上其他势力之间的内耗，对"抗清大业"来说极为不利，但客观上成为郑成功扩充实力的机遇。顺治八年，清军袭破舟山，鲁王浙直沿海一带的势力随之南下，并入郑成功军。

顺治八年九月，清闽浙总督陈锦上疏报告此事：

> 贼渠阮进、张名振等，拥伪鲁王盘踞、舟山。臣会同固山额真金砺、刘之源、提督田雄等，统兵进巢□刀由定关出海遇贼艘于横洋奋击，败之生擒。伪荡湖侯阮进遂至舟山掘陷其城。我兵奋勇齐登。贼势屈。因纵火自焚伪官及家口俱为灰烬。张名振闻城破遂拥伪鲁王遁去。[2]

张名振、阮进、周鹤芝、周瑞等随即与鲁王来到厦门，其军也并入郑成功部。鲁王下属也多依附郑成功，永历六年"义师兵部职方司主事陈韵率兵丁数千来附，藩委用之"。此后在永历四年郑成功建立"五军"之时，"功以辅明侯林察为左军，闽安侯周瑞为右军，定西侯张名振为前军，平夷侯周鹤芝为后军，自为中军元帅"。[3]先前主要活动于浙直沿海的张名振、周鹤芝、周瑞占据三席。而郑成功于永历五年初设五营，北将、北兵也是重要组成部分。"升戎旗前协陈俸为礼武营，后协蓝衍为智武营，右先锋□□将陈泽为信武营，援剿左下副将吴豪为仁武营，北将吴（杨）朝栋为义武营。拔监督陈六御为北镇，管理北兵骑射事。"[4]另有记载称郑成功，"其部下分南郎、北郎。南郎多闽、广海盗，芝龙旧部曲；北郎则江、浙人及所招中原剧盗、旗下逃丁也"。[5]可见"北郎"在郑成功军中占据的重要地位。浙直沿海势力的

---

① 　张鳞白：《浮海记》，第17页。

② 　《清世祖实录》，顺治八年九月壬午。

③ 　（清）江日昇：《台湾外记》卷三，第95页。

④ 　杨英：《先王实录》，陈碧笙校注，第34页。

⑤ 　（清）吴伟业：《鹿樵纪闻》卷中，载《台湾文献丛刊》第127种，台湾银行经济研究室1961年版，第60页。

并入,使郑成功完成了对东南沿海海上势力的整合,名副其实地成为东南海上权力的主宰。

综上可见,郑成功再统闽海,比之郑芝龙时期又有所发展。其奉明正朔,明遗臣遗将归附甚多;而各种"山寇"及原本民间的起义势力,在清军压迫、民族气节的激励下,也并入郑成功部;民间的儒生、未仕的读书人,仰慕郑成功的气节而归附。郑成功能够与清军抗衡十数年,依靠的显然不仅仅是"闽南海商集团"的实力。

第二节 海上政权的建立

一、政权组织

"政权"一词,在当前《辞海》中的解释是:政权,也叫"国家政权",通常指国家权力,即统治阶级实行阶级统治的权力,有时也指体现这种权力的机关。①

从这一时期的文献书写来看,"政权"在中国史籍中确指"国家权力"。如《明神宗实录》万历年间的一条记载:"辅臣沈一贯等以礼部年终类奏灾异不报言:皇上自万历十年以后,群言嚣凌,旷官离局,政权旁落,莫适主持,然犹可诿曰此朝士之纷纭耳。"②另外如《明史》卷二零八载:"许相卿,字伯台,海宁人。正德十二年进士……寻复言:天下政权出于一则治,二三则乱。"③

那么,郑成功的海上权力组织可否被称为"海上政权"?

首先,在清军未占领的地区,南明政权还是合法政权。郑成功奉明正朔,其权力来自南明政权。"(永历二年戊子夏五月)忽报辅明侯林察自广东逃回,因与苏观生等共立绍武,曾御永历于三水,后共镇虎门。广东破,不敢归永历,仍回闽见成功,详陈瞿式耜等拥立桂王始末。成功加额曰:'吾

---

① 《辞海》,上海辞书出版社1979年版,第3355页。
② 《明神宗实录》卷三百八十,万历三十一年正月戊午。
③ 《明史》卷二百零八,《列传》第九六。

有君矣'！遂设香案望南而拜,尊其朔号。即修表,遣原隆武中书舍人江于灿、黄志高二人从海道入广称贺,并条陈时势。"①

永历七年在海澄战役取胜以后,郑成功立刻"另遣监督张自新同万兵部繇(由)水赴行在回奏,题叙海澄杀虏功次,请敕各镇勋爵。后即敕封甘辉为崇明伯、黄廷永安伯、王秀奇庆都伯、赫文兴祥符伯、万礼建安伯,冯参军监军御史。余各升级有差。"②郑成功部下的晋爵,也来自永历帝的册封。明永历十二年夏、五月,"成功大举兵,图江南。初,永历己丑开科于粤东,诏各勋镇考送诸生赴试。成功遂送生员叶后诏、洪初辟(原文开辟)等十余人,令洪志高赍本诣行在"③。郑成功与永历朝廷一直保持联系。

《闽海纪要》载:"永历九年二月,延平王成功承制设六官。初,成功以明主行在遥远,军前所委文武职衔,一时不及奏闻,明主许其便宜委用,武职许至一品,文衔许设六部主事。成功复疏请以六部主事衔卑,难以弹压。明主乃赐诏,许其军前所设六部主事,秩比行在侍郎,都事秩比郎中,都吏秩比员外。于是设六官。"④显然,郑成功军政职官的设置均在永历帝的诏许之下。

本章第一节曾指出,郑成功在统一闽浙沿海的过程中,奉南明正朔是其出发点,也是其得以发展壮大的重要因素。既然郑成功在厦门行使的权力是代南明行使的国家权力,称之为"政权"便是合理的。"政权"有时也代指行使权力额机构,为今人之惯称。本节题为"郑成功海上政权",亦包含此二重含义。

郑成功海上政权建立的标志之一,是"五军"、"六官"的设置。《先王实录》永历九年二月记载:

> 藩以议和不就,必东征西讨,事务繁多,意设六官,并司务及察言、承宣、审理等官,分隶庶事,令各官会举而行。遂以参军举人潘庚钟管

① 江日昇:《台湾外记》卷三,第87—88页。
② 杨英:《先王实录》,陈碧笙校注,第60—61页。
③ 夏琳:《闽海纪要》卷上,第45页。
④ 夏琳:《闽海纪要》卷上,第45页。

吏官事,张玉为吏官左司务;忠振伯洪讳旭任户官事,贡生林调鼎为户官左司务,参将吴慎为右司务,杨英陈(阵)中出征,加衔司务;以参军举人郑擎柱管礼官事,吕纯为礼官左司务;以指挥都督张光启任兵官事,黄玮为兵官左司务,李徽为右司务;以都督程应璠管刑官事,杨秉枢为刑官左司务,蔡政加衔司务,张义为刑知事;以参军举人冯澄世任工官事,举人李赞元为工官左司务,范斌、谢维俱司务。后因张名振条陈不宜僭设司务,遂改司务为都事。挂印常寿宁为察言司,举人邓愈为承宣,叶亨为承宣知事,举人邓会、恩生张一彬为正副审理。以参军举人林其昌代冯工官管理海澄县事。①

五军之名,查《明会典》"五军都督府"记载:

> 国初置统军大元帅府。后改枢密院。又改为大都督府。秩正一品。设左右都督、都督同知、都督佥事等官。洪武十三年,始分中、左、右、前、后、五军都督府。各府都督,初间以公侯伯为之,参与军国大事。②

吏、户、礼、兵、刑、工六部,在明太祖废相职以后成为明廷最主要的施政机构:

> 国朝建官。初置中书省、设左右丞相等官。其属有四部、分治钱谷、礼仪、刑名、营造之务。洪武元年,始置吏户礼兵刑工六部,秩正三品,设尚书侍郎等官,仍属中书省。十三年,革中书省、罢丞相。戒后世嗣君毋得复设丞相。有敢建言请复者,罪至族。语具祖训中。乃升六部为正二品衙门。自是中书之政、分于六部。彼此颉颃、不敢相压。事皆朝廷总之。③

---

① 杨英:《先王实录》,陈碧笙校注,第111页。
② 《大明会典》卷二百二十七,"五军都督府"。
③ 《大明会典》卷二,"官制一"。

在康熙元年郑泰洪旭等人对清廷报郑成功官员兵民总册时,对六官的职设有详细报告:

吏官:正堂一员、左侍郎一员、右侍郎一员、郎中四员,主事八员。

户官:正堂一员、左侍郎一员、右侍郎一员、郎中四员,主事八员。

礼官:正堂一员、左侍郎一员、右侍郎一员、郎中四员,主事八员。

兵官:正堂一员、左侍郎一员、右侍郎一员、郎中四员,主事八员。

刑官:正堂一员、左侍郎一员、右侍郎一员、郎中四员,主事八员。

工官:正堂一员、左侍郎一员、右侍郎一员、郎中四员,主事八员。①

郑成功建立海上政权,六官之名及其架构显然是沿用明制。此外,郑成功还设置"育胄、储贤"二馆,安置文官儒生及将士子弟、遗孤等,还鼓励儒生赴粤西考试:

（郑成功）又设储贤馆、育胄馆。以前所试洪初辟、杨芳、吕鼎、林复明、阮旻锡等充之。先是,明主开科粤西,诸生愿赴科举者,成功给花红、路费遣之。岛上衣冠济济,犹有升平气象。又以死事诸将及侯伯子弟柯平、林维荣充育胄馆。②

育胄、储贤二馆诸生的另一个重要职责,则是从军出征、记功录罪:

拔育胄、储贤二馆诸生,授监纪职俸,配监各提督统镇从军出镇,纪录功罪。另设大饷司同监纪随各镇出征,查给粮饷。另设监督监营督阵官,监同各镇出征战剿,授铁竿红旗一面,书"军前不用命者斩,临阵退缩者斩",副将以下,先斩后报。③

---

① 《钦命太保建平侯郑造报官员兵民船只总册》,载:《郑氏关系文书》,《台湾文献丛刊》第 69 种,台湾银行经济研究室 1960 年版,第 4 页。

② 夏琳:《闽海纪要》卷一,第 33 页。

③ 杨英:《先王实录》,陈碧笙校注,第 120 页。

　　显然，郑成功对文官儒生是非常重视的。"时缙绅避难入岛者众，成功皆优给之；岁有常额，待以客礼，军国大事辄咨之，皆称为老先生而不名。若卢、王、辜、徐及沈佺期、郭贞一、纪许国诸公，尤所尊敬者。"①上文曾指出，在郑成功起兵以后，不断有不愿降清的文人儒生前来归附，效忠明室。二馆的设置，也使得郑成功海上政权的组织机构加完备。

　　另一个值得注意的是郑成功"户官"的设置。《明太祖实录》卷七四载："户部掌天下户口、田土、贡赋、经费、钱货之政。其属有四：一曰总部，掌天下户口、田土、贡赋、水旱灾伤；二曰度支部，掌管考校、赏赐、禄秩；三曰金部，掌课程、市舶、库藏、钱帛、茶盐；四曰仓部，掌漕运、军储、出纳料粮。"②正所谓"兵马未动，粮草先行"，郑成功的六官中，"户官"掌钱粮，也成为最重要的机构之一。但郑成功的"户官"与明制不同之处在于，海上贸易的事务被纳入"户官"的管理下。

　　在明代的朝贡体制下，礼部在海外事务中起主要作用。《明会典》记载："礼部，尚书、左右侍郎，掌天下礼乐、祭祀、封建、朝贡、宴享、贡举之政令。其属初曰仪部、曰祠部、曰膳部、曰主客部。后改仪部为仪制、祠部为祠祭、膳部为精膳、主客仍旧。"③除礼部外，兵部的会同馆、鸿胪寺、太常寺及地方系统都牵涉到朝贡贸易。礼部的主客清吏司和行人司是负责对外事务的部门，下属官员主掌诸蕃朝贡、接待、给赐之事。凡外夷进贡方物，需鸿胪寺引进；太常寺则是具体掌管国家礼乐的机构。④ 相较之下，户部与朝贡贸易最直接的联系在于，其下属的广盈库，"收抄没违禁物，及礼部开送外国进来罗纻绫绸"及内承运库，收外国进贡的象牙、珍宝等物。⑤ 显然，在制度层面，无论是朝贡的形式、过程及海外进贡的物品均未纳入政府财政运转的范围内，而仅仅在海外货物过多时，才作为薪俸发给官员。明廷所关注的，

---

　　①　夏琳：《闽海纪要》卷一，第34页。
　　②　《明太祖实录》卷七十四，洪武五年六月。
　　③　《大明会典》卷四十二，《礼部》。
　　④　参见李庆新：《明代海外贸易制度》，社会科学文献出版社2007年版，第136—148页。
　　⑤　《大明会典》卷三十，《户部》。

是朝贡之"礼"是否得当，是否符合其宗主国的政治地位。隆庆开海以后，明廷发放船引，征收引税、税饷、陆饷、加征饷，但其收入主要用于福建地方军饷及财政，而税饷管理制度也存在临时性和不规范性。①

在郑成功的政权机构设置中，户官除了掌管钱粮、军饷的征收以外，便是负责海上贸易的管理。《先王实录》有一处记载常为研究者所引：

> 五月，藩驾驻思明州。稽察各项追征粮饷、制造军□及洋船事务。本年二月间，六察尝（常）寿宁在三都告假先回，藩行令对居守户官郑宫传、察算裕国库张恢、利民库林义等稽算东西二洋船本利息，并仁、义、礼、智、信、金、木、水、火、土各行出入银两。时林义因陈略西洋一船本万余未交付算，已先造报本藩存案明白。寿宁谓林义匿赚此项，系与郑户官瓜分欺瞒，密陈本藩。藩未见册，亦心疑之。但报册系藩标日钤印可查。时户官觉知，面斥扭寿宁见本藩。寿宁执以此项沉灭，无交算核，户官执为案册造报明白，只因林义后交，便不肯收受再算，则此人必系房之奸细，专来离间。前黄恺一二失错，被其播害；后又寻逐造端，欲害援剿前镇戴捷并忠振伯，幸藩主明镜，发六官察明无欺方释。兹又诬泰同林义欺赚，乞委多员逐件细覆，如有欺赚，愿全家受罪；如果无欺，是尝（常）之奸细，欲离间藩主左右任用之员。藩主若不密为察访，轻信间计，大恐左右任员重足寒心矣。本藩是夜翻阅簿账，件件造明。尝（常）六察所驳条件，虚谬阿□，遂心恶之。传令革去六察事，追夺印札，幽置闲住。②

台湾学者南栖的《台湾郑氏五商之研究》考证郑成功的商行有山、海各五大商。其中金木水火土为山五商，设在杭州；仁义礼智信为海五商，设在厦门。③ 以上述《先王实录》记载，户官下辖裕国库、利民库及仁、义、礼、智、信、金、木、水、火、土各商行已颇为明确。裕国、利民二库主管东西洋船本利

---

① 参见李庆新：《明代海外贸易制度》，第342—345页。

② 杨英：《先王实录》，陈碧笙校注，第150页。

③ 南栖：《台湾郑氏五商之研究》，载《台湾郑成功论文选》，第194页。

息。但值得注意的是,常寿宁是郑成功任命的"六察官","俾其敷陈庶事、讯察利弊",同时还有"叶茂时、赵威、周素、沈陑等隶其职"①。由上述《先王实录》中的记载可以看出,常寿宁是能够稽查东西洋船本的运作记录的。那么,他显然也需要了解裕国、利民二库的运作及各大商行的大致运作情况。并且,常寿宁本来自浙东势力,并非郑成功之亲信,由于此事中还被举报为奸细,革职查办。此外,从后来降清的部将黄梧对清廷的献策可以看出他对郑成功的上海五商也有所了解。刘献廷《广阳杂记》卷三云:"海澄公黄梧既据海澄以降,即条陈平海五策。一、郑氏有五大商,在京师、苏、杭、山东等处经营财货,以济其用,当察出收拿。"顺治十七年福建巡抚许世昌在一篇奏疏中也曾提到:"海澄公黄梧疏内,其锄五商以绝接济一款,称成功山海两路,各设五大商,行财射利,党羽多至五六十人。"②黄梧自己曾言:"成功于山、海两路各设五大商,为之行财射利。梧在海上,素所熟识。"③而黄梧为将,本在苏茂手下任职,后调守海澄,对于厦门的情况并非最熟悉之人。当然,在山海各商行的具体运作方面,没有参与其中的人自然也难以了解其中细节。综上所述,在郑成功的政权内部,山海五大商这一套制度理应不是很隐秘的。

此外,郑成功重要的下属,曾担任"户官"的郑泰和洪旭,早年都曾从事海上贸易。洪旭早年经商致富,据《金门志》记载:"公抡三子孟旭季暄,俱适黄氏出。仲曰曦刘出,曦甫四岁,公抡殁。刘年二十八,与嫡鞠三子成立,商贩巨富。"④而郑泰早在郑芝龙时期便为其管理海上贸易。

"户官"主管郑成功海上政权的补给、税收等关键环节。将海上贸易纳入户官的控制下,体现了郑成功对海上贸易的认识。从郑成功对其政权组织的设计来看,此政权之所以被称为"海上政权",实有制度层面的根据。而郑成功各个官职的人选多来自海上,也透出鲜明的海洋气息。

---

① 杨英:《先王实录》,陈碧笙校注,第 111 页。

② 《福建巡抚许世昌残题本》,载《郑氏史料三编》卷一,《台湾文献丛刊》第 175 种,台湾大通书局 1984 年版,第 3 页。

③ 《国朝耆献类徵初编》卷二百七十,"将帅"十。

④ (民国)左树夑:《金门县志》卷二十一上,民国钞本。

二、军事建设

前文曾说明,郑成功军队的来源极为复杂,有明廷遗兵遗将、民间反明势力、郑芝龙旧部、浙东沿海的势力等等。另一个值得注意的是,自明中叶以来的私人海上势力,往往内耗严重,互不统协,至郑芝龙、李魁奇时期亦然。须知大海茫茫,与陆上不同。海上部属以船只为单位,一旦出海,相互间难以有效联系。而海船如遇顺风,日行不知几千里,有异心的部将因此也极容易脱离组织。如何将这些复杂的力量进行有效整合,是郑成功面临的颇为复杂的技术问题。

郑成功起兵以来,首先以"镇"为单位统领将士。初"以洪政、陈辉为左右先锋,杨才、张进为亲丁镇,郭泰、余宽为左右镇,林习山为楼船镇"。① 陈辉、张进、林习山等都是郑芝龙旧部,是海上已成名的宿将。

其后,由于军队人数逐渐扩大,又设"营"为新的编制,相关记载如下:

一、(永历五年六月)是月,初设五营:升戎旗前协陈俸为礼武营,后协蓝衍为智武营,右先锋□□将陈泽为信武营,援剿左下副将吴豪为仁武营,北将吴(杨)朝栋为义武营。

二、(永历五年)八月,再设五营:升中权镇左营黄梧为英兵营,旧将吴世珍为游兵营,戎旗正总班杨姐为奇兵营,赐名祖,林文灿为殿兵营,陈埙为正兵营。②

这一时期郑成功的军队迅速扩张,到永历六年,又设二十八宿营。"(永历六年四月)是月,兵众云集,开设二十八宿营:角宿、戴捷,亢宿、林德,氐宿、郑荣,房宿、周全斌,心宿、周腾,尾宿、杨正,箕宿、郑文星,斗宿、林功,牛宿、谢对,女宿、蔡科,虚宿、洪承宠,危宿、赖策,室宿、廉彪,壁宿、唐邦杰,奎宿、华章,昴宿、杜辉,柳宿、姚国泰,井宿、陈习山,进攻漳州。"③

① 阮旻锡:《海上见闻录》卷一,第5页。
② 杨英:《先王实录》,陈碧笙校注,第35页。
③ 杨英:《先王实录》,陈碧笙校注,第45页。

纵贯郑成功的海上生涯,"镇"和"营"一直是郑成功军的基本编制。郑成功调兵遣将,多直接对镇和营进行指挥。镇、营之间相对独立,减低了将领结党营私的风险。直接对镇将进行任免,也可以加强郑成功对军队的有效掌控。如郑成功准备对施琅动手前,便"令将左先锋印并兵将令副将苏茂管辖,其后营万礼吊入戎旗亲随协将。"①

康熙元年,郑泰等人投降清廷。在郑泰降清后上报清廷的郑成功官员兵民船只总册中,可以看出郑成功军事上的基本建制首先有前、后、左、中、右五军,每军以下之职官以左军为例:

> 勋爵管左军事一位、左协理领兵挂印一员、右协理领兵挂印一员、正堂营大厅都督一员、副大厅都督一员、正旗鼓中军都督一员、副旗鼓中军副总兵一员、参军主事二员、赞画主事四员、统领挂印五员,正副领兵都督佥事十员、正副坐营都督佥事十员、正副旗鼓副总兵十员、镇将都督十员、正副领兵副参游二十二员、坐游旗鼓参游二十员、副将副总兵七十五员、计辖官兵三万七千五百名。②

此外,还有前、后、左、中、右提督五部及水师部,下属职官也与五军相类。这个编制可以说相当完备,若兵将满额,共计 41 万以上。当然,郑成功的军队可能从未达到这一数目。据杨彦杰先生估计,郑成功的军镇平均人数为两千人,顶峰时期约有 60—70 镇左右;郑成功最大兵力大致在 15 万—20 万。③ 永历六年郑成功围困漳州时,据清军方面的报告,称郑成功陷浦、澄、和、泰、南、诏六县后,"继统寇孽二十余万围困郡城八月有余"④,此时的郑军尚在扩充,因此郑成功的兵力之顶峰显然不止 20 万。

前文已经指出,郑成功的募兵,以东南沿海地方为主。在上述郑泰等所造的名册后提及"海上军民籍流寓人口,计三百余万",这一规模的海洋人

---

① 杨英:《先王实录》,陈碧笙校注,第 25 页。
② 《钦命太保建平侯郑造报官员兵民船只总册》,载《郑氏关系文书》,第 5 页。
③ 参见杨彦杰:《郑成功兵额与军粮问题》,载《郑成功研究论丛》,第 82 页。
④ 《吏部残题本》,《郑氏史料续编》卷二,第 204 页。

口数量,是郑成功政权和军队根植的土壤。顺治十年前后,清廷曾与郑成功谈判招降事,针对郑成功要求的以三省之地安插部众,浙闽总督上奏指出:"闻其啸聚者,尽属土著胁从,何难解散安插之?"①郑成功的主要将领也多熟悉海上事务并久经历练。

郑成功继承郑芝龙的旧部中,自起兵以来,有洪旭、陈辉、林察、林习山等陆续归附。洪旭金门人;林察在崇祯年间便担任南日寨把总②、林习山为小埕寨把总,都是跟随郑芝龙在海上身经百战的水师将领;早期跟随郑成功起兵的陈辉,也是郑芝龙最早在日本招募的骨干力量。"会习死,芝龙尽以之募壮士,若郑兴、郑明、杨耿、陈晖、郑彩等皆是。"③乾隆年间的《海澄县志》"陈辉传":

> 陈辉字燦珠,明崇祯间以将材为石美营哨官,从破刘香有功,升福宁州守备,迁舟山参将转镇江,挂镇南将军印,左都督太子太保,封忠靖伯。……本朝定鼎……遂率所部内附。总督李率泰见之喜甚,征伐必俱,从平三岛而闽安之役悉用其策,竟以成功。率泰曰:"真宿将!"④

另外,郑芝龙旧部中职位稍低的将领,如后劲镇陈斌,澄海人,"颇知潮地利"⑤如此等等,不胜枚举。另外浙东海上势力的将领,以五军中的周崔芝为例。

> 平夷侯崔芝,本姓周;号九玄,福清县榕潭人。年二十,落拓游江湖,与番舶贾人交,称贷、贸易,往来日本,同辈服其智数,听指挥。见海舶中多厚赀,心艳之。乃戒舟人勿装货,多携炮弩兵器出洋,掳袭一舟

---

① 《浙闽总督残件》,《郑氏史料续编》卷二,第248页。
② 《兵部题行〈兵科抄出福建巡抚沈犹龙题〉稿》,《郑氏史料初编》卷二,第105页。
③ 张鳞白:《浮海记》,第14页。
④ (清)陈锳:《海澄县志》卷十三,乾隆二十七年刻本。
⑤ 杨英:《先王实录》,陈碧笙校注,第16页。

得志,后屡为之。①

可见,陈辉、周崔芝等都是海上活动群体中的精英人物。在抗清中威名卓著的张名振,"字侯服,江宁人……崇祯十六年授台州石浦游击"。② 石浦在象山县南部临海,也是出身海上。郑成功部从将领到士卒对东南沿海的形势及海上作战都是非常熟悉的。

战船是海上力量的直接体现。郑成功到底拥有多少战舰,难以得出具体的数目,因为一旦需要,东南沿海的商船、渔船都可以全部动员起来参战。郁永河《伪郑逸事》称:"郑成功以海外弹丸之地,养兵十余万,战舰以数千计。"上文引郑泰的名册末尾,提到郑成功的战船"大小战舰,约计五千余号"。③

郑成功每次出兵,战船常常达到上百艘。顺治八年十二月十三日,据漳州署都督佥事官员副将事王邦俊塘报:本月十一日未时,据漳浦县并副将杨世德报称,本月初十日,贼船百余只进入旧镇港。④ 顺治九年正月,郑成功率船队进入海澄港,清将王邦俊曾上报:

> 顺治九年正月初三日晚刻,右路总镇马得功到漳安营。戌时,据报贼船数百艘进入海澄、石马情形,业经本镇具报,一面会同马总镇星发官兵前至福河地方。见石马、海澄一带俱是贼船,约有二千余号。⑤

顺治十年,郑成功遣张名振、陈辉等北上浙直沿海,顺治十一年十二月,清将张中元报告舟山形势:

> 海贼张名振等自舟山逃遁,远漂闽海,今有数百只船陆续来犯浙

---

① 张鳞白:《浮海记》,第 10 页。
② (清)李聿求:《鲁之春秋》卷二十一,传第十之一,清咸丰刻本。
③ 《钦命太保建平侯郑造报官员兵民船只总册》,载《郑氏关系文书》,第 4 页。
④ 《兵部和硕承泽亲王硕子等残题本》,《郑氏史料续编》卷一,第 64 页。
⑤ 《吏部残题本》,《郑氏史料续编》卷一,第 73 页。

疆,窥伺舟山……若破海寇,非船不可。眼前所虑者,乃无船……看得海寇张名振来犯崇明,连综千余号,皆赖于船只楫橹及汪洋波涛。①

清军上报张名振及陈辉北上的大小战船达两千余艘。但永历十年五月,郑成功"传令各镇备班出征,候南下师回日,同往北征。着出征船只各给船牌照票,以防混冒,计大小给一千一百张,另南船未算。②因此,郑成功的水师常备战船在两三千艘之间,是很有可能的。

郑成功在军事上的另一个重要特点,是对火器、火药的运用。海上作战以船只为单位,兵将间近距离的搏斗较少,而大炮、火铳等火器在远距离能够杀伤对手,火器的使用符合海上作战的需要。郑成功占领厦门以后,便在永历五年八月,"委陈启设局,督造军器、藤牌、战被、火箭、火筒、火罐等项"。③不管是海上的战斗海上陆上的攻坚战,龙熕、火铳等火器往往充当郑军的先锋。"龙熕受大弹子一丸(重十余斤)、小弹子一斗;副龙熕照样新铸者,各以一船专载之。龙熕所及,船中之人顷刻不见形骸。"④从以下记录中,大致可窥见郑军对火器的运用:

一、(永历四年四月)二十五日,藩随与定国公合兵攻之,尤(犹)恃险未服。我兵攻打。定国公用□熕击平其城。⑤

二、(永历六年二月初八)时中军各营,前附山,后背水。传令各船放出,无得只留;防胆怯者思退走,亦淮阴背水阵法也。又传[令]各营盘中竖瞭望台,高数丈,瞭官带火号三枝,照看中军营。第一枝火号起,是虏出兵,各穿带衣甲军器站队,贴立木栅边;第二枝火号起,系虏逼近营盘,鸣金贴立木栅篷篠内,以逸待劳,挫其锐锋;候第三枝火号起,即

① 《张中元题为先歼郑成功后除张名振事本(顺治十一年十二月二十二日)》,载厦门大学台湾研究所、中国第一历史档案馆编辑部主编:《郑成功满文档案史料选译》,福建人民出版社1987年版,第76页。
② 杨英:《先王实录》,陈碧笙校注,第135页。
③ 杨英:《先王实录》,陈碧笙校注,第35页。
④ 阮旻锡:《海上见闻录》卷二,第35页。
⑤ 杨英:《先王实录》,陈碧笙校注,第15页。

齐拥杀敌。头叠用火筒、火箭、神机铳器,次叠用牌被枪刀。①

三、(永历七年)六月,藩督舟师南下,先攻鸥汀逆寨。其寨筑在田中,四畔泥深,只一路可行。进攻未下。一日,藩集诸将在寨外树下坐议代树架铳攻打。②

四、(顺治十二年、永历九年)初五日巳时,贼四面呐喊,排炮齐轰……初五日,逆贼挖埋炸药破东门城墙……又有赫文兴、张英、甘辉等率漳州、同安反叛将弁,大股贼匪俱扎陈三坝,窥我孤城。并将云梯、大炮、火药等物运至海口。③

郑成功于永历六年占领海澄后,将海澄视为郑军的"关中河内"。郑成功"筑海澄城,所属地方,每家各出民夫一名。城高二丈余,旧有五都土城,连而为一,皆用灰石砌成,并筑短墙,安大小铳三千余号,周围环以港水,巨浸茫茫,外通舟楫,内积米谷军器,据潮州之咽喉,与厦、金二门,相为表里,以为长守之计。命冯澄世督其工。"④此后永历十年黄梧以海澄降清,清廷兵部曾上报:

> 镇守海澄都督总兵官黄梧等能识时势,杀同守伪总兵官华□等标下官兵四百余,率民剃发,带领官八十余员,兵一千七百余名,并红衣礮(炮)三百余位。⑤

海澄一处,便安大小铳三千余号,大炮三百余位,火器在郑军中的运用可见一斑。

此外,几部有关郑成功的史料都记载了永历十一年郑成功火药局失火一

---

① 杨英:《先王实录》,陈碧笙校注,第43页。
② 杨英:《先王实录》,陈碧笙校注,第61页。
③ 《佟国器题为郑军攻下仙游谋取泉州事本(顺治十二年正月十三日)》,载《郑成功满文档案史料选译》,第83页。
④ 阮旻锡:《海上见闻录》卷一,第15页。
⑤ 《兵部揭贴》,《郑氏史料续编》卷五,第562页。

事。《赐姓始末》载："丁酉十二月，岛上火药局灾。"①《南明野史》也称："永历十一年（清顺治十四年）丁酉十二月，思明火药局火。"②中方记载此事，略为简练，其中细节难以明晰。当日占据大员的荷兰人与厦门一带往来频繁，消息灵通，对此事也有所耳闻。《热兰遮城日志》1658 年 1 月 31 日记载：

> 从厦门来的这些戎克船带消息来说，才前几天，这厦门市有三个互相靠近，储藏着火药的地窖，起火了，顿时爆炸起来，火焰冲天，使那附近很多房屋倒塌，在这瞬间的倒塌中超过一千人被打压致死，在那附近的火药磨坊及军械库里工作的那五百人，没有一个幸存，全死了。那股爆炸引起的震动非常大，大到当时在距离那里有一段路程的水上的人也感觉到震动。③

从这段记载我们大致可以看出郑成功火药局的规模。这一事件中，仅储藏火药的地窖就有三处，相关的军士、操作人员超过 1500 人。

郑成功以厦、金、海澄等地为基地，调兵遣将都离不开海上。顺治十四年五月，郑成功曾派遣黄廷率军到潮州。清镇守潮州总兵刘伯禄曾报："黄廷率有贼匪护卫前、后劲、统领、中冲四镇大小战船不可胜数，均已停泊陆鳌澳。"④其中提到的护卫前镇等四镇，并不明确在郑成功的水师编制范围内。显然，郑成功以厦、金两岛为基地，出兵练兵都离不开海洋。因此，强加区别郑军中的水师、陆师实无太大意义。

永历十四年对清作战的部署中，郑成功自己也谈及"我师所致力者全赖水师"⑤，这是"海上政权"在军事上的特征。直至顺治十三年以前，郑成

① 黄宗羲：《赐姓始末》，第 5 页。

② （清）三余氏：《南明野史》卷中，《台湾文献丛刊》第 85 种，台湾银行经济研究室 1960 年版，第 53 页。

③ Voc 1228，fol.634r，《热兰遮城日志》第 4 册，1658 年 1 月 31 日，第 356 页。

④ 《伊图题为王国光所报黄廷督船抵潮州界事本》，载《清初郑成功家族满文档案译编（二）》，陈支平主编：《台湾文献汇刊》第一辑第六册，厦门大学出版社 2004 年版，第 388 页。

⑤ 杨英：《先王实录》，陈碧笙校注，第 237 页。

功的海上力量对于清廷而言都具有压倒性的优势。

清廷方面,早在顺治六年,清靖南将军陈泰曾上报朝廷,"福建二府、一州、二十九县,先为贼踞,臣等领兵剿杀,俱已恢复。安设官兵,全闽底定捷闻。得上□日据奏官兵大捷。福建全省已定"。① 但显然,这一时期不论是浙直沿海的鲁王系势力或是南下粤东活动的郑成功,南明余脉在海上还是有相当实力的。清廷以马上得天下,对于海上的事务由无知而无视,并不把海上各部放在眼里。

当顺治八年马得功袭破厦门之时,"张学圣及兴泉道黄澍于三月初一日至,见厦门孤悬海外,汪洋万顷,愕然曰:'此绝地也,若有缓急,援兵岂能渡哉。'即先引回"。② 在张学圣眼中,厦门岛为"绝地",根本无法守御。但在郑成功眼中,厦门岛却是其根本。

清廷兵部尚书葛达洪等在上奏顺治九年十月陈锦与郑成功在漳州港一带的战斗情况曾指出:"贼艅(指郑成功军)突犯,众寡悬殊,加以风顺潮涨,彼此冲击之时,因各船贴驾水手多系金拘,见贼船突至,纷纷浮水脱逃,在船官兵不能驾驶……"③可见,此时清军的水师并非在海上训练、战斗的水师,而是临时抓来当地水手驾船出海,结果本地水手一逃,清军将官连驾船都有困难,又如何在海上战斗?

顺治十年,王应元描述厦门形势,则称"厦门地处海岛,原为伪国姓郑成功,伪国公郑香、郑怨等,啸聚亡命之徒数十万,逆踞其间。天下咸服,惟此辈歹徒随意出入,胡作非为。伊等以我军不得入海,故以此为屏。"④从顺治十二年的一份报告中,我们大致可以看出清廷的海上实力:

据职方清吏司呈称,准浙江巡抚秦世祯谨题:窃思浙省所辖杭、嘉、宁、绍、台、温六郡皆临大海,海岸线长达一千二百余里。贼船往来,可

---

① 《清世祖实录》,顺治六年己丑三月。
② 夏琳:《闽海纪要》卷一,第21页。
③ 《兵部尚书葛达洪等残题本》,载《郑氏史料续编》卷二,第227页。
④ 《王应元题为厦门等地得失情形事本(顺治十年正月十五日)》,载《郑成功满文档案史料选译》,第4页。

尽犯此地方。……前总督陈锦实造水艍一百一十五只。近年来调往福建及遭风浪所损，仅余五十七只，加之陆续所获船只及来投大小船只，共计实有船一百三十一只，不及额定船只十分之二。……嘉兴府之洋山、衢山乃江浙之门户，距乍浦、粮庄甚近，地位重要，因未设一兵一船，逆贼张帆可随意往来于江浙之间。……今张名振、阮四等纠集一处，其势渐张，每次行动船皆近千艘。于江南可随意蹂躏吴淞、京口，于浙江则可窥犯松、海、澉、乍。①

同年，清吏科员外郎彭常庚在一份奏折中也承认郑成功"蜂拥蚁聚，号令沿海，摇撼我军"。②

顺治十三年二月，清军在舟山一带查获渔户朱云等买郑成功令旗出海，据报如下：

今据督臣佟代疏称：据各镇道呈解违禁渔户朱云、朱盛等联舸私出外洋，甚至谋买贼旗……状招：云与已到官朱盛及朱国臣、舒凤、舒茂峰，俱系船户。适因地方荒歉，无可贸生，于顺治十二年四月内，云等垂涎渔期，觅利救饥，却不就近插竹网鱼，各不合罔顾寸板不许下海禁示，辄就违禁出海。彼时云与朱盛各又不合竟自越赴外洋，因而虑贼擒拿，潜向交通，各买伪旗一面，收贮船上。……

又据朱国臣供称：驾舟□甫艚船一只，有未到官水手五名：钱十六、陈四十、朱四二、朱清宇、朱十，于四月十五日赶潮不上，十六日见有贼船廿余只不敢出去，至十七日出往黄牛礁内洋打鱼一百七十斤，并未打票等语。又据船户舒凤供：驾王家舟□唐船一只，有未到官水手四名：舒二、汪十、舒四一、朱和尚，于四月十七日，从足头港出往横山洋，打鱼四百斤，未曾打票等语。又据船户舒茂峰供：驾艚舟□甫船一只，有未

---

① 《李际期题为议复浙江六郡招募水师事本（顺治十二年六月九日）》，载《郑成功满文档案史料选译》，第123页。

② 《彭常庚题为清除郑芝龙事本（顺治十二年正月二十八日）》，载《郑成功满文档案史料选译》，第87页。

到官水手四名：舒四、舒百四、舒增、舒二十，于四月十七日，从横山港出往黄牛礁内洋，打鱼四百斤，未曾打票等语。其朱云、朱盛伪旗二首，追取见在。在今据各犯口供在案。①

浙直沿海的渔民，已自觉出资购买郑成功的牌票。黄牛礁在今舟山与宁波之间，金塘岛与大澍岛中间偏北处，距宁波沿海处仅十里左右；横山洋今舟山西南部一带。郑成功对东南沿海的制海权控制，由此可见。直至挥师台湾以前，郑成功基本控制了东南沿海的制海权，所有入海船只无论是渔船、商船在东南沿海的航行，都受到海上政权的监视。

三、贸易制度

海上贸易是郑成功的经济命脉。郑成功起兵的第一桶金，便是来自郑家出海贸易归来的商船。史载郑成功起兵初，"方苦无资，人不为用。适有贾舶自日本来者，使询之，则二仆在焉，问有资几何？曰：'近十万'。成功命取佐军，一仆曰：'未得主母命，森舍安得擅用？'（闽俗父为官，其子皆得称舍）成功怒曰：'汝视我为主母何人？敢抗耶？'立斩之，遂以其资，招兵制械"。② 此后郑成功完成对东南沿海制海权的控制，终于有机会实现其早年对隆武帝"航船合攻，通洋裕国"的主张。军事上对制海权的控制，是郑成功海上贸易得以顺利进行的前提，而海上贸易的获利成为郑成功海上政权的经济来源反哺军事，两者不可分割。

贸易获利的来源主要是赚取商品的价差。这一时期，中国的生丝、丝织品乃至日常生活用具在东亚乃至全世界都是非常受欢迎的商品。但郑成功的海上政权，控制的区域主要在东南沿海的岛屿及少部分沿海地区，中国的主要商品生丝、丝织品均不来自这些区域。因此，郑芝龙、李魁奇纵横海上之时，始终无法满足荷兰人对中国商品的需求，直到郑芝龙纳入明廷体制，情况才得到改善。而郑成功的裕国、利民二库及山海各五大商的运作，使其

---

① 《刑部残题本》，载《郑氏史料续编》卷三，第 364 页。
② 郁永河：《郑氏逸事》，载《台湾文献丛刊》第 44 种，台湾银行经济研究室 1959 年版，第 47 页。

能够稳定地获取大陆方面中国商品的供应,尤其是长江三角洲下游一带生丝、丝绸等重要出口商品。

顺治十五年,清廷方面抓获郑成功海五商中属于"义行"的南安人廖八娘,时任福建巡按成性上报详情。为方便分析,摘录如下:

> 巡按福建兼管盐屯监察御史成性为举首事:顺治十五年九月二十三日……奉此随该署司事驿传道副使萧炎覆审招详,问得一名廖福即廖八娘,年三十岁,泉州府南安县民。状招:福于先年间幼穉时,曾卖与海逆未获郑奇吾为仆。嗣至长大,福不合身充义号逆商,领本贩运,以资贼饷。又于顺治九年间,随领贼银五千两,籴米经商,趋利海上。就于本年,因行商失意,回籍本县翁山居住,阳顺阴叛,起盖房屋,蓄置田产,积谷买物,豪踞一方已久。有在官兄廖二、廖三,亦各不合倚福同居,知情共享。贼利人人皆知巨逆,畏威莫撄。嗣至顺治十五年正月内,比有投诚官林斌探知福通逆来历,就以请除贼商,亟剿贼资,以佐军需,以奸盗源事,赴正蓝旗李梅勒下投首。随公同分巡兴泉道叶金事会议为举首事单开:伪国姓下五大商义行廖八娘领贼饷银数万,现潜踪住在南安县翁山地方,新盖廖家土楼,著乡总可要的人追出贼饷充用,有单开廖福浑名八娘等因。又乡保洪承诏供称:廖八娘在义行郑奇吾做生理,今回来家,住在南安县二十八都橛头乡。去年回来,又去海二次。家下有亲兄廖三、廖二,领郑家银不知若干。海上义行中有宗弟在行中,妻子俱在家中等情。随拨满汉兵丁,著令南安县拘提到廖八、廖三二名,发泉州府。当蒙李梅勒、马提督、道府营将、满汉文武各官于承天寺会审严鞫。据原首人林斌口称:廖福系五商郑奇吾伙计,领银不知数目。据廖福口供:原系郑奇吾小厮,顺治六年自海上回来,并未曾去。随据林斌质对无辞。随问廖福:你领海上银若干?据口供:领银五千两,要买籴米,后因折本逃回。现有家属被海上拿禁。随欲刑夹,据廖福笔供:顺治九年,领银五千两,要发籴米。并供开用过:九年、买厝银三百两,又买租一十八楼,计银三十六两;顺治□年,买租七十二楼,计银一百三(缺七字)十两;顺治十一年,(中缺)旧仇,因见谢圣等置略行

私,林明受赃有据,思以产业必有隐匿,就以大逆欺官、乞法追充饷事称:逆贼廖八、廖三、廖二充伪国姓义行,领逆资数万,置郑产数千石。功弟廖祖案公现在中左接运。王斌、洪纠、翁玉等证。近蒙拘审,八认银五千两。探知发县搬赃,嘱伊亲曹尔所、廖灿烜,前月二十四夜,布赂看守,差林李纠伙廖遗、廖用、廖授等五十余,擅起封锁寨中物谷,较寄伊亲曾乌、林良宇、花大、傅心宇、李存聘、柯荣初等家。黄申、王哲证。窃廖八赃业数万,供认五千,未有十分之一,私运窝匿。今又仅认一千七百两。但物谷搬寄伊亲,历历可据。产业在乡都,段段分明。乞著现年保长造册缴报。并开廖八、廖三、廖二田段、赃物、牛只等情,具状于本年二月初九日,赴李梅勒投首。当蒙会同满汉文武各官,于开元寺公所,并吊八娘等各到官同讯。据周德供称:德父兄被廖八先年同郑逆派饷时被贼杀死,原有此仇,特来出首。正月二十四夜,廖(缺五字)起封条者系廖用、廖遗、廖授,有寄(缺六字)乌、林良宇、花大、傅心宇、李存聘(缺七字)者,系周坤二,有挑谷者系梁(缺六字)三英、陈知可、梁大有,见证者系(缺五字)案、洪尊、梁位,有过付者系廖还、陈(缺四字)娘,有对证者系廖尊吾,有县差林李(中缺)领郑逆资本充商,审供已□,叛律何辞。曾乌等打探行贿,林明等朋比诈财,分别徒流。廖二等依律流置,各蔽厥辜。现获赃银贮库汇解,仍详抚院会题,缴。又详奉巡抚刘都御史批:廖八娘身为贼仆,代贼经营,供证既确,律以叛逆之条,洵属不枉。但本银五千两,查出家产未及其半,仰该司严饬该县,逐细搜查,不得漏隐,旬日内详结速报。仍候按院批示具题,缴。批行到司间。本月二十四日,又蒙本按院宪牌:照得泉州府经历方显名奉勘逆产,纵役需诈,毫无觉察,殊属不职。今据该司招详林明供称:只受银十二两,以六两雇夫。陈钟供称受银十八两,又以七两二钱雇夫。本官奉委查验,自有经费,额派脚力,何以犯人之银雇募轿夫乎?且林明已雇陈钟,又何重雇?虽么么小吏不足以辱白简,但不职显著,断难漏网。备牌行司,立提方显名到官研讯,依律究拟通详等因到司。蒙司并行泉刑厅提审及严查福等家产去后。

该职看得:廖福始为逆仆,继充逆商,领银营运,往来海上。随据投诚官林斌举首逆状屡次严审,供吐凿凿,斩没何辞。廖二、廖三既系逆属兄弟,流置不枉。曾乌、庄锦、谢圣、苏万观代为行贿,徒惩允宜。林明、陈钟乘机指诈,照例流徒,足蔽厥辜。赃应照追。经历方显名纵役索骗,相应杖褫。更有南安县蠹役林李、蔡辉二犯赃罪,在于知县祖泽茂案内召案审结。至于曾乌寄谷,周德供证游移,似难悬坐。未获郑奇吾等,照提另结。蔡翼物故,免议。既经该司招详前来,职谨会同浙闽督臣李率泰、抚臣刘汉祚合词具题,伏乞敕部议覆。行职等遵奉施行。缘系举首事理,未敢擅便,为此除具题外,理合具揭,须至揭帖者。顺治十五年十月日,监察御史成性。①

廖八娘在义行郑奇吾手下领取资本、在海上做生理,每次领取的银两常常达到数万两之多。此人回到南安翁山"阳顺阴叛,起盖房屋,蓄置田产,积谷买物","领逆资数万,置郑产数千石",更多的是给郑成功输送物资。"功弟廖祖案公现在中左接运",另有族人在厦门岛接头,各有分工。廖八娘所在的翁山在今永春县东南、仙游县西南方,并非临海一带。显然,这一时期东南沿海的郡县以下,清廷的控制是不严密的。郑成功即便没有占领泉州府城,但通过其商行的运作,取得这一地区的商品却非难事。这个案子若非郑成功方面投诚清廷的林斌揭发,恐怕也不会如此迅速地水落石出。

顺治十二年原本为清刑部左侍郎升工部尚书的李际期在一篇奏折中称:

今海逆郑成功等乌合之众,号称二十七万,潜据海隅弹丸之地,有何神机妙算,能千里运粮。此均赖鼠窃狗盗之徒,驾船偷运,来去匆匆,及舍命图利专司海上贸易者,方得苟延残喘。……该臣伏思,兴、泉、福宁各郡县濒临大海,今秋粮将熟,贼定会登岸抢劫,以为生计。鉴此除调兵防守各地以外,又严饬各道、府、州、县,劝勉百姓收割,严肃保甲,乡民自保,勿使贼有可乘之机。仓廪实,则兵民足。唯逆贼栖息海中十

① 《福建巡按成性残揭帖》,载《郑氏史料续编》卷七,第828页。

余载,沿海通贼之人颇多,若不严禁,奸恬之徒比资以粮米、硝、磺而年取暴利。①

可见,沿海民众通过与郑成功贸易能够谋取利益,是郑成功能够源源不断获取补给的根本原因之一。郑成功的五商组织遍及漳泉一带,从黄梧的举报中也可见一斑。"清封黄梧为海澄公,镇漳州;苏明授精尼奇呢哈哈番,召至京为内大臣。后黄梧请发郑氏祖坟、株求郑氏亲党、陷五大商,漳、泉之民大遭厥祸。"②

黄梧降清后,向清廷举报郑成功五大商之曾定老,日后福建巡抚许世昌在一份题本中提及:

又海澄公单开各商领过伪国姓财本的据:一、顺治十一年正月十六、七等日,曾定老等就伪国姓兄郑祚手内领出银二十五万两,前往苏、杭二州置买绫绸、湖丝、洋货,将货尽交伪国姓讫。一、顺治十二年五月初三、四等日曾定老就伪国姓管库伍宇舍手内领出银五万两,商贩日本,随经算还讫。又十一月十一、二等日,又就伍宇舍处领出银十万两,每两每月供利一分三厘,十三年四月内,将银及湖丝、缎匹等货般运下海,折还母利银六万两,仍留四万两付定老等作本接济。内曾定老分得本银七千两。③

这里的伍宇舍是郑成功"管库",应是利民库、裕国库之一。而商人在苏杭一带获得商品,便将货物运往长江或沿海一带,只要下海,便是郑成功的势力范围。清内阁中书杨鹏举在奏本中曾提到:"臣闻上年海逆未犯镇江之先,贼计奸狡,密令奸细假扮商人,各处籴米,贮于江口等处,以及金山

---

① 《李际期题为严禁片帆如海以断郑军接济事本(顺治十二年六月十九日)》,载:《郑成功满文档案史料选译》,第136页。
② 彭孙贻:《靖海志》卷二,第36页。
③ 《福建巡抚许世昌残题本》,载《郑氏史料三编》卷一,第1页。

寺中。海船一到，即便运去。"①

以下是清廷截获一艘郑成功庇护下洋船的报告：

> 又节获洋船，则有方元茂、邵朋吉、并史顺、王明等结党联综，更番出没，或装载番货，如胡椒、苏木、铜锡、象牙、鱼皮、海味、药材等项，有数百担，神输鬼运贸迁有无，甘为寇盗之资。又续获奸商杜昌平、谢德全等兴贩纱缎、丝绵、并药料、磁油等货，为数不赀，从江、浙一带合伙起脚，路由温州府转运福宁州，潜谋下海。船户则有王伯亮、严一等，歇家则有李茂霞、苏钦官等，俱经随徵左镇标下游击马仕龙并驻防福宁参将马士秀等，捉获呈报。②

从江浙到温州到福宁州，东南沿海一带均有附于海上政权的船户、歇家，形成一个完整链条。提供资本赚取利息和海上贸易的利润，是海上政权获利的途径之一。参与的船户、歇家等海上活动人群也能够从中获利。

此外，郑成功的五商下更有直属商号进行贸易。顺治十二年，浙闽总督佟代题本云：

> 讵意犹有福省奸民林行可等，愍不畏法，包藏祸心。自去年八月间，潜运麻油钉铁等项，以助郑孽，令渔船贼首刘长、卡天、郑举仔等陆续搬运。竟用逆贼旭远印记，购买造船巨木，差伊侄林凤廷同腹党王复官、林茂官公然放木下海，直到琅琦贼所，打造战船。且串通伪差官颜瑞廷，令官匠林九苞等敢于附省洪塘地方，制造双桅违禁海船，令海贼洪二等亲驾出洋。更散顿巨木数千株，于矼窑、芹洲、南屿、阮洋、董屿诸港，乘机暗输。挺险周利，已非一日。③

---

① 《内阁中书舍人杨鹏举残奏本》，载《郑氏史料续编》卷十，第278页。
② 《浙闽总督佟代题本》，载《郑氏史料续编》卷三，第299页。
③ 《浙闽总督佟代题本》，载《郑氏史料续编》卷三，第299页。

林行可购买巨木,用的是"旭远"印记。另一份顺治十二年清廷方面抓获郑方奸细,审讯记录中也有"旭远号"的信息:

> 潘一使与伪国姓相同款迹内开:一旧年三月内,国姓标下武毅军门并长发数十人主于其家,远近惊惶;一旧年四月内,国姓弟恩舍主其家,长头发数十人,乡邻搅扰不宁,何硕甫、林栋官受害证;一旧年八月内,旭远号颜端娘主其家,数月方回;一潘一使受国姓效用官扁额;一郑五舍出入俱主其家……
>
> 旭远是颜家字号,集官是颜家卖货之人。若有颜精官,就不请集官来卖货了。有货就有客,旭远字货是集官卖。昨问颜精官,我只见有集官,故说颜文娘就是颜精官。旧年九月里回去,换他孙集官来。货在我家,人在陈家。集官来了,文娘方回去。又供:郑广原做隆武锦衣卫,孔彰做伊都司,平日称广爷标下。郑广未投诚,以后不知在否。又陈孔彰口供:集官姓陈,他的货是自家本钱,茂记字号。颜文娘九月内寄有二三十挑糖椒,系集官带来,寄潘一使家卖。但凡颜家货,都在潘家。又陈集官口供:姓陈,卖胡椒、白糖,本钱是小人自己的。小人货俱是茂记字号。颜家人多,旭远是总名。颜文娘有数十挑椒糖,寄到潘一使家,都是潘一使代卖。又郑十口供:小的是潘一使家使换的。旭远字货是颜家的。

在郑成功逝世以后投诚的官员名单中,有一处记录:

> 颜克璟,系伪五商颜端男。癸巳年回泉州府,买举人李日焜厝住两年,再入海。诖报伪太仆卿,部覆同知用;今补严州府同知。同来投诚欧添观首揭证。[1]

这里出现了"颜端",确认是郑成功的"伪五商"。而上述潘一使得供词

---

[1]　《南安县生源黄元龙密奏》,载《郑氏关系文书》,第20页。

中提到"颜端娘"是"旭远号"的人。闽南人海上做生理,常有外号而不用本名如上文的廖福,其外号"廖八娘"也为生理人熟知。这里的"颜端"与"颜端娘"可能便是一人。因此,这个"旭远号"其实是郑氏五商直属的商号之一。南安颜姓为郑成功的母舅姓,与郑成功关系非同一般,这个案例中,旭远商号经营的麻油、钉铁、巨木等,便是郑成功造船用的关键物资。

在海上贸易的管理方面,郑成功继承了郑芝龙的牌饷制度。郑成功的牌票是海上的通行证,顺治十四年,被清军抓获的翁求甫供称:"凌尔森等当日雇租黄升船只下海,彼时船出海外,非得国姓伪票必不能行。"[1]不仅郑成功自己发放"国姓票",郑成功也给属下镇将颁发牌票的权力。据翁求甫口供:"船主系李幕霞,甫系代伊揽客。有商人杜昌平,陕西人;孙福,山西人;许仁,杭州人;孙芳,山西人;任福,山西人:共五个客,更二个走了。各人俱有药材,俱有纱;更有二十多担药材,温州客人未到。船系问黄升租的。国姓票一张,左协票一张,船票共用一千二百两银租钱打醮,要十二日开船被拿。"

这里出现的"左协票",应为郑成功戎旗镇下属的五协之左协所发:

> 通行各提督统领挑选精锐官兵拔入戎旗镇。镇内京(经)制设开五协,每协五正领、十副领。每副领管五十员:协将授副总兵衔,正副领参将衔,班长守备衔,冲锋官把总衔。拔洪复管中协,王朋管前协,江春管左协,黄安管右协,江文英管后协,杨祥为神机营。[2]

荷兰人也曾提到郑成功的部将 Gampea 能够发放东西洋船的通行证。《热兰遮城日志》1656 年 8 月 3 日记载:

> 官员 Gampea 也被关进监牢,因为他对征收关税没有照规定确实征收,而且因为他发通行证让人前去不准去的地方。[3]

---

① 《浙闽总督李率泰残揭帖》,载《郑氏史料续编》卷五,第 568 页。
② 杨英:《先王实录》,陈碧笙校注,第 114 页。
③ Voc 1218,fol.263v,《热兰遮城日志》第四册,1656 年 8 月 3 日,第 111 页。

顺治十二年在闽广沿海交界一带的战斗中,清军缴获"大青马一匹,驴一匹,锡制伪官防一枚,大旗两面,伪大小牌、票十张"。① 这次战斗郑成功并未亲临,因此,这些牌票显然都是其部下所有,便于发放与出海的渔民和商人。

无论是在浙直沿海长江出海口、舟山一带,还是在闽海一带,只要购买郑成功及其属下的牌票,便可安全出洋。郑成功授予镇将发放牌票的权力,并严加监察,使得"牌饷"的所得能够充实海上政权的财源。更重要的是,东南沿海的渔民和商人出海,再也不受"定额船引"的限制,顺应海上活动群体的需求。

第三节　Gampea 身份考略

17 世纪 30 年代,有一位穿梭于台海两岸的重要华人,荷兰文献中称之为 Gampea(或记为 Gamphea)的,是郑芝龙的"御用商人",负责郑芝龙与当日占据大员之荷兰人的贸易往来。到了 17 世纪 50 年代,这位 Gampea 又代表郑成功写信给荷兰人说明其对大员的态度。Gampea 的重要性早已引起前贤学者的注意,但对于其中文名字及身份,却迟迟难以确认。台湾史专家杨彦杰先生认为 Gampea 是郑成功的部将洪旭②;而台湾学者翁佳音、江树生等,则倾向认为是安海商人颜伯爷③,但生平事迹亦不明。近年来,这一时期荷兰文献的进一步翻译、整理出版,为辨析 Gampea 的身份提供了新的线索。

---

① 《李栖凤题为饶平战后郑军退回闽省事本(顺治十二年六月二十五日)》,载《郑成功满文档案史料选译》,第 137 页。

② 参见杨彦杰:《郑成功部将 Gampea 考》,载方友义主编:《郑成功研究》,第 505 页。

③ 参见翁佳音:《十七世纪的福佬海商》,汤熙勇主编:《中国海洋发展史论文集》第七辑上册,台湾"中央研究院"中山人文社科所 1999 年版,第 75 页;江树生译注:《热兰遮城日志》第四册,第 69 页。

一、Gampea 非洪旭

杨彦杰先生主要依据的荷兰文献,是较早由日本学者翻译为日文的《巴达维亚城日志》,其中记载了 17 世纪 30 年代 Gampea 作为郑芝龙的主要商人,代表郑芝龙与荷兰人进行贸易活动的情况。巴达维亚是荷兰东印度公司总督的驻地,其关于大员的信息主要来自大员商馆的信件,因而这一部分记录也见于大员荷兰商馆的日常活动记录——《热兰遮城日志》同时间的记载,并且更为详细。以下是《热兰遮城日志》关于 Gampea 在 17 世纪 30 年代活动的部分记载,为便于分析,择要摘录如下:

一、1631 年 4 月 5 日。上席商务员特劳牛斯得到一官的许可及议会的同意,带着四千四百里尔,搭一艘戎克船留在厦门前面进行交易,他已经在那里出售比预定多出五、六百担胡椒,以交换商品或以现款每担 10.5 两银的价格卖给一官及 Gampea 了。①

二、1631 年 11 月 7 日。关于前一阵子通告禁止跟我们通商的告示,中国人证实,那是奉军门之令公布的,因此禁令除了 Gampea 和 Bendiock 以外,没有商人敢来大员和我们交易,这两个人显然取得军门的许可,可以来大员跟我们交易……②

三、1632 年 10 月 7 日。Gampea 和 Bendiock 代表一官要来接受总督阁下的信件与礼物及檀香木。③

四、1632 年 11 月 11,12,13,14,15 日。又买到一些糖、生丝和黄金,但数量不多,因为商人 Gampea,Bendiock 和其他人,直到现在都是用一官的名义,以及在一官的默许下,来跟我们交易的……④

五、1634 年 12 月 30 日。跟公司多年交易盈利的商人 Gampea 与 Bendiock 的戎克船,本来已经装好四五百担的丝与其他货物,准备要来

---

① Voc 1102,fo.583,《热兰遮城日志》第一册,1631 年 4 月 5 日,第 43 页。
② Voc 1105,fo.230,《热兰遮城日志》第一册,1631 年 11 月 7 日,第 60 页。
③ Voc 1105,fo.235,《热兰遮城日志》第一册,1632 年 10 月 7 日,第 74 页。
④ Voc 1109,fo.208,《热兰遮城日志》第一册,1632 年 11 月 11—15 日,第 77 页。

大员,但因军门下令调用所有戎克船(为要用来对付海盗刘香),因此又卸下所有货物。①

杨彦杰先生引用的另一则主要材料,来自 C.E.S《被忽视的福摩萨》的记载:1660 年,从四月十九日到二十五日,一只艍仔船和七艘中国帆船从厦门开到台湾。……这些船只还带来了国姓爷官吏名叫 Gampea 的写给长官的一封信,信中说:他听说福摩萨谣传国姓爷要对公司采取敌对行动,陷于恐慌和混乱,感到很惊奇;他为了主人的名誉,有责任郑重声明,上述谣言完全不确实,国姓爷绝无攻打台湾之意,因为他认为这个地方并不重要,不值得为此而劳民伤财;等等。这位中国官吏想用这种办法来哄骗长官,是国姓爷的计划不致外泄。但揆一长官绝不会轻易上当,信以为真。②

杨彦杰先生据上述材料指出,Gampea 是一名商人,贸易据点在厦门;代表郑成功给荷兰人写信,足见其在郑氏家族中身居高位;与荷兰人早有生意交往。而郑成功的重要部将洪旭,自小经商,也是早期跟随郑芝龙的下属之一。③ 以上几点无疑都是准确的,但仅以这几点显然还不足以判断此人便是洪旭。因郑成功的部下多自有船只出海贸易,而身居高位的也非洪旭一人,洪旭与荷兰人的交往,也难以找到直接证据。

并且奇怪的是,在 1634 年以后,荷兰文献中就不见 Gampea 的记载,直到 1656 年才又出现,新近翻译出版的《热兰遮城日志》第四册中记载了这条重要的信息:

1656 年 5 月 19 日。有两艘戎克船从澎湖来到此地,搭 16 个人,没有载货。

我们从这两艘戎克船当中一艘属于厦门的官员 Gampea 的戎克船,收到这个官员用中文写给此地长官阁下的一封信。这封信,长官阁

① Voc 1104,fo.42,《热兰遮城日志》第一册,1634 年 12 月 30 日,第 141 页。

② Ces:《被忽视的福摩萨》卷上,载厦门大学郑成功历史调查组编:《郑成功收复台湾史料选编》(增订本),第 132 页。

③ 参见杨彦杰:《郑成功部将 Gampea 考》。

下打开,并经翻译之后得知,有两个主要的部分:第一个部分是相当详细的礼貌性的恭维话,以及对长久没有来信问候叙旧的歉意,并解释他之所以疏忽跟长官阁下多年的友谊,未能修函通讯,是因为他这一大段时间,被他的亲王,即官员国姓爷,派去很远的北方担任戎克船的稽查官,现在他已经从那里回来,他认为那种久疏问候的情况将可获得改进了。

这封信的第二部分是,恳求我们准许他的戎克船装运白糖和黑糖,并且让该船免税出口运回中国,这恩宠厚意,他对长官阁下将感激不尽。①

根据这条材料,Gampea 自己说明,他在 1656 年五月之前曾被郑成功派去"很远的北方"担任讯守的官员。但从洪旭活动的以下三条记载来看,与这位 Gampea 的活动并不符合:

一、庚寅(1650)四年,永历在肇庆。春、正月,大将军入潮阳。赐姓引兵将至潮阳,知县常翼风以城降;令洪旭驻镇其地。②
二、辛卯(1651)三月初十日(乙酉)命忠振伯洪旭管理中左。③
三、乙未(1655)夏五月,成功遣忠振伯洪旭、北镇陈六御取舟山。④

以上记载可见,在 1650 年左右直到 1655 年,洪旭都是在厦门一带活动。1651 年甚至被郑成功任命管理中左所。既然在厦门,又有商船贸易,何以不见荷兰人记载?并且,与 Gampea 的自述"被派去很远的北方"显然也不相符。

事实上,在荷兰文献中,洪旭应是被称为"Angpignia"的"洪兵爷",在1650 年以前的荷兰文献中并无洪旭的记载。1655 年,郑成功"委户官洪旭

① Voc 1218,fol.226v,《热兰遮城日志》第四册,1656 年 5 月 19 日,第 69 页。
② 夏琳:《闽海纪要》卷一,第 18 页。
③ 李天根:《爝火录》卷二十一,第 1104 页。
④ 邵廷采:《东南纪事》卷十一,《郑成功》(上),第 138 页。

任水师右军",因此荷兰人称之为"兵爷",是合理的。1656 年 8 月 3 日。由于受郑成功禁航大员的影响,荷兰船务官 Auke Pitersz 被大员荷兰长官派到澎湖一带打探消息。这位船务官报回大员的信息,荷兰人记载如下:

> 他在澎湖没有看见成群的可疑戎克船,只看到那里有四艘戎克船搭载着官员 Angpignia(洪兵爷)的兄弟,名叫 Angpea(洪伯爷)的,他被国姓爷派来那里,按照往年的惯例在那里征收十一税。他在那里听说,在厦门,官员 Sammia(三爷)被关进监牢了,因为他装备一艘戎克船去马尼拉,官员 Gampea 也被关进监牢……①

这里出现的三个人物,一是 Angpignia,二是 Angpea,还有 Gampea。前两者《热兰遮城日志》的译者江树生译为"洪兵爷"和"洪伯爷",其实就是洪旭和洪暄兄弟。而此二人与 Gampea 显然不是同一人。洪暄长期在澎湖任职,郑成功进军台湾时,曾"令镇守澎湖游击洪暄前导引港"。据《热兰遮城日志》1651 年 4 月 16 日的记载"该官吏 Angja 是大官国姓爷派去担任金门的地方首长"②来看,洪暄可能于永历五年便被郑成功派到澎湖,对澎湖与台湾西部一带极为熟悉。此外,杨彦杰先生指出的 Gampea 的荷兰语读音近似"洪伯爷",但洪旭在 17 世纪 30 年代尚未封伯,难为佐证。

1657 年 6 月 13 日,郑成功召集重要幕僚商议何斌求解大员禁令一事,其幕僚中成员就有 Ampigja,江树生译为"洪兵爷"③,与前文对照及从身份和读音来看,均是洪旭无疑。

因此,Gampea 极不可能是洪旭。

二、Gampea 与陈辉

那么,郑成功帐下大将,谁曾被派往北方? 1652 年以前,郑成功主要在厦门、金门及广东沿海一带活动,因浙直一带尚有张名振一军,颇有实力。

---

① Voc 1218,fol.263r,《热兰遮城日志》第四册,1656 年 8 月 3 日,第 111 页。
② Voc 1183,fol.683r,《热兰遮城日志》第三册,1651 年 4 月 17 日,第 205 页。
③ Voc 1222,fol.164r,《热兰遮城日志》第四册,1657 年 6 月 13 日,第 190 页。

直到 1651 年,舟山为清军攻破,1652 年张名振及所拥鲁王被接到厦门,并入郑成功军,郑成功的实力才开始向北方拓展。在郑成功的重要部将中,有一位在 1653—1656 年一直在浙直沿海活动,相关史料记载如下:

一、永历七年(1653 年)三月,藩驾驻中左。遣前军定西侯等水师恢复浙、直。先时,定西启曰:"名振生长江南,将兵数十年,今虏各处兵将,多系旧属。兹金酋既并力于闽,势必空虚浙、直,我以百艘,乘此长风破浪,直入长江,号召旧时手足,攻城掠野,因时制宜,捣其心腹,虏无暇南顾,藩主得以恢复闽省,会师浙、直,可指日待也。"藩从而遣之。并遣忠靖伯陈辉、中权镇黄兴、护卫右镇沈奇、礼武镇林顺、智武营蓝衍、后镇施举等一齐进入长江。①

二、永历八年(1654 年)三月,定西侯张名振、忠靖伯陈辉师入长江,夺战船百余艘,入天津卫,焚夺粮船百余艘。②

三、永历九年(1655 年),赐姓以抚局不就,分兵与定西侯张名振、忠靖伯陈辉等会师入长江,捣其腹心。以水师右军洪旭为总督,以原北镇陈六御为五军戎政,总制六师,率兵北上。③

可见,自 1653 年被郑成功指派、跟随张名振进入长江以来,陈辉一直在长江一带活动。到了 1655 年,以抚局不就,派洪旭等北上与陈辉会师,这段时间,陈辉在长江口、舟山一带活动,而洪旭在厦门一带活动。

陈辉何许人也?在众多郑成功研究的论文、专著中,这是一位不起眼的人物,并且当前也无专文论述。

笔者所见当前最早的关于陈辉的记载,是《游难录》中《平国公郑芝龙传》:

李习者,闽之巨商也……会习死,芝龙尽以之募壮士,若郑兴、郑

---

① 杨英:《先王实录》,陈碧笙校注,第 53 页。
② 彭孙贻:《靖海志》卷二,第 31 页。
③ 阮旻锡:《海上见闻录》卷一,第 18 页。

明、杨耿、陈辉、郑彩等皆是。①

在乾隆年间的《海澄县志》中,笔者找到了这位陈辉的传记:

　　陈辉字燦珠,明崇祯间以将材为石美营哨官,从破刘香有功,升福宁州守备,迁舟山参将转镇江,挂镇南将军印,左都督太子太保,封忠靖伯。辉为将不恃勇,数以智取胜,温恭下士,士有酗酒骂座者不校也,以此称长者。本朝定鼎,威德南被,时多改帜北向者。辉曰:"节未可失也!"逃诸海,将二十年。乡里烽炽,民生皇皇,辉幡然曰:"时不可违也!"遂率所部内附。总督李率泰见之喜甚,征伐必俱,从平三岛而闽安之役悉用其策,竟以成功。率泰曰:"真宿将!"请于朝,授慕仁伯。趣入见,竟以积劳成疾未及行而卒。②

海澄自明中叶以来便是海商的聚集地。陈辉是海澄人,出海求发展再正常不过。郑芝龙早期在长崎和台湾之间的海上活动,招募的无疑也是出没风涛、熟悉海上事务之人。从《游难录》记载可知,陈辉是最早跟随郑芝龙的下属之一。郑芝龙受抚明廷以后,陈辉正直年富力强,作为心腹代理郑芝龙的商船贸易,合情合理。

前文可知,1634 年征讨刘香之时,郑芝龙调用了 Gampea 的商船。而《海澄县志》记载陈辉"以将材为石美营哨官",在海上打探消息,时间上十分吻合。在明代档案中的《海寇刘香残稿一》中,也提及此事:

　　目兵与渔民,凡有功者,悉载在册,各应优赏。其袁德自为一队,辉蔡进福、高隆、苏福、周新、唐荣、陈辉、庄应春、林毅然,夺获十三舍大乌

　　① 张遴白:《浮海记》,"平国公郑芝龙",《台湾关系文件集零》第二册,《台湾文献丛刊》第 309 种,台湾银行经济研究室 1972 年版,第 14 页。
　　② 陈锳:《海澄县志》卷之十三,清乾隆二十七年刻本,《中国方志丛书》第 92 号,台湾成文出版社 1968 年版,第 137 页。

船,俘斩极多,劳绩盖亦难泯。①

显然,陈辉在剿灭刘香的战斗中表现出色,升福宁州守备,后来又升舟山参将转镇江。舟山也是东南沿海的重要港口,镇江则是长江下游的重镇。在这几个地方任职,无疑发挥了陈辉在海上的优势。而陈辉自 1634 年起开始了其军官生涯,正可解释何以在此之后荷兰人的记录中不见 Gampea 的记载。

清军南下以后,陈辉参与了 1644—1646 年的抗清活动:

一、(宏光元年)十二月,金声桓兵陷抚州,郑彩不之救;张家玉切言之,下诏严责,迄不惧。右佥都御史陈泰来以兵取上高、新昌、宁州(详"义旅"),进围瑞州,不克;遂取万载。声桓攻之,新昌守者以城叛。泰来走界埠,攻抚州,败死(详"义旅")。声桓东至许湾,张家玉结陈辉、蔡钦、林习山三道御之。②

二、(顺治二年)十一月十五日,监军张家玉退大清兵于许湾,家玉约陈辉、林习山、蔡钦三道会许湾。③

陈辉、林习山都是郑芝龙的老部下,也都跟随郑成功。随后,郑芝龙迎绍宗入闽,隆武元年"封平国公部将洪旭为忠振伯、张进忠匡伯、林习山忠定伯、陈辉忠靖伯"。④ 陈辉与洪旭、林习山等一同受封,封号为"忠靖伯",地位实不在洪旭之下。

而后郑成功起兵之时,陈辉是首批追随者,并在军中担任重要的位置。相关史料记载如下:

---

① 《海寇刘香残稿一》,《明清史料乙编》第七本,第 688—700 页。

② 倪在田:《续明纪事本末》卷八,"江西之乱",载《台湾文献丛刊》第 133 种,台湾银行经济研究室 1962 年版,第 202—203 页。

③ 邵廷采:《东南纪事》卷一,第 9 页。

④ 夏琳:《海纪辑要》卷一,第 2 页。

一、与所善陈辉、张进、施琅、施显、陈霸、洪旭等盟歃愿从者九十余人，乘二巨舰断缆行，收兵南澳，得数千人，文称"忠孝伯招讨大将军罪臣朱成功"。①

二、以洪政、陈辉为左右先锋镇，杨才、丁镇为亲军镇，郭泰、余宽为左右护卫镇，林习为楼船镇，柯宸枢、杨朝为参军，杜辉为协理；移军澎屿，练士卒，聚船艘，往来海上以观变。②

上文说明，陈辉在1653年受郑成功派遣随张名振前往浙直沿海活动，显然与其于崇祯年间在舟山任职，熟悉浙直沿海有关。1656年即永历十年，清郑双方在舟山大战，《先王实录》记载：

（永历十年八月）是月二十六日，虏水师大小五百余船进犯舟山，陈总制、阮英义等率战舰五十余号战与。时我师占据上风冲顺犁，大败虏船，虏随退回，我师全胜，回舟山。

二十七日，虏又令师来犯，意在诱敌，且占且退，我师误中其计，直追而进，至定关口，水流涌急，虏遂拥合交锋，我师少却。陈总制遂呼英义伯二舟率先冲破其艌，缘不知水势，二舟被流水拥拖而入，挽掉不进。虏认知为先锋、总制之舟，合力奇攻，铳矢如雨，总制知不支，望南拜毕，蹈海而死。阮英义亦知深入无援必死，将船中火药铳器齐发，自焚其舟，虏船被击沉二只，虏兵亦死不计。虏师遂克舟山，迁移其民，拆坏其城。张鸿德亦战没阵中。③

此战清军夺取舟山，郑成功部将陈六御等战死，却不见陈辉的记载，便是因此时陈辉已回到厦门。从升任舟山参将起，到1656年给荷兰人写信为止，陈辉大部分时间是在北方活动的，符合其信中在北方长期活动的说明。因此，陈辉不仅满足前述杨彦杰先生提出的Gampea的所有条件，在具体时

① 郑亦邹：《郑成功传》卷上，第5页。
② 邵廷采：《东南纪事》卷十一，第133—134页。
③ 杨英：《先王实录》，陈碧笙校注，第140页。

间与行动上，与 Gampea 的活动也是吻合的。

而从读音上来说，由于时过境迁，已难以准确还原 Gampea 的读音。并且出海的闽南人，常常以外号示人，这无疑增加了辨析 Gampea 的难度。以荷兰人记载来看，Gampea 有时又被记为 Gamphea，热兰遮城日志则倾向译为"颜伯爷"。值得一提的是，巴达维亚城日志的中译者曾将之译为"颜辉亚"①，在闽南语发音中，"颜"和"陈"的发音是非常接近的。因此，就读音而言，Gampea 是荷兰人对陈辉的音译，也是很有可能的。

1656 年以后，陈辉回到厦门一带活动，也随郑成功南征北战。1659 年，郑成功败走南京，攻崇明不下，"九月，攻宁波，皆不克。攻舟山，入之，守以陈辉、阮美、罗蕴章；寻去"。陈辉熟悉舟山一带的形势，因而留守。但随后由于清军大举犯厦门，陈辉也随即回到厦门备战。

1660 年，清将达素与郑成功大战于厦门湾一带。《先王实录》记载：

初十早辰时，漳港房船大小四百余号乘潮直犯圭屿。藩见房舟至，我潮势□□泛未顺，遣陈尧策传令，不准起碇，泊定一条鞭与之打仗，候潮平风顺，有令方准驾驶冲杀。时忠靖伯陈辉同闽安侯周瑞坐驾领作头叠首冲，同援剿右镇下杨元标铳船泊在上流，房船数十只乘顺风顺流前来冲犯，二□□无令不敢起碇相援，房拥攻二船，众寡不敌，杨元标铳船俱死之，[□]杀相当，后被□□坐忠靖伯一船官兵与之死敌，矢石如雨，闽安侯□□而死。陈尧策传令至船中，亦战死。惟忠靖伯陈辉入官厅内，满房蚁拥上船，辉令列火药从下发上，与之俱焚。②

《先王实录》此处之记载，令读者以为陈辉在此战中已死，但考察记载此战的相关史料，陈辉其实侥幸脱身：

成功令五府陈尧策传令诸将碇海中流，按军不动，扬徽而鼓；令未

---

① 《巴达维亚城日志》第一册，1632 年 11 月，第 81 页。
② 杨英：《先王实录》，陈碧笙校注，第 233—234 页。

毕,呼吸之间漳船猝至。诸将仓猝受命,莫敢先发;闽安侯周瑞为我兵所乘,与尧策死焉。陈辉举火,满兵高跃,舟乃得出。①

　　陈辉一船,满兵蜂拥而上;辉走入官舱,发火药从下冲上,船火飞烈,满兵在船上者俱死。其船未沉,为官兵夺回,陈辉得活。②

　　陈辉免于此难,才有了上文其1660年给荷兰人的信。此后,在郑成功东征台湾之时,又受命保护军属家眷。但随着郑成功的去世,海上政权的形势大变:

　　夏六月,经使刘国轩护辎重东渡,鸣骏力劝泰见经,经与之语及成功,相持恸哭,且谆属经理两岛事。越日,置酒邀泰,酒半,经掷杯,左右缚泰出,与昭书示之;泰急切不能自明,遂缢杀之,遣全斌籍其家。鸣骏及泰子缵绪、陈辉、杨富、何义、杨来嘉、蔡鸣雷等文武四百余员、海舰二百余艘、士卒数万奔泉州纳降;封鸣骏遵义侯、缵绪慕恩伯,余各授职有差。③

　　海上政权的继承问题引发了一系列的派系斗争。陈辉也无奈投降清廷,转而成为清廷与海上政权抗衡的重要力量。

　　查康熙二年间进取厦门等岛,破贼之时,虽闽省共有兵六万余名,彼时地方全盛,海澄未失,舟师齐备,兼水兵操演熟练,尚有海澄公黄梧、遵义侯郑鸣骏、慕恩伯郑缵绪、慕仁伯陈辉,总兵杨富、何义、郭义、蔡禄、杨学皋等,共约计兵二万四千余名,共船四百六十余只,更有零星投诚官兵船只,皆系惯习海战之水兵,尚调红毛彝船并经制大小战船将及千只,共图夹攻。④

① 郑亦邹:《郑成功传》卷上,第18页。
② 阮旻锡:《海上见闻录》卷二,第34页。
③ 沈云:《台湾郑氏始末》卷五,第58页。
④ 杨捷:《平闽记》卷四,第111页。

上文所引《海澄县志》对于陈辉在海上的活动，与郑成功、郑芝龙的关系只字不提，但在大事件上，与本文梳理的陈辉的经历是非常相符的。陈辉在少壮之时约1624年受郑芝龙招募，年龄可能在20岁上下，而到康熙二年以后"以劳成疾"，大致应在60岁左右，也均合情合理。

三、小结

Gampea的身份长期不明，《郑成功复台外记（被忽视之台湾）》在Gampea的中译注解中，曾注曰"Gampea（甘伯）何人，不可考。事亦不见中国载籍"。[1] 笔者推断Gampea为陈辉，主要从此二人具体时间的具体活动来判断。陈辉作为郑成功的部下，在抗清的战斗中也不如甘辉、洪旭等为人所熟知。但Gampea与郑成功的关系，起码有以下几点值得注意：

第一，郑成功何以与陈辉相"善"？从郑成功1631年回安平到1641年这段时间，关于郑成功的记录甚少。也不能排除他与陈辉曾在1644—1645年的抗清斗争中并肩作战的可能，但当前尚无史料明证。史载郑芝龙在灭刘香之后，"以洋利交通朝贵，寝以大显，泉城南三十里，有安平镇，龙筑城，开府其间。海舶直通卧内，可泊船，竟达海"。[2] 而陈辉（Gampea）此时为郑芝龙重要商人，频繁出入其间，与郑成功相熟的机会是很大的。郑成功七岁自日本初回安海之时，"每东向而望其母，辄掩涕"。对于孩提时代的郑成功而言，出没海洋的陈辉不仅可能带来关于其母亲的消息，海外的见闻也是容易引起郑成功兴趣的。更重要的是，陈辉商船活动的经历，对郑成功对海上贸易的认识可能也有重要的影响。

第二，中文史料记载陈辉随张名振进入长江，名为牵制清军，其实还有更重要的任务。按陈辉自己所说，被郑成功派去"很远的北方担任船只的稽查官"。郑成功控制厦金以来，便派商船出海贸易，也鼓励私人船只出海，发给令牌，收取税收。东南沿海往东西洋的出海口，除了厦门湾一带，便是浙直沿海的舟山、宁波一带。控制这两个地区，相互呼应，基本就控制了

---

① Ces：《郑成功复台外记（被忽视之台湾）》，李辛阳、李振华译，台北中华文化出版事业委员会1954年版，第79页。

② 林时对：《荷牐丛谈》下册，卷四。

东西洋贸易和东南沿海的渔业活动。因此,当张名振想向北活动时,郑成功不仅大力支持,还派出了熟悉海上贸易事务、最早最随他的陈辉同去,其用意可知。《热兰遮城日志》1656 年 8 月 3 日记载:

> 他(来自厦门的商人)在那里听说,厦门,官员 Sammia 被关进监牢了,因为他装备了一艘戎克船去马尼拉,官员 Gampea 也被关进监牢,因为他对征收关税没有照规定确实征收,而且因为他发通行证让人前去不准去的地方,要不是有其他官员和平民出来威胁说,若国姓爷不肯释放 Gampea,他们要起来攻击国姓爷把他杀死,那么 Gampea 早已被国姓爷下令斩首处死了。因此,那边的人发生了很大的痛苦争执。①

此事乃荷兰人通过厦门的商人得知,准确性难以确定。但陈辉拥有发放令牌的权力,将郑成功海上政权的权力从事实上贯彻到浙直沿海,实为郑成功海上政权组织、运作的重要环节。在郑成功的商业—军事复合政权中,陈辉的重要性不言而喻。

---

① Voc 1218,fol.263v,《热兰遮城日志》第四册,1656 年 8 月 3 日,第 111 页。

第三章　东亚海域的角逐

郑成功的海上政权,在东亚海域与荷兰东印度公司产生了激烈的冲突。台湾西部沿海、东南亚港市以及日本长崎,都成为郑荷双方的角力场。东亚海域的航行权也是双方争夺的焦点。大员的争夺,则将郑荷双方的竞争推向高潮。

第一节　魍港的争夺

起初明廷对于东南沿海的渔民,采取设置与内地相同的"河泊所"来管理。以广东沿海为例,嘉靖《香山县志》载:"河泊所,洪武二十四年额,蛋户六图,里甲如县制,有大罾、小罾、手罾、罾门、竹箔、篓箔、滩箔、大箔、小箔、大河箔、小河箔、背风箔、方网、辏网、旋网、布口、竹口、鱼蓝、蟹蓝、大罟、竹篊等户,一十九色二千六百二十户。每岁县差甲首一户赴所办纳各色课程。"①

何乔远的《闽书》则记载:

> 朝始立河泊所以榷沿海渔利,凡舟楫网技不以色艺自实没之。洪武中,遣校尉点视递以所□为额定纳课米,其后渔户逃绝者多,额定课米皆责见存人户办纳不敷,乃有折征之令,每米一石半纳本色五斗、折色五斗为银二钱五分,人尚以为病。弘治七年巡按御史吴一贯奏准不

---

① （明）刘梧:《（嘉靖）香山县志》卷三,书目文献出版社 1991 年版,第 332 页。

分本折色通征银三钱五分,渔民乃得苏息。①

　　将渔民"编户齐民"来课税,不管在制度的设计还是具体的操作上,都有巨大的缺陷。让渔民输纳粮食或是折征白银,容易损害渔民的利益。沿海地区渔民在渔期出海捕鱼,受气候、洋流等自然条件影响,行踪难以固定化,"河泊所"对渔民的控制便难以实现。沿海的"疍民"长期生活在船上,对于规避明廷的征税也更加容易。因此,"河泊所"在东南沿海很快失去效力。早在洪熙元年(1425),"福州府连江县河泊所鱼课一百五户皆绝,其课米二百五石四斗无征,乞除免,上皆从之"。②

　　渔户逃绝,将课税摊到其余沿海生民身上,有失公允,也反映了明廷失去了对渔民的控制。此后,东南海氛逾炽,明廷禁海时有发生。管理渔民的权力落到边防将官手中,滋生各种弊端。天顺二年,英宗曾敕责备倭中军都督府都督金事翁绍宗曰:"嘉兴乍浦河泊所岁进黄鱼系旧制,近年以来因尔不许渔船越境出海,又令官军擒拿以致不得采捕遂缺供。荐先已取尔招服,尔宜自咎遵奉朝命省令所辖官司毋得阻滞顾,乃全不关心。今岁渔船又被拦截索钱,不得采捕,及船户具告前情,自知阻误,虚词安奏遮掩已过。朝廷托尔以边方重寄,当输忠效勤,正己率人,尔乃恣意贪黩,不才怠慢,论法实难容恕。今复从宽且不拿问,罚俸一年,令尔自省,若再恬然不改,阻误岁进,自取祸败决不可逃。"③

　　万历《明会典》记载福建河泊所的革除:

福建布政司

福州府

闽县　河泊所

罗源县　河泊所

连江县　河泊所

---

① （明）何乔远:《闽书》卷之三十九,明崇祯刻本。
② 《明宣宗实录》卷十,洪熙元年十月丙寅。
③ 《明英宗录卷》卷二百九十三,天顺二年秋七月甲寅。

　　长乐县　河泊所【以上万历九年革】

　　邵武府

　　邵武县　河泊所

　　光泽县　河泊所【以上久革】

　　建宁府

　　瓯宁县　河泊所

　　崇安县　河泊所【以上嘉靖十年革】

　　延平府　河泊所【嘉靖四十五年革】

　　沙县　河泊所【正德十四年革】

　　将乐县　河泊所【嘉靖二年革】

　　兴化府　河泊所【嘉靖十年革】

　　莆田县　黄石河泊所

　　莆田　河泊所

　　莆禧　河泊所【以上嘉靖四十二年革】

　　泉州府

　　同安县　河泊所

　　惠安县　河泊所【以上万历九年革】

　　福宁州

　　宁德县　河泊所【嘉靖十年革】①

　　如上，到了万历年间，河泊所几乎革除殆尽。隆庆年间开放月港以后，明廷对出海捕鱼的渔船发给船引，征收引税。《天下郡国利病书》载："凡贩东西二洋鸡笼、淡水诸番及广东、高雷州、北港等处商渔船引，俱海防官为管给。每引纳税银多寡有差。名曰税引。东西洋每引纳税银三两，鸡笼、淡水及广东引税银一两。其后加增，东西洋税银六两，鸡笼、淡水银二两。万历十八年，商渔引归沿海州县给发，番部仍旧。"②

----

　　①　《大明会典》卷三十六，课程五"鱼课"。
　　②　顾炎武：《天下郡国利病书》，原编第二十六册，福建，"洋税考"，《续修四库全书》五九七·史部·地理类，上海古籍出版社2013年版，第292页。

曹永和先生在其《明代台湾渔业志略》一文中，曾指出"有明一代，台湾地区已是闽南渔户的渔场，最先是到澎湖，以后逐渐扩展到台湾本岛。在明代末叶，闽南渔户对于台湾西岸，已非常熟悉"。① 对于这一群体的征税，由明入清的文士姜宸英也有与顾炎武类似的记载："先是隆庆初年。福建巡抚涂泽民请开海禁。准贩东西二洋。万历初巡抚刘尧诲请舶税充饷。岁以六千两为额。于时凡贩东西洋鸡笼、淡水诸番及广东高雷州香港诸处。商渔船给引名曰引税。"②鸡笼、淡水的渔引发放与东南沿海地区相同。

以引税代替河泊所，令沿海州县和海防官来掌握发放船引的权力，更为合理。如本书第二章指出，郑成功建立海上政权，行使南明剩余公权力，在法理上也继承了这项征收渔税的权力。前文中清廷抓获的"渔户朱云、朱盛等联舸私出外洋"，就要"谋买贼旗"。郑成功的令旗成为东南沿海渔民出海捕鱼的许可证。

但另一方面，荷兰人认为大员是荷兰东印度公司的领地，他们理应在大员行使"主权"。并且17世纪30年代以后，荷兰人已经形成了一套针对中国沿海渔民往大员附近渔场捕鱼的征税制度。在《热兰遮城日志》零星的记载中，大致可窥其端倪：

一、1632年12月7日。有6艘渔夫的戎克船出航前往南部，有45艘渔夫的戎克船从中国来，大部分都载着盐、渔网和其他捕鱼的日用品。③

二、1632年12月18日。戎克船打狗号与新港号去南部保护渔夫们，也另有两艘一起去南部捕鱼。④

三、1633年1月14、15日。有二十一艘渔夫的戎克船出航前往中国沿海，下午有十八艘渔夫的戎克船从南部来，载约一万五千条乌鱼。

① 曹永和：《明代台湾渔业志略》，载《台湾早期历史研究》，第173页。
② 姜宸英：《日本贡市入寇始末拟稿》，《皇朝经世文编》卷八十三，"兵政十四"，"海防上"。
③ Voc 1109，fo 208，《热兰遮城日志》第一册，1632年12月7日，第79页。
④ Voc 1109，fo 208，《热兰遮城日志》第一册，1632年12月18日，第79页。

戎克船打狗号护送他们回来以后，立刻又去南部，要去护送剩下的渔夫的戎克船。①

四、1636 年 11 月 25 日。有 17 艘戎克船持合适的通行证出航前往打狗，要去那里捕乌鱼。②

五、1637 年 1 月 31 日。今天也决定，为要稍微填补公司因建造城堡、驻军，以及在福尔摩沙的乡间的沉重开支，从今以后，将征收鹿皮、山羊皮、羌皮的出口十一税，这事将公开张贴公告，令众周知。③

六、1637 年 2 月 20 日。今天两艘戎克船从南方结伴前来此地，经查看到船里有 2000 尾乌鱼，微量的鱼卵和盐，乃从这些收取十一税。④

从上述记载中，可以看出中国人前往打狗、魍港等地捕鱼，先到大员领取捕鱼的通行证，收获以后再回到大员上缴十一税。荷兰人对渔民的十一税此后也由中国人承租，曹永和先生指出由于乌鱼的特殊性并未在承租范围以内，但根据《热兰遮城日志》的记载，似乎在 1639 年以前，对乌鱼的征税并未特殊化，与曹氏的结论稍有不同。1639 年 12 月 20 日的《热兰遮城日志》记载：

今天，下列已经出租的公司权利，因为中国人相互妒忌，标示愿意付出更多的租金。因此重新标租一年，结果如下：

Coyongh 承租公司因十一税而取得的新鲜乌鱼　4 又 1/8 里尔每 coyang（约 30 担）

Sianghij 承租公司因十一税而取得的腌好的乌鱼　3 又 1/8 里尔每 coyang⑤

----

① Voc 1109, fo 211,《热兰遮城日志》第一册，1633 年 1 月 14、15 日，第 81 页。
② Voc 1123, fo.840,《热兰遮城日志》第一册，1636 年 11 月 25 日，第 272 页。
③ Voc 1123, fo.855,《热兰遮城日志》第一册，1637 年 1 月 31 日，第 286 页。
④ Voc 1123, fo.860,《热兰遮城日志》第一册，1637 年 2 月 20 日，第 292 页。
⑤ A.R.A, Coll.Sweers-Van Vliet nr.7, fo.43,《热兰遮城日志》第一册，1639 年 12 月 20 日，第 463 页。

1650 年 4 月 18 日的《热兰遮城日志》记载了荷兰人对台湾附近渔场的发贌信息：

魍港附近的 Pakonsin【北鲲身】	900
Lamcam	700
魍港附近的 Caya	500
Lamkia 和 Pohon	700
Cattiatau	800
Ouwangh	100
鹿耳门和 Caya	700
Ciauwangh	300（以上单位：里尔）①

"贌"即租，音译自荷兰语单词，即将大员的各种征税权交由中国人包办，收取贌金，避免由于荷兰人人手不足及直接与台湾原住民接触带来的麻烦。由上述记载可见，荷兰人基于对大员的实际控制，将台湾西部沿海的渔场都视为其势力范围。

如是，对于前往大员及其周边海域的中国渔民征税权的分歧，很快形成了郑成功与荷兰人之间的第一次直接交锋。永历五年（1651），郑成功在刚刚取得厦、金为基地的第二年，便派人向魍港的渔民征税。但此事很快被荷兰人发觉，《热兰遮城日志》1651 年 4 月 13、14 日记载：

> 根据一些秘密调查的结果，我们今天得到完全的消息，即两三天前有一艘戎克船从中国来此地魍港前面停泊，要来向这国家的属民，特别是向上述魍港一带的渔夫，收取年税。他们很多年来，在未取得尊贵的公司的租权与许可之下，向中国人征收年税。②

---

① Voc 1176, fol.1020，《热兰遮城日志》第三册，第 127 页。
② Voc 1183, fol.682v，《热兰遮城日志》第三册，4 月 13、14 日，第 204 页。

荷兰人认为向魍港的渔民征税年税,需要东印度公司的"租权"和许可,郑成功的行为显然侵犯了东印度公司对大员的"主权"。因此,他们对此事非常重视,就在获悉此时的当天便做出决定,4 月 15 日的《热兰遮城日志》记载了荷兰人的行动:

今晨派一个助理带领四个士兵去魍港,要去打听从中国来那里收取年税的那艘戎克船的情形,并特别命令他们要把上述那艘戎克船带来这港内,如果遭遇那些中国人反抗,可自 Vlissingen 的哨所提拨足可应付此事的士兵人数。①

荷兰人决心彻查此事。拘捕这艘帆船以后,荷兰人马上质问这位郑成功的部下,其中过程见于该年 4 月 16 日的《热兰遮城日志》记载:

今天下午,本月 14 日和 15 日所记载从中国来收税的那艘戎克船,被我们的士兵带来此地,并予以拘捕。我们质问该船的主管之后,发现实际情况比传说的还要严重。这是一件直到现在都没有人听过的事情(除了那些可怜的渔夫,因为他们若不缴税,就担心他们在中国的家属、亲戚和朋友会遭受危难)。被质问的该船主管,解释收税的理由说,他们于三十天前被他们的主人,官吏 Angja,派来这沿海的。该官吏 Angja 是大官国姓爷(现在是几个地方和厦门与安海城市的主人)派去金门的地方首长。他们来这沿海的目的,是要来按照古老的惯例,以及根据一项权利,来向上述渔夫收税,即曾经担任 Tsoutsieuja 的统治者大官 Siha(可能为 Lija 李爷)多年来对魍港一带的捕鱼的他的属民拥有征收年税的权利。后来该权利他以五百两精银卖给上述一官了。他们从所有的 coya 或捕鱼的戎克船,按照船只的大小征收二十两到四两精银。这种税收去年合计收到 340 两精银。这种征税直到目前未曾被我们所禁止,现在知道我们对此有所反对,所以他们相信,将来必将会被

① Voc 1183,fol.683,《热兰遮城日志》第三册,4 月 15 日,第 204 页。

他们的主人取消,等等。①

Angja 可能是郑成功的重要部下洪旭,音译为闽南语音"洪爷"。这位 Angja 的部下在荷兰人的质问下显然急于脱身,说此项税收"将来必将被他们的主人取消"一类的话先取悦荷兰人。但依此记载,这位 Angja 的部下应当受到指示,对这项税收的缘由有所了解。其言,这是一项"古老的惯例",即多年前一位 Siha(又记作 Lija,李爷)已经拥有这项权力,以后卖给了一官即郑成功的父亲郑芝龙。

荷兰人则认为,"这是一件直到现在都没有人听过的事情(除了那些可怜的渔夫,因为他们若不缴税,就担心他们在中国的家属、亲戚和朋友会遭受危难)",对此无论如何无法接受。1651 年 4 月 21 日,荷兰人在福尔摩沙议会中详细地商讨这问题,认为魍港渔民是"公司属民"这种收税是"敲诈勒索",因此决定将那艘戎克船继续拘捕在此地,并向大官国姓爷提出"强硬抗议他派船来此地收税,还特别要向他讨回自从荷兰人统治福尔摩沙以后他们不正常地来夺取的所有税金"。② 为此,荷兰人向郑成功发出抗议信,这封信的大致内容在 1651 年 5 月 5 日的《热兰遮城日志》记载:

今天写一封信寄去给安海与厦门省最高指挥官大官国姓爷,用以向他强烈抗议他不公正地直到现在来向这国家的渔民与属民强征税金,并且要他归还自从我们统治这岛屿以来二十六年间被他自己和他父亲从公司这领地偷取的钱,估计每年不下于 600 两精银,合计 15600 两精银。并告诉他,今年他为此目的又派来此地的那艘戎克船已被我们拘捕,在接获他的答复以前,无论如何,我们都不打算予以释放。因为这种全世界都没有理由的强侵夺取,我们不愿再忍受下去。对于我们属民在中国的家属亲戚或朋友不得有丝毫的干扰。因为我们将下令,禁止以后向前来我们国内的任何外来的人缴纳这类税金,违者重

---

① Voc 1183,fol.683v,《热兰遮城日志》第三册,4 月 16 日,第 205 页。
② Voc 1183,fol.687v,《热兰遮城日志》第三册,4 月 21 日,第 208 页。

罚，等等。

也趁这机会写一封信寄去给官吏 Angja，他是上述国姓爷派驻金门的地方首长，上述那艘戎克船就是他从金门派来此地征收这种不公正的税金的。我们告诉他，上述那艘戎克船已被拘捕，我们在收到大官国姓爷对此事令我们满意的谦虚的回答以前，将不予释放，因此请他 Angja 静待这一切的进行程序，以免旁生枝节。①

荷兰人认为，从 26 年前即 1624 年开始，这项税收的权力就应属于荷兰东印度公司。1651 年即永历五年农历五月，郑成功刚刚处置完厦门被清军马得功袭破一事，立即对荷兰人的抗议做出回应，在 1651 年 6 月 22 日的《热兰遮城日志》记载了郑成功回信的大意：

今天收到安海与厦门省的最高指挥官官员国姓爷的一封来信，用以答复我们今年 5 月 5 日的去信。他阁下在来信里告诉我们说，他向魍港渔民收税，是延续自古以来的惯例，并非他创新之事。八年前他父亲 Theysia（郑舍？郑芝龙？）向官员 Lya（4 月 16 日的日记记作 Siha）购得这权力，现在这权力转交给他了。那时渔夫通常都必须先在那边纳税，然后才取得许可来此捕鱼。但是自从那时以后，那些渔夫当中有些人因战争散失了，因此他许可别人来取代这些人的位置。并且，因为他们贫穷，允许他们来捕鱼一年后回去才纳税。现在他们来此数年了，还不回去缴税，因此他阁下认为应该从那边派一艘戎克船来收取上述税，等等。并写说，这是他自己的权力，跟我们毫不相干。并认为，我们对此事没有得知真情。因此请我们释放他那艘戎克船。如果不肯释放也无所谓，他会去找那些渔夫在中国的朋友、兄弟、妻子或孩子还清偿这些税款和（失去这艘船）的补偿。并且还写说，荷船在南澳搁浅时，他多么善待他们，因此认为我们跟他的友谊必将坚固不已，但是没想到，我们为了这么微小的金钱竟然要来撕破这友谊。如果我们不肯珍惜此

① Voc 1183，fol.691，《热兰遮城日志》第三册，5 月 5 日，第 211 页。

事,还要继续拘捕他这艘戎克船,因为商人与渔夫对他更为重要,所以他将因此而蒙受羞辱和损失,因此,在这种情况下,他将下令禁止他属下所有的戎克船和商人来通商,使大员的贸易完全停顿。①

　　郑成功解救南澳搁浅的荷兰船只,事在 1650 年。荷兰船只在南澳搁浅以后,水手被带到厦门,此后郑成功派船将之送回巴达维亚。信中又说,这项税收因中国方面的战乱而中断,在荷兰人的记载中也能够找到根据。1650 年 5 月的《热兰遮城日志》曾记载:

　　　　因为我们最近在此地听到中国商人抱怨了数次说,有一个大官 Sablackia,他是中国的厦门省区最高的首长,派一个官阶较低的官员名叫 Mausia 的,率领一些士兵来航澎湖,要来按照历年的惯例向那里的居民收税,因为他们自古就已经习惯向他们主人纳税。这个 Mausia 带领他的士兵也向几艘从中国沿海要航来此地途经澎湖的贸易戎克船收税,还有其他干扰的事情。因此,我们今天写了两封信,交给一个要航往澎湖的 caya 船带去交给上述那两个官员,每人一封信,向他们阁下劝告并请求放弃这种暴力又恶劣的作为,也不允许这条航线被弄成不安全的航线,又因为我们不能想象上述大官 Sablackia 知道上述欺压大员的贸易戎克船之事,因此请他好好调查实际去执行的那个人,并将调查结果尽快告诉我们。②

　　此时占据厦门应是郑彩和郑联,中国沿海形势混乱,他们无意和荷兰人发生冲突。《热兰遮城日志》1650 年 5 月 30 日记载了中国方面一封回信的主要内容:

　　　　我们从上述这艘戎克船收到派来澎湖的那个中国人的一封来信,

---

①　Voc 1183,fol.706,《热兰遮城日志》第三册,6 月 23 日,第 222—223 页。
②　Voc 1176,fol.1029v,《热兰遮城日志》第三册,1650 年 5 月 7—10 日,第 132 页。

用以答复我们上述于本月 10 日寄去的那封信。这封信的内容主要是说，他 Wangkockpit（这个人我们相信就是上述我们给他信的那个 Mausia）被他的叔父，即厦门的那个大官，派来澎湖视察该地的状况，并下达一切需要的命令，但他从未干扰过任何要航往大员的贸易戎克船（就像在我们的信里所指责的那样），更没有强迫他们纳税。出来前一阵子，有一艘戎克船来到澎湖，因携带的是一张不真实的，即错误的通行证，即只要从厦门航往澎湖的通行证，因此向他收取了一些罚款。①

此后，厦门方面的 Sablackia 又给荷兰人写信解释此事，1650 年 7 月 1 日的《热兰遮城日志》也有记载：

> 从上述中国沿海来的一艘戎克船收到大官 ablacia 从中国的一个城市厦门寄来的一封信，用以答复我们今年 5 月 10 日写去给他阁下的那封信，这封来信的主要内容说，他阁下诚心祝福他阁下的属民与荷兰人之间的贸易长久和平，双方都继续愉快满意地交易往来，不过因他阁下从我们的书信得知，有些因他的士兵在澎湖造成往来的贸易戎克船的不愉快事情，因此他将派代表去澎湖确实调查，如果发现那些人擅自对那些贸易戎克船有任何粗暴行为，必将处以死刑，因为他派他们去那里，只是要去向居住澎湖岛上的中国人征收年税。②

在此情况下，中国方面无论是占据厦门的郑彩还是控制金门的郑鸿逵等人，似无力向魍港的渔民征税。

前文所引郑成功这封信中关于这项税收的权力来源与上述其部下第一次被荷兰人质询时所说不同。对于这位"李爷"以及郑芝龙向他购买魍港税权一事，笔者认为有两种可能。

第一，上述材料中的"Tsoutsieuja"应指福建沿海一带的某地，而从

---

① Voc 1176, fol. 1035v，《热兰遮城日志》第三册，1650 年 5 月 30、31 日，第 136 页。
② Voc 1176, fol. 1048，《热兰遮城日志》第三册，1650 年 7 月 1、2 日，第 144—145 页。

"Tsou—tsieu—ja"的荷兰文读音来看,非常接近于闽南语发音的"小埕寨"。小埕寨是明景泰年间为防备倭寇设立的水寨,在连江县东百二十里,南接南日山,为连江门户,也是福建沿海距离台湾西部海岸最近的地区之一。并且,小埕寨所负责的最远汛地其实已经接近魁港一带。

万历年间曾任福建巡抚的黄承玄在一篇奏折《类报倭情疏》中曾称:"该臣(小埕寨把总)查得东涌虽在外洋,而亦小埕寨远哨所及之地也,追剿当无再计。"①东涌在竿塘以东的外海。在另一篇《题琉球咨报倭情疏》中,黄承玄又称"稍南,则鸡笼淡水,俗呼小琉球焉;去我台、礵、东涌等地,不过数更水程。又南为东番诸山,益与我彭湖相望"。② 也就是说,鸡笼、淡水等地据小埕寨的汛地不远。

碰巧的是,天启年间,小埕水寨也有一位姓"李"的把总,便是李应龙。这位李应龙在天启三年以后任小埕寨把总,天启五年六月小埕寨被"海寇"袭击,李应龙仓促迎敌致大败。此后明兵部提审李应龙,得悉此战细节:

> 应龙明知贼拥大众入寇,官军卒遇交锋,损伤被虏数十人之上者,俱问守备不设,被贼侵入境内虏掠人民本律,发边卫充军事例,又不合故违。时夜饮酒方醉,陡闻军民喊声,不思聚众固守,即轻身登舟,止带随行兵六船前去御寇。比天时昏黑,不能交锋。贼船随战随走。应龙追至竿塘大洋,被贼众三十余船,将应龙等船围住,放火烧毁船六只,并军器一百五十余件,火药旗帜悉被烧废无存,哨捕目兵刘应等121名被焚溺死,并将应龙虏去。③

天启七年李应龙由此事被定罪遭流放。而天启四年以后,郑芝龙已经在闽海一带颇为活跃,时时出没于福建沿海各汛,并且可能与东南沿海地区的海防官也有暗中的联系。此时往台湾西部沿海捕鱼的船引很可能由小埕

---

① (明)黄承玄:《类报倭情疏》,《明经世文编选录》,"附录"。
② (明)黄承玄:《题琉球咨报倭情疏》,《明经世文编选录》,"附录"。
③ 《兵部题"福建小埕寨把总李应龙允宜遭戍"残稿》,《清代官书记明台湾郑氏亡事》"附录",《台湾文献史料丛刊》第六辑,台湾大通书局1987年版,第41页。

寨把总李应龙来掌管,而他如将魍港一带的引税交给郑芝龙包办,对他来说无疑是既方便又有利之事。

第二,"Lija"的另一个可能,则是李旦。根据汤锦台先生的研究,1615年起,李旦获得了幕府发给的朱印状,开始航行到台湾,与岛上的土著进行交易。这时的台湾还是块原始蒙昧的未开发之地,只有北部的鸡笼、淡水是明朝官方文献上经常提到的地方,南部的魍港和北港一带,则成为渔民和少数福建商人落脚和买卖的场所。李旦在台湾建立的贸易据点推测设在北港和魍港,并纠集了颜思齐等一干武装力量。[1] 而颜思齐不仅与李旦共同拥有一股强大的海上武装势力,而且魍港和北港都是他们的活动据点。[2] 如此,若此时李旦向魍港的渔民收取一些保护费用,毫不奇怪。据《热兰遮城日志》1631 年 4 月 15 日的记载,对李旦的儿子李国助曾记载:"奥古斯丁,以前曾被逐出大员",[3]而在 1633 年 9 月,这位李旦的儿子在给荷兰人的信中又指责郑芝龙背着李旦搜刮大员的商贾的钱财。[4] 那么,最具可能的事实应是李旦的儿子在郑芝龙得势后被迫离开大员,而郑芝龙曾以李旦的名义向到魍港的中国渔、商收取钱财。要对魍港的渔、商解释这项税收的合理性,没有什么理由比从李旦手里购买而得更有说服力了。并且直到 1627年,魍港一带仍有郑芝龙的势力。

双方在此事的交涉中,似乎都认同这是一项"自古以来的惯例",时间必然不短。郑芝龙纵横闽海之时,每到一处便四令"报水",是郑芝龙控制海洋社会权力的表现。由于现存荷兰人之记载郑成功文书,乃是当日荷兰人由中文译成,甚至先译成葡萄牙文再译成荷兰文。而当代学者又自荷兰文译为中文,实难探知其原文表达。但是,其中透露的主要内容,似不致有太大偏差。因此,无论是来自官方或是民间的权力,中国方面自明末以来向魍港渔民征税已是不争的事实。此前明廷发放台湾西部船引,但直接派船

① 参见汤锦台:《开启台湾第一人郑芝龙》,台北果实出版社 2002 年版,第 72—74 页。
② 汤锦台:《开启台湾第一人郑芝龙》,第 119 页。
③ Voc.1102,fo.583,《热兰遮城日志》第一册,1631 年 4 月 15 日,第 44 页。
④ 汤锦台:《开启台湾第一人郑芝龙》,第 129 页。

征税,最远似在澎湖一带。郁永河的《裨海纪游》记载:"独澎湖于明时属泉郡同安县,漳泉人多聚渔于此,岁征渔课若干。"①在 1644—1650 年闽海经历乱局,中国方面也无力延续这项税收。但郑成功控制闽海之初,立刻直接派船至台湾西部向魍港渔民征税,无疑表明了对这一地区的态度。

　　面对郑成功的恩威并施,1651 年 6 月 27、28 日,福尔摩沙议会决定释放"这艘来收税的戎克船及船上的人员,但不准该船装载任何商品,要空船回去"。去信称基于特殊的友谊释放这艘船,但声明"以后又有这种事发生,将以完全不同的程序处理了"。② 魍港渔税的争夺,可视为 17 世纪 50 年代郑荷之间海上交锋的序幕。

第二节　贸易权的竞争

　　海上贸易是郑成功海上政权的主要经济来源。无论是郑成功自己,还是荷兰人方面,对此都有足够的认识。1653 年,正值郑成功在东南沿海迅速发展的时期,在给其父郑芝龙的一封信中郑成功一句非常著名的话常常被引用:"夫沿海地方,我所固有者也。东西洋饷,我所自生自殖者也。"③同年的 10 月 21 日,《巴达维亚城日志》提到郑成功致大员长官尼格拉斯·菲尔普尔夫的信中曾说道:数年来,余为应付鞑靼战争,曾造成巨大困难与耗费,为补偿此笔耗费,认为将各种戎克船派遣至巴达维亚、暹罗、日本、东京、大员及其他地方进行贸易,至为适宜云云。④ 但郑成功的海外贸易,必然与同为逐利而来的荷兰人、西班牙人产生的激烈的竞争。

一、东南亚港市的竞争

　　前文指出,自明中叶以来,东亚海域已形成一个华人贸易网络。荷兰人

① 郁永河:《裨海纪游》卷上,第 9 页。
② Voc.1183,fol.708v,《热兰遮城日志》第三册,1651 年 6 月 27、28 日,第 224 页。
③ 杨英:《先王实录》,陈碧笙校注,第 63 页。
④ 《巴达维亚城日志》第三册,第 9 页。

的到来，只是融入了原有的东亚贸易网络中。华人在东亚贸易中的优势不仅在于中国商品在世界范围内的受欢迎程度很高，在贸易的方式上，华商也形成了极具效益的贸易模式。在1652年巴达维亚总督提交给荷兰母公司的《东印度事务报告》中，曾记载大员长官费尔伯格对中荷贸易的一个认识：

> 费尔伯格长官强调，中国帆船从福岛前往巴城，再从巴城返回福岛，这种做法对公司在大员的贸易极为不利，特别是他们运至的货物多为胡椒、铅、锡、藤、织物和琥珀等公司在大员的贸易货品。所以，只要他们的货物尚未全部卖出，就不会有中国商人光顾大员的货仓，特别是运货到大员的中国人因缺乏现金而将货物廉价售出，对公司的市场造成致命的打击。另外我们还要考虑到，（除公司可抽取税饷外）中国帆船的到来对巴城的居民也是一种鼓舞。……目前大员储有500000盾的中国黄金，用于资助科罗曼德尔的贸易，而且我们希望，若大员货物销路好，将再往科罗曼德尔增运一批黄金。但即使增运，看来也不会达到科罗曼德尔所要求的 f.800000 到 f.1000000 的数量。①

在1655年的另一份报告中，巴城总督又提到：

> 过去一季，国姓爷自中国派出过4条大帆船前往东京并告知东京国王，他们将从那里驶往日本，这些势力强大的异域商人使公司在那里的贸易无利可取，而中国人则往来不断，获利甚丰。实际上仔细想一下，中国人的货运与公司相比耗费要小得多，这不足为怪，他们除运去铁锅、药物及其他杂物等商品并可在东京获得相当利润外，同样从日本运回中国各种杂物，节工而省费。也就不难想象他们为何敢把东京的货物以惊人的高价购入。极其显然，公司购入东京货物投入日本市场，

---

① Voc.1189,fol.1—184,《东印度事务报告》,1652 年 12 月 24 日,《荷兰人在福尔摩沙》,第 350 页。

只能获利 34%，而将各种费用、冒险、职员薪金计算在内，损失超出利润。相反，中国人则明显获利，不但包括他们在东京的取利还有从日本运至中国的各种杂物也可取利，我们则无法做到这一点，特别是他们在自己国家购买装运各种商品及其他杂物前往上述贸易地区，这些货物公司无法得到。①

如上，荷兰人对华商的态度非常矛盾。一方面，由于长期以来形成的华人贸易网络，上述华人商船在巴城与大员之间的贸易，华商的帆船贸易比荷兰东印度公司成本更低因而货物价格也低，使得荷兰人的商品无法售出。并且由于同时经营中国货物、日用杂货等的转运，华商能够以更高的价格从东京购入日本市场所需的货物，转手获利。事实上，这种现象普遍存在于东南亚各港市的贸易中。但另一方面，无论是巴达维亚城还是东南亚的土著港市，华人数量多且集中。华商从中国带来的各种生活用品、杂物等，又是这些华人居民所急需的。荷兰东印度公司无法提供这些商品。并且，华人商船的贸易也给东印度公司带来贸易税收。荷兰阿姆斯特丹方面曾希望禁止中国帆船在大员和巴达维亚之间的航行，但巴达维亚总督认为禁止华人商船将影响巴达维亚的运转，1654 年 11 月 7 日的《东印度事务报告》称：

> 根据最近收到您的指令，以后需禁止中国人在巴达维亚与大员之间的航行，尽管我们不情愿这样做。公司在大员的贸易无疑将因此受到影响，但依我们之见后果不仅仅如此，因为人们可拿出更充足的理由来证明这一做法于巴城更为不利，中国人目前在大员可通过中国与大员的贸易，获得所需货物，不然要前来巴城装运。而且另一方面，他们若把帆船停泊在大员，再从那里驶来巴城，船舱中可有更多的空间。此外，他们还可为居民运至各种杂物，公司则无法做到这一点。②

---

① Voc 1102, fol.1—175,《东印度事务报告》,1655 年 1 月 26 日,《荷兰人在福尔摩沙》,第 411 页。

② Voc 1208, fol.1—144,《东印度事务报告》,1654 年 11 月 7 日,《荷兰人在福尔摩沙》,第 409 页。

此外,大员作为与中国贸易的桥头堡,荷兰人获取黄金的最主要途径。一旦大员无法获得中国的黄金,其贸易意义便大打折扣,因为白银在印度的科罗曼德尔并不流行。正如荷兰巴达维亚总督在1658年的一份报告中指出的:"白银在科罗曼德尔海岸无法出售。大员的贸易若不能提供黄金,也就没有什么特殊的利益而言。"①

荷兰人在大员对中国市场最具影响力的商品便是来自东南亚地区的香料,其中最大宗的要数胡椒。明中叶以后,胡椒已广泛运用于中国人的医药和饮食之中,在中国具有很大的市场。1655年9月24日的《热兰遮城日志》记载:

那边,迄无中国人来购买公司的商品,不过几天以前,有一个中国人 Hanikam 和那个庙宇（澎湖中国人的庙宇）的管理人来询问胡椒、铅和藤的价格,据他们说,是要把这些价格送去中国,因为传说,不久将有一艘戎克船要运黄金过来。又据上述那个中国人说,现在在中国,一担胡椒售价6两精银,其他货物现在也都涨价了。②

同年的11月2日,《热兰遮城日志》又记载:

又因今年自中国运来的黄金很少,以致商品滞销。因此,为公司的利益着想,议会认为应该用告示通告所有的中国人,我们将以每担10.5里尔的价格提供胡椒,一百斤一捆的藤32里尔,双倍一捆的藤60里尔。其他货物也减价提供。希望借此使交易再活络起来。③

由于运至大员的商品滞销,荷兰人以每担10.5里尔的价格向向中国人销售胡椒,10.5里尔约为白银7两,与中国沿海的价格相当。但胡椒一入

① Voc 1220,fol.17,《东印度事务报告》,1658年1月6日,《荷兰人在福尔摩沙》,第492页。
② Voc 1213,fol.740v,《热兰遮城日志》第三册,1655年9月24日,第563页。
③ Voc 1213,fol.773,《热兰遮城日志》第三册,1655年11月2日,第585页。

中国内地,价格便上涨数倍。1656 年,荷兰人为了打开与清廷的贸易,派使者前往广州,其中几位使者得到去朝廷的机会。这些北上的使者,将途中的见闻写信告知停留在广州的荷兰人,此后又报告给巴城总督。因此,在一份《东印度事务报告》中,我们得以发现如下记载:

　　自使者北上以来,我们驻广州的人只收到他们的两封信,一封为 1656 年 5 月 17 日写自南京,另一封于同年 7 月 27 日写自北京。我们的人在发自南京的信中写道,他们途经上述规模宏大的贸易城市时,吃惊地发现那里的仓库里大量堆积着各色生丝及各种丝织物,而且价格比广州便宜 50%,赢利按 100% 计算一天之内即可购入价值 100 箱银的生丝和丝织物。而且那里的生丝和丝织物要比东京便宜许多,同时胡椒在那里可卖得 25 两,檀香木 40 两一担。①

　　胡椒运至中国内地,还是在海路、运河及陆路交通极为便利的南京,其价格每担便可售价 25 两,不难窥见其中的利润。而胡椒从沿海进入内地的渠道,事实上控制在郑成功的手中。

　　更重要的是,郑成功的商船同样有能力从东南亚的港市运回胡椒及其他香料,这就触及了荷兰东印度公司的根本利益。如上所述,荷兰人在东京等港市无法与华商(受郑成功保护)竞争,若无法保证对香料贸易的垄断,那么荷兰东印度公司的商馆几乎完全无法赢利。1654 年 1 月 19 日的《东印度事务报告》中,巴达维亚总督便提出,"公司要试图阻止中国人去东南亚洲其他地区进口廉价的胡椒"。②

　　在 1654 年 4 月 1 日的《东印度事务报告》中,巴城总督不顾郑成功的反对,再次明确了在东南亚海域禁止中国商船自由航行的决定:

　　2 月 20 日,又有一条小帆船从中国到达,此船属于厦门,尽管我们

---

　　①　Voc 1217,fol.40,《东印度事务报告》,1657 年 1 月 31 日,《荷兰人在福尔摩沙》,第 475 页。

　　②　《东印度事务报告》,1654 年 1 月 19 日,见《热兰遮城日志》第三册,第 288 页。

的人去年采取行动强迫所有帆船以后只驶往巴城,而国姓爷对此事则不能理解,他在一封由上述帆船带至的写给长官的信中讲到,其帆船的航线无人有权禁止,因为巴达维亚、大员和满刺加属于同一个国家或地区,有关事项还有待与我们达成协议,据我们获悉,柔佛也停泊一条帆船,同属上述国姓爷。据上述小帆船船主讲,另有 6 艘小帆船由国姓爷派出,其中 3 条前往暹罗,1 条往柔佛,1 条往三果拉,1 条往大泥。他可在这些地区进行贸易并将贸易独揽手中,有了以上地区,他则不再需要大员、巴达维亚、满刺加,而且不给我们留下任何贸易。鉴于以上情况,我们认为,限制他的帆船最远只能到达暹罗,这已经对我们的贸易造成足够的损害,因为他将同时把锡和胡椒运送到那里。为阻止所有损害我们利益的商人,我们打算以后每年在不同地区予以拦截,迫使他们转航巴城。①

此后,荷兰人开始实施计划,凭借其在东南亚占优的海上军事力量阻止郑成功的商船的胡椒贸易。1655 年 9 月 13 日,大员方面收到来自巴达维亚的信件,其中内容见于《热兰遮城日志》中记载:

> 我们收到巴达维亚总督府当局的一般书信和其他文件,署期今年7 月 26 日。……有一艘官员国姓爷的戎克船停泊在巨港交易胡椒,那些胡椒全部被总督阁下下令卸下没收了。如果该官员向此地要求归还那些胡椒,此地不许归还,因为那只会造成跟公司在这项交易上的竞争。如果让国姓爷继续这样交易下去,公司的胡椒将变得完全腐坏无用了。②

郑成功获悉此事以后,立刻写信给大员的华人长老,要他们向时任大员长官的西撒尔转述,这一过程由西撒尔报告至巴达维亚。1656 年 2 月 1 日

---

① Voc 1208,fol.498,《东印度事务报告》,1655 年 4 月 1 日,《荷兰人在福尔摩沙》,第 428 页。

② Voc 1213,fol.728,《热兰遮城日志》第三册,1655 年 9 月 13 日,第 554 页。

巴城总督的报告对此事有说明,但郑成功致大员的信件原文未得,幸好荷兰人在《东印度事务报告》中提及其中大意,以下是巴城总督的报告内容:

> 他(郑成功)依靠海上贸易、四处抢劫和敲诈其部属使其势力壮大,不仅增加了他的威望,而且其权势与日俱增,将沿海地区置于他的控制之下,给商人施加难以承受的压力,众人因此而倾家荡产,他则变本加厉垄断贸易,割据一方。为此,他派出大批帆船前往日本、东京及其他有利可图的贸易地区,这一巨商将成为公司在北部地区的眼中钉肉中刺,而且现在我们已渐渐感觉到这种刺痛。此外,他的自负与傲气日益滋长,在他的帆船自巴城返回中国之后,他竟然傲气冲天地给公司翻译何斌及大员其他中国人长老写信,要他们以他的名义告知西撒尔长官,最近他派来巴城的帆船所受待遇大不如前,而且在旧港有人从他的一条帆船中抢走 400 担胡椒,竟有人要禁止他的帆船前往满剌加、柔佛、大泥、三果拉、里格尔,他还故意质问,公司为何不禁止他的船只前往日本、暹罗、柬埔寨和广南等地。果真如此,他将采取措施进行报复,下令禁止所有中国人驶往公司所属地区贸易,这将于公司极为不利,以此警告我们在巴城优待他的商人,不设任何障碍地开放前往以上地区的航行,不然他将被迫下令禁止其部下前往大员和巴城贸易,还补充说,以上皆金玉良言,意思是说,他完全有能力实现。这些纯属威胁,但若他真正予以实施,可为我们的贸易带来巨大损失;我们认为,国姓爷没有贸易也就失去财源,无法维持与鞑靼人的战争。我们判断,他对我们的威胁,是为我们制造恐惧,以达到他的最终目的,并非有意制造隔阂。①

显然,郑成功对荷兰人的毫无道理的没收胡椒的行为非常愤怒,荷兰人也视郑成功为眼中钉肉中刺。由于荷兰人对航行于东南亚的华人商船已经

---

① Voc 1209, fol.21,《东印度事务报告》,1656 年 2 月 1 日,《荷兰人在福尔摩沙》,第 435 页。

进行课税,并且也通过发放航行许可证来获利。那么,既然安全费用及贸易税都已征收,便再无理由阻碍华商的贸易,更遑论直接对郑成功的商品予以没收。面对郑成功的警告,荷兰人虽然认同郑成功有禁航巴达维亚及大员的能力,但还心存侥幸,认为郑成功也需要与之贸易才能够维持与清廷的战争。事实与荷兰人所料相反,这一事件也成为1567年郑成功禁航大员的重要原因之一,本章第四节将另有说明。

郑成功掌握闽海制海权及从中国内地的商品输出,加上数量庞大的商船及众多华人散商,事实上主导了东亚海域的华人贸易网络。如果不限制郑成功的海外贸易,荷兰人在东亚海域无利可图,东亚等地的商馆一旦亏损,也就毫无用处。这实际上是贸易能力的竞争。因此,在荷兰人努力让郑成功解除1656年对大员的贸易禁令仅数月以后,荷兰东印度公司巴达维亚总督仍然决定要再次禁止郑成功派商船到东南亚港市进行胡椒贸易。1658年的一份《东印度事务报告》中,巴城总督称:

> 我们相信,公司将时来运转,恢复原来的情形。只要难以令人信赖的国姓爷不对这一稀落的贸易设立障碍。对此我们仍有疑虑,因为他在准许人们与我们贸易之前要求福尔摩沙的长官和评议会许诺,发放给国姓爷海上通行证,准许其帆船前往暹罗、旧港、占城、占碑、柔佛等。鉴于其后果我们不能容忍这一局面继续下去,因为若中国人获许驶往胡椒海岸,公司将会失去那一贵重的贸易,国姓爷也可随心所欲,对我们发起攻击,使大员变成一个杀人坑。大员的繁荣和昌盛完全依赖于对中国的贸易,这样一来,大员将毫无用处。届时他将抢走我们的利益,壮大他自己的势力,增强与鞑靼人的抗争力。我们务必制止他这样做,迫使他到巴城或大员运输所需的商品货物。公司在一些胡椒产区的特殊利益必须努力维护下去。国姓爷见我们不肯退让,也就不会像现在这样为所欲为。我们仍然认为,他禁止商人与大员的贸易往来,原因不是中国战乱和交通堵塞,而是他有意和我们作对,因为他和我们一样,没有贸易则难以生存下去。然而,对公司来说,最好能与他维持友好关系,而不与他为敌,原因是他能给

我们带来许多危害。①

甚至由于大员等商馆已无利可图,荷兰人甚至一度准备对郑成功宣战。在《被忽视的福摩萨》中,作者(一般认为便是末任大员长官揆一及其同僚)便认为,"现在该岛的费用确然超越了就地的收益,这种情形是无法改变的。但是,就凭国姓爷登陆之单纯的恫吓,使公司陷于此种继续不断的恐慌之中,也还是要担上各种特别费用的,国姓爷同样可以由此弄得他们一起窒息的。在这种环境之下,只有打开另一个最好的途径,就是与满清人联合起来,向国姓爷宣战"。②

由于荷兰人依然在东南亚海域拦截郑成功商船,郑成功于 1660 年以前,再次禁止其商船前往巴达维亚。1661 年 1 月 26 日,荷兰巴城总督的报告称:"据中国人讲,国姓爷已禁止任何帆船驶往巴达维亚,(因为)无法在巴城得到赔偿。"③东南亚港市贸易权的竞争,成为郑荷冲突的根源之一。

二、长崎的竞争

如荷兰人所认识到的,东南亚各港市确是郑成功重要的贸易区域。故而荷兰人一度认为郑成功对巴达维亚、大员等地的禁航不能持久,因为郑成功需要这些贸易利润来维持其军事上的开支。但郑成功的海上贸易显然不仅限于此。日本自明中叶以来便是中国商品的重要市场,丝绸及丝织品在日本上层社会非常流行,地方大名控制中国商品,经转手也能够从中获利。自禁教以来,日本幕府只允许中国商船和荷兰人到长崎贸易,长崎成为郑成功与荷兰人竞争的另一个战场。

郑成功在 1646 年起兵以后,便谋求与日本的贸易。永历二年,郑成功曾遗书于长崎译官曰:"大明龙兴三百年,治平日久,人忘乱;鞑靼乘虚破两

---

①　Voc 1220,fol.17,《东印度事务报告》,1658 年 1 月 6 日,《荷兰人在福尔摩沙》,第 492 页。

②　《被忽视的福摩萨》卷上,第 49 页。

③　Voc 1232,fol.426,《东印度事务报告》,1661 年 1 月 26 日,《荷兰人在福尔摩沙》,第 523 页。

京,神州悉污腥膻。成功深荷国恩,故将喋血以报雠;徘徊浙、闽间,感义颇有乐从者。然孤军悬绝,千苦万辛,中心未遂,日月其迈。成功生于贵国,故深慕贵国。今艰难之时,贵国怜我,假数万兵,感义无限矣”!① 虽然日本并没有借兵与郑成功,但郑成功的书信对于加深与日本的联系,无疑也有所帮助。《长崎出岛商馆日志》1649 年 7 月曾记载:

> 一官之子(据称最近成广东大官)其船一艘,据称载有白生丝约 50 担,薄纱用生丝约 50 担、另有布匹多量。据称不久将有同一船主之船,三四艘同时入港云云。②

这一时期的郑成功正南下于粤东沿海一带发展,被荷兰人误认为“广东大官”,也有一定道理。在控制闽海以后,郑成功对日本的贸易更加重视,派往贸易的帆船迅速增加,做法与其父郑芝龙如出一辙。

1652 年 12 月 24 日的《东印度事务报告》记载:

> 自 1651 年 11 月 1 日公司的最后一艘船离开日本时,据那里的长官报告,共有 54 艘中国帆船从各地抵达长崎,及中国的福州 18 条,安海 13 条,南京 3 条,潮州 2 条,Sinckeo1 条,海南 2 条,东京 3 条,广南 5 条,柬埔寨 6 条,还有暹罗 1 条。……从 1651 年 11 月 12 日到今年 3 月 25 日,福州曾有 8 条帆船来往于长崎,我们无法相信他们能在逆风季节北上长崎(熟悉这一段水域的人都清楚),因此可以得出结论,是日本的翻译愚弄我们。同时因中国人运至大批货物导致我们的货物所得利寥寥无几。据此可以推断,他们多数把位于长崎以北的 Focchen 误认为是福州。③

---

① 川口长儒:《台湾郑氏纪事》卷上,第 25 页。
② 《巴达维亚城日记》第三册,第 7 页。
③ Voc 1189,fol.119,《东印度事务报告》,1652 年 12 月 24 日,《荷兰人在福尔摩沙》,第 363—364 页。

此时安海已属郑成功的势力范围,而自东南亚各港口驶往日本的中国帆船虽未特别注明,大部分也受郑成功保护。从贸易商品来说,郑成功与荷兰人在长崎的竞争,最大宗的无疑是生丝,其次还有糖、东南亚的皮革等。如 1652 年 12 月 24 日的《东印度事务报告》称:该季,福尔摩沙共约 1500 担砂糖在日本获利不过 f.2759,原因是中国人运去 9200 担糖。① 1657 年 1 月 31 日的《东印度事务报告》也记载称:"糖因中国人的大量输入只得利 29%。"在商品利润率普遍超过 100% 的日本市场,此年的糖贸易获利甚微。

郑成功控制中国生丝的出口,荷兰人只能从印度海岸获取孟加拉丝。无论是贸易的经济成本还是其中潜在的风险成本方面,荷兰人都难以在生丝贸易上与郑成功竞争。并且,日本人与郑成功关系良好,为维护与郑方的贸易,对荷兰人在日本海域的海盗行为非常敏感。荷兰人十分清楚,"只要我们还想维持与日本的贸易,则不能动用武力"。

《巴达维亚城日志》1654 年曾记载郑成功派往日本的商船遭遇台风,损失惨重。② 不过郑成功派往日本的商船不仅没有因此中断,其数目反而增加。1656 年 2 月 1 日《东印度事务报告》的这段记载较为清晰地体现了郑荷双方的竞争优劣势:

> 公司在京都的事务在 32 天内令人满意地办完之后,我们的使节准备返回,并于 3 月 4 日出发,4 月 4 日顺利回到长崎。……只是在他们离开长崎的一段时间里有 23 条中国帆船,多数属国姓爷,载运一批丝织物及其他商品包括 1316 担上等白色生丝相继到达。

> 自 1654 年 11 月 3 日公司最后一艘船离开日本到 1655 年 9 月 16 日,共有 57 条中国帆船从各地泊至长崎。其中 41 条自安海,多数属国姓爷,4 条自 Senchieuw,3 条自大泥,5 条自福州,1 条自南京,1 条自 Sanchiouw,2 条自广南。上述帆船运至 1401 担白色生丝及大量织物和其他货物。国姓爷似乎在试图继续扩大其贸易,运输大量货物以更有

---

① Voc 1189,fol.116,《东印度事务报告》,1652 年 12 月 24 日,《荷兰人在福尔摩沙》,第 363 页。

② 《巴达维亚城日志》第三册,第 9 页。

效地维持他对鞑靼人的战争,从中可以看出,中国贸易受阻并非完全由鞑靼人的战争所致,而国姓爷将公司排挤出去,一人独揽日本贸易,也是其中原因之一,使公司在大员的货物销路堵塞。我们猜测,只要他从这里及其他地区运到中国的货物尚未售出,就不会下令给他的人到大员贸易,即使偶尔允许他们贸易,仍由他一手控制货物的出入,维持他的垄断,公司在北部地区特别是大员的贸易将因此而受到影响。只要我们还想维持与日本的贸易,则不能动用武力。而且我们担心,若国姓爷日后仍运至大量白色生丝,再加定价收购的限制取消,其赢利将高于以往。我们在日本贸易的唯一依靠是孟加拉丝,这促使我们和英国人在孟加拉竞争激烈,但也不会再像从前那样可轻而易举地获得巨利,在这种情况下,利润需付出高费用和巨大风险的代价才能获得,所付出代价太大,对我们来说这一贸易几乎失去作用。因此,我们对日本人的反应需置之不理,对国姓爷采取措施,或如果广州的事情有头绪,通过这种做法限制其贸易。①

《热兰遮城日志》1655 年 10 月 30 日记载:

长崎商馆议会写来的两件书信……都署期本月 19 日。……今年去到那里(长崎)的 4 艘船,即 2 艘从巴达维亚,2 艘从此地去的,一共带去 683018.6.6 荷盾资金的商品。这些商品经计算获得超过 100%的利润。……从东京、暹罗和柬埔寨,迄今都还没有戎克船去日本,不过从中国沿海有 60 艘戎克船去到那里,大部分从安海去的,运去很多数量的丝和布料,也有 11330 担糖,详细情况记载在信里。现在我们可以清楚地看出,中国人一直用极大的谎话不断地在欺骗我们,说什么中国的情况多么地恶劣,可是国姓爷要把贸易完全拉到他那边的企图,从这现象可确实表明了。②

---

① Voc 1212,fol.52,《东印度事务报告》,1656 年 2 月 1 日,《荷兰人在福尔摩沙》,第 450 页。

② Voc 1212,fol.765,《热兰遮城日志》第三册,1655 年 10 月 30 日,第 580 页。

显然,只要荷兰人能够获取商品运往日本,也能够获利。但郑成功对生丝等重要商品的控制,大大挤压了荷兰人的利润空间。并且,郑成功的商船也从事从东南亚港市到长崎的三角贸易。1654 年 11 月 18 日,东京商馆馆长巴法尔特向大员商馆报称:今年,国姓爷曾向东京王表示,每年将派 4 艘大戎克船至其所领有的国土,并表示欲自该地令其转航至日本的意图。①

《巴达维亚城日志》1656 年 12 月 11 日记载:

> 今年国姓爷的戎克船有六只曾自中国来抵柬埔寨,该船并将多量皮革及其他商品输往日本。②

随着郑成功在中国沿海势力的进一步巩固,对于生丝等重要商品不再输入大员,而几乎全部直接运往长崎。1658 年 1 月 6 日的《东印度事务报告》又记载长崎贸易的情况:

> 过去一季共有47 条中国帆船自不同地区泊至长崎,其中28 条来自安海,11 条来自柬埔寨,3 条自暹罗,2 条自广南,2 条自北大年,1 条自东京。我们发现,这些船只均属于大商国姓爷及其同伙,因为我们没听说有船来自鞑靼人统治的南京或其他地区。上述船只运至长崎以下货物:112000 斤或 1120 担各类生丝,636000 斤白色和黑色糖,另有各种丝织物、皮制品、药品及其他杂货等。③

此前开往长崎的中国商船,部分属于少数私商。但在上述文献记载的1657 年度,所有的商船已全属郑成功控制。与此同时,郑成功也不忘加强与日本幕府的官方联系。《华夷变态》第一卷记载了 1658 年郑成功致日本

① 《巴达维亚城日志》第三册,第 9 页。
② 《巴达维亚城日志》第三册,第 10 页。
③ Voc 1220,fol.17,《东印度事务报告》,1658 年 1 月 6 日,《荷兰人在福尔摩沙》,第 491 页。

幕府的信件：

　　成功生于日出，长而云从，一身系天下安危，百战占师中贞吉。叨世勋之赐李，恩重分茅，效文忠之祚明，情探复旦。马嘶塞外，肃慎不输余允，虏在目中，女真几无剩孽。缘征伐未息，致玉帛久辣，仰止高山，宛寿安之在望，溯泪秋水，怅沧海之大长。敬勤尺函，稍伸丹悃，爱贵带筐，用缔搞交。旧好可救，曾无赵居任于复往，中兴伊迩，敢望僧桂悟如昔重来。文难悉情，辞不尽意，伏祈鉴照，可任翘瞻。①

《海上见闻录》也记载："永历十四年七月，（郑成功）命兵官张光启往倭国借兵。"②

1657年起，由于郑成功的商船屡次被荷兰人抢劫，郑成功开始尝试通过日本人对荷兰人在长崎的贸易施加压力，来迫使巴达维亚荷兰总督屈服。1657年1月31日的《东印度事务报告》记载：

　　平底船de Roode Vos去年在满剌加以西截获一条中国帆船，并将它送来巴城。其头领讲述，他们原打算由长崎前往满剌加，此船来自鞑靼人管辖的福州。事情了解之后，我们发给他们通行证返回中国，并为确保我们的人在广州不出意外扣留他们3000里尔作为押金，若公司在那里的事情进展顺利，再将这笔钱还给他们。后来我们发现，该帆船并没有驶往中国，而是驶向日本，并泊至长崎。在那里，他们向当地官员控诉他们在巴城遭受的暴力和不公平待遇，并要求我们偿还扣留的合计4868里尔的押金和关税。长崎代官就此事予以调查，我们在日本的商馆领事向他们介绍这些人如何在禁止中国帆船航行的水域遭到拦截（尽管此前已有帆船遭劫）等情况之后，对其要求全然予以回绝，不予以理会。我们准许日本人到中国贸易，但由他们自己承担风险，公司无

---

　　① 南炳文：《朱成功献日本书的送达者非桂梧、如昔和尚说》，《史学集刊》2003年第2期。

　　② 阮旻锡：《海上见闻录》卷二，第36页。

意牵涉进去。而在上述领事辞别时,长崎代官仍强调不许我们伤害在日本海域航行的中国帆船。①

这艘被抢劫的中国帆船,自称是来自福州,但事实上这一时期的商船要从中国沿海出洋,几乎都要购买郑成功的令旗。

在 4 月 1 日的日记中您可以读到,厦门大官,国姓爷的伯父 Sainvia 写给中国人潘明严和颜二官的一封信,要求他们,说服我们就国姓爷的一条驶自柔佛被我们押至大员而后因风暴遇难的帆船赔偿损失。当时该船主在日本极力诋毁公司。您从信件和文书中可以读到,国姓爷还施加威胁,如果我们不肯赔偿损失,他将在日本追究我们的责任。②

1661 年 1 月 26 日的《东印度事务报告》继续关注此事:

长崎代官 Crocaiuwa Joffic Somma,于 10 月 22 日(1660),即最后一批船离开那里前两天,派翻译出人意料地告诉我们的人,因为中国人就 1657 年被我们的人押往大员并在那里遇难的一条驶自柔佛的帆船,要求我们赔偿损失,有关事情的经过我们已于 1658 年在日本部分详细向您报告。代官已对上述中国人(据他声称)做过周密调查,接受了他们的已经得到正式的报告,要求我们的人在那里如数赔偿损失,或由我们在今年年底以前做到。鉴于代官的特别要求,我们的人辩解说,此事已交由巴城处理,中国人的损失将在巴城得到赔偿,但代官表示反对。

因为据中国人讲,国姓爷已禁止任何帆船驶往巴达维亚,无法在巴城得到赔偿。因此,长崎代官要求我们的人必须在那里补偿国姓爷帆船的损失。但我们如果决定停止对日本的来往和贸易,则可根据自己

---

① Voc 1217,fol.22,《东印度事务报告》,1657 年 1 月 31 日,《荷兰人在福尔摩沙》,第 455—456 页。

② Voc 1232,fol.106,《东印度事务报告》,1660 年 12 月 16 日,《荷兰人在福尔摩沙》,第 522 页。

的愿望和需要而定。

我们的人告别之前,他们再次要求我们的人说服我们下一季在长崎满足中国人的要求,又简短地就我们的辩解说,对我们的人来说在长崎或巴城赔偿没有什么区别。按中国人自己做出的统计,上述损失总计27096.9两,但他们在日本和大员提交的损失数目相差很大。上述布赫良先生认为,如果我们决定在日本赔偿他们的损失,以上述数目的一半即可与他们达成协议。①

凭借与日本的良好关系及贸易联系,郑成功令长崎代官向荷兰人施压。如果再不赔偿郑成功商船的损失,荷兰人在日本的贸易将难以为继。

三、马尼拉的冲突

西班牙人打通了美洲与亚洲的海上航线,将美洲的白银运至马尼拉,对华商极具吸引力。但是西班牙人对于数量迅速增加的华人又十分担忧,害怕失去对这座城市的控制。并且,由于海上航行的不确定性,美洲的白银时而不能按时到达马尼拉;敌对的荷兰人还常常从海上封锁马尼拉;西班牙人也无荷兰人在东亚海域进行转手贸易的能力。因此,西班牙人对马尼拉的华商反复无常,时而压榨迫害,时而又以高价吸引华商运来中国商品。

针对西班牙人在贸易上对华商的掠夺,郑成功于1654年决定对马尼拉实施禁运。胡月涵在其《十七世纪五十年代郑成功与荷兰东印度公司之间来往的函件》一文中曾提及大员荷兰商馆的卡萨长官于1654年11月给巴达维亚总督的信中写道:"国姓爷确实曾经发布过总禁令,不准中国船只与马尼拉通航,违者则没收货物,并处以体刑。"②

在荷兰人1655年1月26日的《东印度事务报告》中,也有提及此事:

一段时间以来,中国人在马尼拉被迫交纳沉重的关税,甚至其他货

---

① Voc 1232,fol.436,《东印度事务报告》,1661年1月26日,《荷兰人在福尔摩沙》,第523页。
② 胡月涵:《十七世纪五十年代郑成功与荷兰东印度公司之间来往的函件》。

物没有付钱就被抢走,因为西人如此虐待中国人,国姓爷发布通告,他的所有下属均不许载货前往马尼拉,不然将以死罪和没收财产惩罚,因为他发觉许多商人因此而破产。据中国人称,那里的西班牙人陷入巨大危机,因为阿卡蒲卡只有一艘船送去少量现金。①

　　这段《东印度事务报告》的记载日期为 1655 年 1 月,则大员方面向东印度总督报告此事应在 1654 年底。因此,郑成功于 1654 年便于中国沿海下令禁航马尼拉,应无可疑。但正式向大员的荷兰人发出通告,则在数个月以后。

　　1655 年 7 月,郑成功给大员长官西撒尔写信告知此事:

　　据闻,小国马尼拉杀我臣民,夺我船货,如今当我商船到彼,仍然如此对待,贸易时为所欲为,或强夺货物不付款,或不按价格随意付款……对过去这一切,我均不念旧恶,望其改邪归正,不再横行霸道,恢复长期以来公平交易的,然而皆未能生效,其仍继续为非作歹……其心之丑恶,犹如猪犬觅食一般。

　　倘若现今我继续派遣帆船前去贸易,其心会变为……(原文中断),为保险起见,我决定不再与其往来。至今,我仍与其他地方保持友好关系。唯对马尼拉发布一道命令,今后禁止与马尼拉通商,并终结其商务利益。此令必须严格执行,所有商民不得运往任何货物,甚至连小船、片板也不准开往马尼拉。

　　然而,我担心仍有一些在大员的人或由他处来大员者请求阁下准其赴马尼拉,或赴马尼拉附近地方,即:特肯福、可克伯、彭吉、西兰、倍根等地。为此恳请阁下不准其申请,没收其帆船及货物,并请阁下考虑给予适当惩罚,不许其违反禁令。

　　因我对马尼拉人甚为愤怒,深信阁下也有同感……(原文中断)与

---

① 　Voc 1202,fol.65,《东印度事务报告》,1655 年 1 月 26 日,《荷兰人在福尔摩沙》,第 422 页。

我亲善之人仍可友好相处。阁下与我同心同德,互相帮助,亲同手足。倘若阁下不听忠告,亦即阁下不愿一如既往维持相互之间的亲密友谊。然而由于彼此间建立多年之亲密友谊,我不相信阁下会准许商民前往贸易。①

这封信于当年的 8 月 17 日送达大员的荷兰人手中。在《热兰遮城日志》1655 年 8 月 17 日的记载中,荷兰人对此信的内容也有大致的说明。并且,"上述公告(指郑成功之信)也从中文翻译成荷兰文,发现该公告相当精细严峻,对从此地或其他地方出航要去马尼拉的中国人,跟从他的那些海港出航要去那里的中国人都一样严禁"。②

郑成功的信件显然并非一般的请求,而是要求荷兰人在大员必须禁航马尼拉,否则将对大员采取同样的措施。而从信里可以得知,华人商船从东亚的其他港市也被禁止驶往马尼拉。根据李毓中的统计,1655 年只有三艘华人商船前往马尼拉,而在郑成功对马尼拉实施禁航以后的 1656 年和1657 年,没有华人商船前往。③

禁航马尼拉的命令使得马尼拉西班牙人陷入极大困境。1656 年 6 月28 日,大员的荷兰人得到消息:

有几艘从厦门来的戎克船,说马尼拉总督派人去向大官国姓爷请求,准许他的戎克船再去马尼拉通商交易,承诺将使去那里的商人获得更好的待遇。因此,一袋麦子终于在马尼拉可以卖到25 里尔了。④

而据荷兰人记载,在1650 年左右华商往来的时期,"小麦在大员进价为

---

① 引自胡月涵:《十七世纪五十年代郑成功与荷兰东印度公司之间来往的函件》。

② Voc 1213,fol.710v,《热兰遮城日志》第三册,1655 年 8 月 17 日,第 535 页。

③ 参见李毓中:《明郑与西班牙帝国:郑氏家族与菲律宾关系初探》,《汉学研究》第 16 卷第 2 期。

④ Voc 1218,fol.245r,《热兰遮城日志》第四册,1656 年 6 月 28 日,第 90 页。

每担 3 又 1/4 轻里尔,在马尼拉则售价每担 4 重里尔"。① 郑成功的禁航令,让马尼拉小麦的价格上涨了 6 倍,使得当地华人与西班牙人的生存面临巨大困难。在西班牙人派遣使节向郑成功屈服以后,郑成功恢复了和马尼拉的贸易。1658 年,往马尼拉贸易的中国商船又达到 15 艘以上。禁航马尼拉一事,显示了郑成功在东亚贸易中的主导地位。

第三节　海上航行权的争夺

如前文所述,荷兰人在与郑成功的贸易竞争中处处下风,为了扭转局面,最直接的办法便是限制郑成功商船在东亚海域的航行。事实上,虽然标榜自由贸易,但荷兰人自进入东亚海域以来,凭借其占优的海上武装力量频频抢劫航行于东亚海域的各国商船,西班牙人、葡萄牙人以及东南亚各国的商船均不能幸免。在《热兰遮城日志》中也不乏相关记载,如 1650 年 7 月11 日:

> 搭上述 Sako 的戎克船来此地的中国人带来消息说,他们在占巴沿海遇见过另一艘来往于柬埔寨的戎克船,该船于数日前,被另一艘搭有几个荷兰人的戎克船抢劫。②

1650 年 8 月 4 日继续记载这艘柬埔寨商船和另一艘荷兰人劫持未成的中国帆船:

> 今天,通讯戎克船 Schevelingen 号从巴达维亚经东京来到此地,下席商务员 Christiaen Oosterhoeck 同船前来。该船曾于 6 月 16 日在Sinco Tiagos 附近截获一艘柬埔寨的船,从该船取得数罐黑漆当作战利

---

① Voc 1176,fol.1071v,《热兰遮城日志》第三册,1650 年 8 月 9 日,第 158 页。

② Voc 1176,fol.1054v,《热兰遮城日志》第三册,1650 年 7 月 11 日,第 149 页。

品;也曾于 7 月底在 Illa de Prata 附近遇见一艘大戎克船,该船没持有通行证,却对我方的人很粗暴地威胁,因此上述 Oosterhoeck 跟其他荷兰人认为应予以攻击,但是那些中国人猛烈抵抗,掷火罐来我们的小戎克船里,造成很大的损伤,以致必须于两个人死亡,七个人受伤之后航离该戎克船。①

仅数日以后,于 1650 年 8 月 27 日,荷兰人又捕获一艘广南商船:

今晨接报,被平底船 Witte Paerdt 号于航来此地中夺得的那艘柬埔寨戎克船,已经来到南边泊船处。傍晚,被派担任该戎克船主管的助理 Henfrick van der Minne 也上岸来到此地,向我们报告说,自从跟上述 Witte Paerdt 号漂散后,曾在大海上缺水,他们在澳门附近夺取了一艘很大的广南的戎克船,该船已失去桅杆,船上有 70 个人,包括广南人和中国人,但是因强风大浪,只好放弃该船,只从该船提取一些我们非常需要的水,以及一些手边的物品。②

《东印度事务报告》也提及一事:

与去年相比,今年的商品均以较好的价质量投入市场,只是数量上远不能满足要求,特别是暹罗因船的运输量有限而格外突出。同时大员所提供的商品也远不及所希望的数量,与我们计算的 f.1000000 相差甚远,除非东京能援助 f100000 的(现金、存款和劫船所得)。③

劫船所得甚至被东京的荷兰商馆纳入贸易的预算金额之中,其数额之大可见一斑。从上述记载来看,广南、柬埔寨等地的商船,也都有华人的身

---

① Voc 1176,fol.1064,《热兰遮城日志》第三册,1650 年 8 月 4 日,第 155 页。
② Voc 1176,fol.1082v,《热兰遮城日志》第三册,1650 年 8 月 27 日,第 165 页。
③ Voc 1188,fol.136,《东印度事务报告》,1651 年 12 月 19 日,《荷兰人在福尔摩沙》,第 341 页。

影。1650 年开始,郑成功控制闽海既而建立海上政权,成为华人商船的坚强后盾。华人商船领有郑成功的"牌照",郑成功也须保证其航行安全。郑成功的商船给荷兰人的贸易带来巨大竞争,使得荷兰人对于华人商船更视为眼中钉。而由于中国帆船一般没有武装,在海上仓促遭遇武装的荷兰船只,往往吃亏。上述 1650 年 8 月 4 日的材料中所提到的中国大帆船抵抗成功,并不多见。

在此前关于荷兰人劫持郑成功商船的研究中,前贤多提及 1653 年出使广州准备打开与清廷贸易的两艘荷兰船只抢劫郑成功的一艘自广南航往厦门的商船。这一次劫船事件,在胡月涵的《十七世纪五十年代郑成功与荷兰东印度公司之间来往的函件》一文所翻译的郑荷双方的信件中,可以大致了解其经过,但细节不详。此处笔者参考《东印度事务报告》及《热兰遮城日志》中的相关记载,补充此事件过程如下。

1654 年 1 月 19 日的《东印度事务报告》记载:

> 我船在上述航行中到达澳门岛后,与一条中国帆船相遇,经追赶把它缴获,发现此船来自广南欲驶往厦门。据船上中国人讲,此船属于一官的儿子国姓爷,我两快船头领考虑到目前与广南正处于交战之中,决定将此船货物没收,但这批 70 多名未雉发的中国人是鞑靼人的敌人,不宜将他们带至广州,我们只以两船的装载能力将帆船货物没收,包括 169 框沉香,6 方箱沉香,74 包和一批散装胡椒,26 张牛皮。其他大小物品均留在船上没有给他们制造麻烦而把他们放走。①

此记载中所说的荷兰船只,指从巴达维亚派出、驶往广州的快船 Schelvis 号和 Bruynvis 号。这是荷兰人试图打开与清廷贸易,于 1653 年第二次派往广州的船只。商务员 Wagenaer(胡月涵译为华根列尔)是这支船队的首领。郑成功获悉此事以后,给大员的荷兰长官写信,此信载上述胡月

---

① Voc 1196,fol.159,《东印度事务报告》,1654 年 1 月 19 日,《荷兰人在福尔摩沙》,第 382 页。

涵文：

数年来，我竭力与鞑虏交战，耗费甚巨。今欲派遣商船前往巴达维亚、暹罗、日本、东京（越南北部）、大员等地贸易，所得收入以充兵饷。阁下谅已洞悉，非我之船，亦非经我准许，任何船只不得赴台。

为驱逐鞑虏，恢复国土。我愿与阁下、贵公司官员以及各国统治者增进友谊，加强交往。今欲与贵方继续通商，俾贵方可获大利，亦可增强我方反抗鞑虏之实力。

三个半月以前，我曾派遣一只帆船前往广南贸易，该船在返回厦门途中，被贵公司开往广东船队袭击，并劫走所有货物，只让空船归来。我相信此事并非贵公司或阁下之命令，而是船队长官鲁莽草率所致。谅阁下尚记得，以前我曾两次用帆船将贵方来南澳的人员送回。第一次送回大员，第二次送回巴达维亚。双方建立如此友好关系，我不相信阁下会以怨报德。我相信这并非出自阁下之命令，亦非阁下之意图。

该船所载货物已列出清单，随函附上。请阁下将上述货物交付送信人全部运回。若能如此，必将增进互相之间的友谊，使此种友谊牢不可破。我相信贵公司会极力赞成。

1653 年 10 月 21 日

清单

银锭	六百四十两
西班牙银币	七百枚
胡椒	一百五十七担七十二斤
白胡椒	九十斤
花胡椒	四担二十八斤
上等沉香	六担八十七斤
下等沉香	九十九担七十九斤半
鲨鱼翅	七担七十斤
精制牛皮	八十张
未制牛皮	六十六张

Sagba	四担四十斤
亚麻	十四担二十一斤
中草药	五担三十三斤
牛肉干	一担九十四斤
鱼干	三担六十二斤
Harten hachiens	三十二斤
白绫	四块
刺绣	一包
孔雀	两只①

大员的荷兰长官收到郑成功的信件之后，于 1653 年的 12 月给郑成功回信。信件原文未能查得，但主要内容于 1653 年 12 月大员长官西撒尔（胡月涵译为卡萨）给巴达维亚的一封信中提及：

> 福尔摩沙评议会已决定于 1653 年 12 月 22 日寄给国姓爷一封信，并附去一份价值为 37310（荷兰盾）的礼物。信中说"他握有一切权力，完全能够禁止商人与大员贸易……我们曾尽力掩饰预谋抢劫他船只的真相，而说成是，我们不知道总督阁下曾下过那个命令，加入再发生此类事件，系属广东长官的误会所致。我们已将此写信报告总督阁下，请他等到船队到达巴达维亚时再做商议。我们请求阁下不要生气。……我们得到回报说，国姓爷接到我们的信件很高兴。②

37310 荷盾约 25000 两白银左右，若非数字记载有误，这已是商船货物的部分赔偿。巴城总督已了解此事。1654 年 2 月 6 日的《东印度事务报告》记载了荷兰人对此事的决定：

---

① 胡月涵:《十七世纪五十年代郑成功与荷兰东印度公司之间来往的函件》。
② 胡月涵:《十七世纪五十年代郑成功与荷兰东印度公司之间来往的函件》。

中国大官国姓爷写信给大员的长官，抗议公司特使瓦赫纳尔在前往广州途中拦截他一条驶自广南的帆船并抢走船上的货物。对此，我们在上次报告中已有报告，看来他对此事铭记在心，要求我们偿还其货物。上述长官征求我们的看法。我们认为应偿还他的货物，以免与国姓爷产生摩擦，因为他在中国人与大员的贸易中可起决定性作用。①

荷兰人认为"此人（郑成功）现在也是海上一大权势，完全可能对我们造成危害"。② 郑成功对中国人与大员贸易的控制，郑荷双方都已非常清楚。在本章第一节郑成功与大员方面关于魍港渔税权的争夺中，郑成功已经以禁航大员来威胁荷兰人。而这一事件直至1654年7月才最终了结，乃由于巴达维亚与中国之间的航行受到季风的影响。1654年7月30日，大员的荷兰人收到巴达维亚的来信。信中说"从官员国姓爷的一艘戎克船上，被我们航往广州的船扣留的那些货物，已经外加一百担赠送的胡椒，从巴达维亚用一艘他的戎克船送去厦门还给这个国姓爷了"。③ 而此后郑成功也不再追究此事。

此后，荷兰东印度公司决定将中国帆船在东南亚的航行限制在暹罗以北，暹罗以南则只能驶往巴达维亚。

1655年4月1日的《东印度事务报告》有一段记载：

2月20日，又有一条小帆船从中国到达，此船属于厦门，尽管我们的人去年采取行动强迫所有帆船以后只驶往巴城，而国姓爷对此事则不能理解，他在一封由上述帆船带至的写给长官的信中讲到，其帆船的航线无人有权禁止，因为巴达维亚、大员和满剌加属于同一个国家或地区，有关事项还有待与我们达成协议，据我们获悉，柔佛也停泊一条帆

---

① Voc 1196, fol.376，《东印度事务报告》，1654年2月6日，《荷兰人在福尔摩沙》，第403页。

② Voc 1208, fol.106，《东印度事务报告》，1654年11月7日，《荷兰人在福尔摩沙》，第410页。

③ Voc 1206, fol.459，《热兰遮城日志》第三册，1654年7月30日，第369页。

船,同属上述国姓爷。据上述小帆船船主讲,另有6艘小帆船由国姓爷派出,其中3条前往暹罗,1条往柔佛,1条往三果拉,1条往大泥。他可在这些地区进行贸易并将贸易独揽手中,有了以上地区,他则不再需要大员、巴达维亚、满剌加,而且不给我们留下任何贸易。鉴于以上情况,我们认为,限制他的帆船最远只能到达暹罗,这已经对我们的贸易造成足够的损害,因为他将同时把锡和胡椒运送到那里。为阻止所有损害我们利益的商人,我们打算以后每年在不同地区予以拦截,迫使他们转航巴城。①

据上述记载看来,郑成功曾经与荷兰人就中国商船在东南亚海域的航行权有过交涉,双方已有过信件往来;郑成功认为"其帆船的航线无人有权禁止"。但荷兰人为了排除中国人对香料贸易的竞争,依然给郑成功写信,十分"客气"地告知郑成功,限制其商船在东南亚海域只能驶往巴达维亚,此信引胡月涵译文如下:

印度总督马兹克和总评议会祝愿伟大的长官国姓爷健康幸运,战胜敌人。

沙思可船长已经平安到达此地。阁下托他带来的信件及缎子二十四、天鹅绒二十四等礼物均已收到了。我们非常高兴,阁下有意与我们保持友谊和通信联系,对此我们也真诚地表示赞同。

今年从中国开来此地的帆船和小船共有八艘,我们相信他们回国获利颇多。我们曾尽力给予他们所需的一切方便和帮助。听说有一只小船到达马六甲,还有一只到达巴林旁。关于马六甲,我们上司曾有命令:在马六甲及其附近地区不准帆船进入。因为它离巴达维亚很近,而在巴达维亚,商人能够更容易出售商品,并能获得一切方便。我们必须执行那个命令。正如在这一带其他统治者一样,我们与巴林旁当地统

---

① Voc 1208,fol.498,《东印度事务报告》,1655年4月1日,《荷兰人在福尔摩沙》,第428页。

治者朋哥冷曾有协定，即：在巴林旁如出现各种胡椒和其他商品，必须运来巴达维亚，除非这些商品被准予售给别人。

为此，我们请求阁下今后不再派遣帆船去马六甲和巴邻旁，使我们能够准守上司的命令，并保持我们多年来所获得的权利。我们不愿意被迫对贵国商人加以干预而发生麻烦，因为我们不希望发生那样的事情。我们以有巴达维亚和大员那样大的商业区域而自豪。在这两个地方，每种商品都能找到买主。阁下不可能航行到其他贵国商人可以获得更多利益并可以得到更好的招待的港口。我们相信阁下对此会理解的。

印度总督马兹克

写于巴达维亚城堡

1655 年 6 月 17 日①

从这封信的日期来看，信中所说的沙思可船长曾从郑成功处带回信件，极可能是上述 1655 年 4 月 1 日的《东印度事务报告》中提到的 2 月 20 日到达巴达维亚的郑成功信件。荷兰人在这封信中无非是要向郑成功表示：暹罗以南的海域是荷兰人控制的区域，荷兰人已经和胡椒产地的各国签署了垄断胡椒出口的协议，请郑成功的商船只能按照巴达维亚的指示来航行和进行贸易。

1655 年 12 月 24 日的《东印度事务报告》记载：

来自厦门的小帆船于 7 月 12 日返回，装运 650 担胡椒，以 8 里尔一担的价格由公司提供，以及他们从私商那里购入的一批藤，缴纳关税 700 里尔，在该船航离时我们再次向他们声明，不许驶往满剌加，而是前来巴达维亚。②

---

① 胡月涵：《十七世纪五十年代郑成功与荷兰东印度公司之间来往的函件》。

② Voc 1208, fol.541，《东印度事务报告》，1655 年 7 月 12 日，《荷兰人在福尔摩沙》，第 430 页。

荷兰人借武力限制郑成功商船在东南亚海域的航行,郑成功强烈不满,也立刻回信。这封信是写给大员荷兰人翻译何斌和华人头家,请他们转告荷兰人,这封信于 1655 年 9 月 19 日送达何斌等人手中,9 月 21 日译成荷兰文,《热兰遮城日志》记载如下:

　　我决定写这封信给翻译员何斌和其他在大员的头家们,为的是要使你们清楚明白我的意思。我一再派我的戎克船去南北各处贸易,双方一直都顺利往来,毫无问题或困难发生。同样,我的戎克船也经常久在巴达维亚贸易,并从那里运回他们所有的货物。但是,现在有一个新的主管从荷兰来到巴达维亚,他使那些商人在他们的贸易上遭受很大的困扰,把他们扣留很久,使他们在季节快过去时紧迫出航,以致遭遇强风和逆风,造成桅杆折断和其他损害。这一切,都不是维持友谊的做法,也违反一向的惯例。而且,我的船长们和商人们也向我抱怨说上述那个新来主管打算要发布一道公告,只准许我们的戎克船在巴达维亚,以及麻六甲、吕宋,或位于靠近北大年的 Pahan 贸易,不准去其他地方贸易了,将严令禁止。这样看来,他要独占那些利益了。还有,有一艘我们的戎克船去巨港,被他们从船里拿走四百担胡椒。我不能想象,他的心是怎样的一颗心。如果他要发布这样的公告,为何不也下令禁止所有戎克船航往日本、暹罗、广南、柬埔寨和所有其他地方。这使我感到奇怪,他们在巴达维亚看到这公告,其实只要禁止我们的戎克船航行的少数地方而已。如果我要发布一道这样的命令,我将禁止他们不得在任何地方贸易,也不准任何船只来往。大部分的戎克船是我的船,另外少数一部分是我属下几个官员的船。如果我要发布这样的告示,还有谁不顺服地确实顺从。看看我对那些马尼拉的人的做法就知道了。……如果他们希望,像以前长年以来那样,安宁又和平地跟我们交易,不再像上述那样刁难我们的商人,那就很好。但是,如果他们想要独占利益,那么就要叫他们仔细想想,这样做,岂不是要把贸易之路关闭起来,反而无利可图吗,那是一个好意见吗。如果大员的主管官员愿意担保,以后,戎克船和商人在巴达维亚,不再遭受像去年遭受到的那种刁难的情形,也担保,上述要禁止去那些地方的告示,不会发布实施,则,我将像以前那样。如果巴达维亚像以前那样刁难,则,以后我不再相信他,也不再信任我们之间的友谊,那时,我将发布公告,禁止我所有的戎克船,前来大员或附近的任何地方,无论多小的船,无论任何借口,都不允许他们运货来此地,或来此地取货。我说的话就像砾石中的黄金,我所说的,必将实施。如果巴达维亚的人又做出像去年作的事情,而我因而发布了公告,则大员又有赢到什么。

写于距今三十八天前的下午三点钟,按永历王的政府第九年。①

郑成功以严厉的措辞,警告荷兰人不得限制其商船的航行。对于东南亚海域航行权的分歧,引发了郑荷之间频繁的海上冲突。上述 1653 年的广南帆船事件,仅是整个 17 世纪 50 年代郑成功与荷兰人之间不断为商船进行交涉之一例。

在较早中译的英国传教士甘为霖的《荷兰人侵占下的台湾》一书中,记载一封巴城总督给郑成功的回信,信中说:

殿下托邦官送来信件收悉。但来信的内容不很友好,这不是我方所期望于殿下的。殿下向我方所提出的各项过分的要求,我方不能同意。

第一,殿下来函称,你方帆船一艘由柔佛开返中国时,遭受我方一艘船只攻击,并被劫往台湾,在该处遇暴风雨,触礁沉没,要求赔偿十万两白银。

第二,来函又称,另一艘帆船从北大年开来时,在广州附近为某一荷船追袭,以致搁浅该处,不能复航,其损失据殿下估计为白银八万两。

第三,来函又称,不久以前,你方有帆船两艘遭受我船攻击,并被劫走。

我方对殿下答复如下:关于从前我方船只截获你方民船两艘的事

---

① Voc 1213,fol.735,《热兰遮城日志》第三册,1655 年 9 月 21 日,第 559—560 页。

情,我方付与殿下的赔偿已属过分,当时殿下也认为我方处理办法令人满意。

关于殿下来函所称有一艘帆船从北大年开来时为我方帆船追袭,因而遭受损失一事,我们断言对此毫无所知。

关于从柔佛开来的船只,殿下估价为白银十万两,……在殿下的赔偿要求具有确凿证据之前,我方决不能加以考虑。

约安·玛兹克

1658 年 6 月 8 日于大爪哇岛巴达维亚城堡①

郑成功给巴城总督的信未能查得。但从这封回信中,可以看出郑成功向荷兰人索赔的商船至少还有 4 艘,不过荷兰人对此自是推得干干净净。本节爬梳这一时期的荷兰史料,整理 17 世纪 50 年代荷兰人劫持华人商船事件如下。

第一起,1652 年,在北纬 10 度也就是暹罗湾附近海域抢劫中国商船。1653 年 1 月 31 日《东印度事务报告》提到:

> (1652 年 12 月)同月 16 日,一条中国帆船在北纬 10 度被截获,装货种类和数量如何,他们没有向我们报告。②

这艘帆船是否属于郑成功不详,但此时郑成功已控制闽海,华商的船只受郑成功保护。

第二起,上文中所详述 1653 年广南驶往厦门的郑成功商船被荷兰人驶往广州的船只抢劫,详情见前文。

第三起,1655 年,在海南附近海域劫持从广南回航的郑成功商船。1656 年 2 月 1 日的《东印度事务报告》称:

---

① 甘为霖:《荷兰人侵占下的台湾》,《郑成功收复台湾史料选编》,第 117—119 页。

② Voc 1189,fol.222,《东印度事务报告》,1653 年 1 月 31 日,《荷兰人在福尔摩沙》,第 368 页。

去年上述 Vleermuys 的遇难，以及根据我们在报告的满剌加部分所记述的平底船 de Roode Vos 因天气恶劣和风向不顺未能到达大员，那里急需用于装卸货物的小型船只。上述 de Roode Vos 在海南附近截获一条航自广南的中国帆船，获得一批胡椒、铅、沉香、明矾和锡，然后经暹罗前往并到达满剌加。国姓爷又将要求偿还并就此事大做文章，尽管这条船并非属于他，而是一名私商。①

这次事件发生 1655 年，在荷兰人刚刚了结赔偿郑成功在 1653 年被劫的商船之后。华商领有郑成功的"牌票"，因此郑成功对中国私商的保护也与其自己的商船一样。荷兰人颇为无奈地感慨这艘帆船虽不属于郑成功，但郑成功无疑也将对其进行索赔。

第四起，1656 年在满剌加以西截获来往长崎的中国商船。1657 年 1 月 31 日《东印度事务报告》记载：

平底船 de Roode Vos 去年在满剌加以西截获一条中国帆船，并将它送来巴城。其头领讲述，他们原打算由长崎航往满剌加，此船来自鞑靼人管理的福州。事情了结之后，我们发给他们通行证返回中国，并为确保我们的人在广州不出意外扣留他们 3000 里尔作为押金，若公司在那里的事情进展顺利，再将这笔钱还给他们。后来我们发现，该帆船并没有驶往中国，而是驶向日本，并泊至长崎。在那里，他们向当地官员控诉他们在巴城遭受的暴力和不公平的待遇，并要求我们偿还扣留的合计 4846 里尔的押金和关税。长崎代官就此事予以调查，我们在日本的商馆领事向他们介绍这些人如何在禁止中国帆船航行的水域遭到拦截（尽管此前已有帆船遭劫）等情况之后，对其要求全然予以回绝，不予以理会。我们准许日本人到中国贸易，但由他们自己担当风险，公司无意牵涉进去。而在上述领事辞别时，长崎代官仍强调不许我们伤害

---

① Voc 1209，fol.21，《东印度事务报告》，1656 年 2 月 1 日，《荷兰人在福尔摩沙》，第 433 页。

在日本海域航行的中国帆船。此事就此了结。以后日本的中国人将倍加谨慎,不再到公司管辖的水域航行。①

这艘中国帆船的船长自报来自福州,但事实上此时要从福州出海而不领郑成功的牌票也是非常困难的。

第五起,1657 年 6 月 4 日在越南南部海域抢劫郑鸿逵的商船。《热兰遮城日志》1657 年 6 月 25 日:

> 此地的法务议会开会,涉审案件包括,快艇 Domburgh 号的军官于本月 4 日在交趾支那的沿海遇见属于大官 Sikokon 的一艘中国戎克船,去盘查该戎克船时,他们承认有不当的抢夺行为,即有水手和其他人从该戎克船私自拿走很多物品,无论如何,他们显然随随便便,对自己的船员未加应有的监督。②

此时郑成功已开始禁航大员,这成为荷兰人的劫船的理由之一。但荷兰人正欲与郑成功和解,故也颇为担忧。

第六起和第七起。第六起,劫持 1657 年由柔佛驶往厦门的郑成功商船,并带到大员。第七起,劫持从柬埔寨返航的郑成功商船。这两起事件在 1658 年 1 月 6 日的《东印度事务报告》有所记载:

> 在我们的人与他就疏通与大员的贸易商谈之际,发生了以下事件,小货船 Breukele 和平底船 Urck 上的人在从这里前往大员途中不慎拦截国姓爷的一条帆船,此船由柔佛驶往厦门,并被拖至大员。结果,此船在大员海岸因风暴而遇难,当时船上载有大量的胡椒、锡等货物,只有一小部分被抢救下来。此事发生前不久,快船 Domburgh 截得另一条驶自柬埔寨的中国帆船,据其船主扬言,足有 800 两黄金被我们的人抢

---

① Voc 1217,fol.22,《东印度事务报告》,1657 年 1 月 31 日,《荷兰人在福尔摩沙》,第 456 页。

② Voc 1222,fol.175v,《热兰遮城日志》第四册,1657 年 6 月 29 日,第 199 页。

走,所有这些情况国姓爷均已得到报告。①

这段记载中首先提到的荷兰人劫持柔佛驶往厦门的帆船,《热兰遮城日志》1657 年 8 月 6 日下的记载更加详细:

> 那些搁浅获救的荷兰人告诉我们的话,曾提到,上述那艘戎克船是在 Poulo Capas 附近略往这边的 Poulo Thimor（潮满岛）被小平底船 Breukelen 号和 Urck 号攻击夺取的,攻击夺船的理由是,我方的人不认识那个舵手,所以认为他们是非自由的人（没有取得荷兰公司航行许可的人）。那些当作战利品夺来的货物分装在那三艘船里。从那时开始,这三艘船就结伴航行直到来到海南岛海湾附近,在那里,那艘 Urk 号因恶劣的天气而跟他们漂散,从那时候就没再见过。这两艘戎克船因暴风的天气,第一次越过大员去到澎湖,后来再从那里回来此地……②

以上是为第六起。其次,上述荷兰"快船 Domburgh 截得另一条驶自柬埔寨的中国帆船,据其船主扬言,足有 800 两黄金被我们的人抢走,所有这些情况国姓爷均已得到报告"。则应为第七起劫船事件。

第八起,1657 年劫持自暹罗返航的郑成功商船。《热兰遮城日志》1657 年 8 月 25 日:

> 国姓爷和祚爷从厦门写给我们,由翻译员何斌与前天带来此地的那些书信,经我们派人翻译成荷兰文之后,得知那些信的内容主要如下……信里又写说,国姓爷派一艘戎克船去柔佛,那艘戎克船被两艘我们的船扣留,24 个中国人从该船被带走,改派 14 个荷兰人去搭该戎克

---

① Voc 1220,fol.17,《东印度事务报告》,1658 年 1 月 6 日,《荷兰人在福尔摩沙》,第 493 页。
② Voc 1222,fol.205r,《热兰遮城日志》第四册,1657 年 8 月 6 日,第 224 页。

船,将该船一起带往大员去。另有一艘从暹罗回来的戎克船,如果没有出示公司派驻暹罗主管的通行证,也已同样被扣留了,该船平安回到厦门以后,将那艘戎克船被扣留带走的事情告诉他们,使国姓爷大为震怒,祚爷为了要平息他的震怒,大费心思,向他解释说,那一定是还不知道已经开放通商的我方那些船长和商务员,没有奉命,擅自决定的行为,现在,我们在此地一定已经下令,要将改戎克船以及船上所有的货物送回那里,并已严令禁止我方的人,将来不许伤害他们的戎克船,要使他们自由航行,那是他们对我们真诚的友谊就可以肯定地相信了。①

郑成功这封信里提到的第一艘船只,是从柔佛返航被荷兰人劫持到大员的商船,即上文所述之第六起。但这段材料中记载郑成功提到的第二艘船只即暹罗返航厦门的商船,由于未出示荷兰人的通行证而被扣留,与上文第七起之商船返航地点不同,应为第八起劫船事件。

如此一来,在上述巴城总督约安·玛兹克回复郑成功的信中,提到的郑成功索赔的四艘中国商船,便较为清楚了。第一条由柔佛返航被劫至大员的商船,应对第六起;第二条"从北大年开来时,在广州附近为某一荷船追袭,以致搁浅该处,不能复航,其损失据殿下估计为白银八万两",北大年位于暹罗西南部,可能便是上述第八起劫船事件;至于第三条所说的两艘民船,信息不详,也无法比对。

如荷兰人所料,对于被抢劫的每一艘帆船,郑成功都进行了强硬的索赔。荷兰人劫持这艘自柔佛返航的商船时,正值大员的荷兰当局请求郑成功解除禁航令,因此大员当局非常担心,在帆船因暴风事故以后,马上组织营救。《热兰遮城日志》1657 年 8 月 10 日记载:

> 昨天从此地派去检查平底船 Breukele 号的稽查官和授权的监督者回来此地,告示我们说,他们盘问了那个船长和簿记员数次,他们都坚定地,甚至发誓地否认他们从那艘夺来的戎克船有拿走、私藏任何物

---

① Voc 1222,fol.224r,《热兰遮城日志》第四册,1657 年 8 月 25 日,第 239 页。

品，也没有把那些物品当作战利品分给大家，而是将那些物品全部都留在该戎克船里，并贴上封条。这答复，后来被发现跟该记簿员更进一步的招认相抵触，也发现有其他人藏匿那种物品，就如清单所写的那样，此外，稽查官甚至在那艘平底船里看到有锡放在那里，也看到有该戎克船的现金和一些其他货物，这些现金和货物，据该船长的申报，已经遗失了，也看到据他说装入大帆船 Urk 号的一些货物。因此，福尔摩沙议会决定，要把那些藏匿的货物找回来，把 Breukele 号的主管们调来审问他们的罪行，并将该船舱贴上封条。

那艘被扣留的戎克船，经详细商谈之后宣布，该船以及船上所有的货物都自由放行了，所有抢救起来的货物，在该船的船老大用书面认领的条件下，都要交给他，从搁浅的该戎克船落水沉没的货物，在我方派人监督下，准许他尽量去打捞，我们也为此将提供应有的协助。①

但郑成功对荷兰人的赔偿并不满意。1658 年，郑成功继续写信对这艘商船进行索赔。据 1658 年 12 月 14 日的《东印度事务报告》记载：

今年有两条帆船自中国到达巴城，他们均来自厦门……而且带来一国姓爷的一封信和一封写给华人甲必丹潘明严的信。国姓爷在信中强烈要求公司为他的两条帆船被劫补偿 180000 两银，他还在给潘明严的信中示以威胁。

请您详细参阅信件的内容。我们在给国姓爷的回信中声明，公司毫无义务满足他的要求，但希望不与他因此而产生隔阂，不然将对双方产生不利后果。……请您参阅我们寄去的通信集中 6 月 8 日的内容……②

这里所说的"6 月 8 日的内容"，便是指前文中引用的 1658 年 6 月 8 日

---

① Voc 1222, fol.209v,《热兰遮城日志》第四册，1657 年 8 月 10 日，第 227 页。
② Voc 1225, fol.118,《东印度事务报告》，1658 年 12 月 14 日，《荷兰人在福尔摩沙》，第 511 页。

约安·玛兹克对郑成功的回信。

由于巴达维亚的荷兰东印度公司总督拒不赔偿,郑成功开始禁止中国商船前往巴达维亚,同时在长崎通过日本人向荷兰人施压。1660 年 12 月 16 日的《东印度事务报告》中,巴达维亚总督称:

> 厦门大官、国姓爷的伯父 Sainvia 写给中国人潘明严和颜二官的一封信,要求他们,说服我们就国姓爷的一条驶往柔佛被我们的人押至大员而后因风暴遇难的帆船赔偿损失。当时该船主在日本极力诋毁公司。……国姓爷还施加威胁,如果我们不肯赔偿损失,他将在日本追究我们的责任。①

1661 年 1 月 26 日的《东印度事务报告》又提到:

> 长崎代官 Crocaiuwa Joffic Somma,于 10 月 22 日(1660 年),即最后一批船离开那里前两天,派翻译出人意料地告诉我们的人,因为中国人就 1657 年被我们的人押往大员并在那里遇难的一条驶自柔佛的帆船,要求我们赔偿损失……代官已对上述中国人(据他声称)做过周密调查,接受了他们的已经得到正式的报告,要求我们的人在那里如数赔偿损失,或由我们在今年年底以前做到。鉴于代官的特别要求,我们的人辩解说,此事已交由巴城处理,中国人的损失将在巴城得到赔偿,但代官表示反对。
>
> 因为据中国人讲,国姓爷已禁止任何帆船驶往巴达维亚,无法在巴城得到赔偿。因此,长崎代官要求我们的人必须在那里补偿国姓爷帆船的损失。但我们如果决定停止对日本的来往和贸易,则可根据自己的愿望和需要而定。
>
> ……我们的人告别之前,他们再次要求我们的人说服我们下一季

---

① Voc 1232,fol.106,《东印度事务报告》,1660 年 12 月 16 日,《荷兰人在福尔摩沙》,第 522 页。

在长崎满足中国人的要求，又简短地就我们的辩解说，对我们的人来说在长崎或巴城赔偿没有什么区别。按中国人自己做出的统计，上述损失总计27096.9两，但他们在日本和大员提交的损失数目相差很大。上述布赫良先生认为，如果我们决定在日本赔偿他们的损失，以上述数目的一半即可与他们达成协议。①

在郑成功的努力下，日本方面对荷兰人施加了更大的压力。荷兰人不仅无法干扰郑成功北上日本的航行，也已经开始犹豫是否要在日本赔偿郑成功的损失，以免失去在日本的贸易。

此前关于17世纪50年代荷兰人抢劫郑成功商船的具体情况，中文史料不提，而荷兰史料则零星记载，使得郑成功与荷兰人在海上的复杂斗争，往往被忽视。荷兰人对郑成功航行于东亚海域商船的抢劫以及郑成功的回应，事实上反映了双方从长崎到巴达维亚的东亚海域航行权的争夺。而郑荷双方最后一次交涉，距离郑成功进军大员更只有三个月时间了。从东亚海域的激烈竞争来看，郑荷之间的战争早已一触即发。

第四节　禁航大员

一、郑成功的禁航令

本章第二节曾提及郑成功给大员的荷兰长官写信，要求荷兰人在大员也禁止所有商船前往马尼拉。但荷兰人却认为大员的事务属荷兰人管辖范围，不应受到郑成功的影响。在1655年8月21日的福尔摩沙会议中，荷兰人对于郑成功的禁令"决定不予公布，因为这对公司与荷兰人的主权可能造成一些伤害"。②

大员长官西撒尔于1655年10月17日给郑成功回信中说：

① Voc 1232,fol.436,《东印度事务报告》,1661年1月26日,《荷兰人在福尔摩沙》,第523页。
② Voc 1213,fol.705v,《热兰遮城日志》第三册,1655年8月21日,第537页。

前月(8月)17日,我们收到阁下写于前五星期的信。

我们已经注意到阁下厌恶马尼拉统治者蛮横无理。阁下对派到那里的帆船、商人及其货物受到不公平的待遇和贸易,在忍无可忍之下,终于勃然大怒,决定完全禁止所有国民与马尼拉及其附属地方的人进行贸易,并完全断绝来往交通,(不仅帆船,甚至连小船也禁止来往),违者严惩。这一切,我们从阁下的来信,尤其从来信的附件,即阁下所发布的禁令,看得很清楚。

阁下既乐意请求我们帮助,也由于双方之间长期保持友好关系,因此对阁下的禁令,我们表示理解和赞成,我们也应该严禁同马尼拉的往来。对此,我们可以向阁下声明:荷兰与西班牙之间几年前曾经签订了一个永久和平条约,马尼拉是隶属西班牙管辖的,我们如果要忠实地遵守这个条约,本该承认马尼拉也是我们的朋友。我们感到阁下对我们的请求是多余的。因为我们通过自己所见所闻的亲身经验,完全相信来信所说的事实。我们敢于向阁下保证,此地的中国人谁也不想去马尼拉做生意,没有任何船只准备去那里。因为商人们在那里遭受虐待,生意亏本。他们对自己的遭遇感到非常愤怒,都不愿意再去贸易。

我们很久都没有听到中国人提出申请开船去马尼拉做生意。既然如此,请阁下就不必担心。

阁下忠实的朋友卡萨长官

写于热兰遮城堡

1655年10月17日①

事实上,郑成功给大员信件中的要求是十分严厉的,他威胁荷兰人如不照办,也将对大员实施禁航。但荷兰人认为大员主权应属东印度公司,并且这封回信也委婉说明他们不准备在大员发布对马尼拉的禁航令。此后郑成功发现在他禁航马尼拉期间,仍有大员的商船前往,于是威胁数次的禁航大员终于成为事实。

———————————

① 胡月涵:《十七世纪五十年代郑成功与荷兰东印度公司之间来往的函件》。

1656 年 6 月 27 日，郑成功发布命令：

以往，中国货船经常前往海外各地通商，备尝贸易之利。然而前往马尼拉之商民向本藩申诉：马尼拉西班牙人视之为鱼肉，肆意欺压，而不当人看待。或几乎强夺商民运来之货物，或随意付款，常低于进货价格，并要久候，延误时间。

大员荷兰人之所为，与马尼拉人如出一辙，亦视商民为可供人食之鱼肉。本藩闻知此情，心血沸腾，极为愤怒。大员位于近邻，本藩望其今后改弦易辙，实行公平交易。

在此之前，本藩曾发布一道命令，断绝与马尼拉贸易来往。此道命令，人人遵守，到处执行。唯有大员拒不执行，甚至不予张贴。本藩虽不全信，也不忧虑。然而，有一只帆船久离此地赴马尼拉贸易，近返厦门，该船商民向本藩尽陈大员帆船赴马尼拉贸易之所见实情。正值本藩严禁与马尼拉通商之际，大员为何置若罔闻？

闻此实情，本藩决定与大员断绝贸易往来，任何船只，甚至连片板皆不准赴大员。然而鉴于有中国人居住彼处，为避免损害其利益，且有众多大小船只如今尚在各处，未能及时得悉此令，为此，本藩准其在一百日以内来回航行。在此时间之后，禁止大小船只来往。百日期满以后，本藩欲另发一道命令。在此劝告所有商民，包括业已到彼及尚未到彼之货船，在期限内尽速返回。

在百日期限以内，准许所有大小船只，运载下列货物返回。即：鹿肉、咸鱼、蠔、花生、糖水，不准携带其他货物。谁若运来其他货物，即将其船只货物没收，并将船上所有之人处死，无一赦免。特此警告。

为严厉执行此道命令，本藩业已到处分派检查人员，检查所有到来船只。并向检查人员许诺，在此事结束时，适当分给部分没收之船及货物。住在此处船主及商民如发现上述禁品，也要被捕，并没收所有货物。

以上命令，望严格遵守。本藩既已做此决定，决不让步，亦不做任何改变。百日后，此项禁令并不影响本藩常遣船只到沿海各地巡查，或采取某种行动。特此告知商民：大员与马尼拉系一丘之貉，既丑恶又傲慢。本藩言词及命令，犹如金科玉律，坚定不移。

中国农历闰五月初六日

荷兰历 1656 年 6 月 27 日①

这个告示于 1656 年 7 月 9 日由 Ampea（可能是洪兵爷）派遣一位名叫 Teja 的华人带到大员。荷兰人记载"他带这告示来，是要让此地的中国人头家和商人看，并要由这些中国人告知长官阁下，也要在此地张贴公告"。但荷兰人"下令禁止这带告示的人贴出这告示，违令将处以严罚"。② 1656 年 7 月 21 日的《热兰遮城日志》记载：

星期五。因为本月 9 日从厦门带来大员此地的国姓爷的告示，关于国姓爷要禁止贸易的那个告示，看起来在居住于大员与福尔摩沙的中国人之间已经引起很大的骚动，因此今天决议，要用告示禁止携带外地君王这类的告示来此地，也禁止宣传这类告示，违令者，或甚至携带这类书信来的人，将视情节，可以处以死刑，如果有人从外地携带书信，其内容触及此地的社会或政府的，必须一到此地就交给长官阁下，不许带进此地的家里。不过，我们自己是否被这最近带来的那告示弄得太过紧张，还要等过一个月才会明白。③

郑成功对大员的告示极大触动了荷兰人的神经。由此记载可以看出，郑成功把大员当成他的势力范围，但荷兰人坚持认为大员主权应属东印度公司。

郑成功同时写信给巴达维亚的华人首领潘明严及颜二官，信件内容如下：

---

①　引自胡月涵：《十七世纪五十年代郑成功与荷兰东印度公司之间来往的函件》。《热兰遮城日志》译文类似，前者更为简练，故引。

②　Voc 1218, fol.249v,《热兰遮城日志》第四册，1656 年 7 月 9 日，第 96 页。

③　Voc 1218, fol.256v,《热兰遮城日志》第四册，1656 年 7 月 21 日，第 103 页。

自本地航渡大员，或自该地归还本地之中国人，向被认同吾子。居大员之吾臣民，数年来人类竟如同猪鱼之类被杀供食。余曾禁中国帆船航渡马尼拉，但除大员居留之中国人不遵禁令外，余皆守此禁令。彼等不仅未加遵守，甚至输送传教师数人至该地，但马尼拉方面不允许贸易，将其遣返大员。因如此违抗吾命令，故本地及其他凡在吾治下地方之帆船，皆禁止其前往大员。……其贸易可能因之而毁。惟巴达维亚之大官未悉于大员所发生为何事。或许鉴于我方禁止大员贸易，以为我方有攻击大员之伏意，其实如此蕞尔小海岛，对吾即无利可言，自未曾加以考虑。汝等将此事报告于总督及印度参事会，令其在大员能发布比以前更善遇吾方国民之命令，则余亦将再派遣帆船至该地。余先年来以帆船数艘搭载商品派遣至巴达维亚，但因多劳薄利，贩售利益微不足道，故本年仅派遣二艘。但愿能比从前更受厚遇，而望能进行交易。余之好意以此帆船二艘之派遣以及其他，应可了然。视右述帆船之成绩如何以决定，将来是否可以再派遣更多帆船？抑或完全禁止贸易之进行？潘明严及颜二官二位！务请将此事通知于巴达维亚总督以下人员，并令其回答。

余治世之九月二十九日（永历十年即 1656 年）署名①

这封信于 1657 年 2 月送达巴城的潘明严等人手中。1657 年 6 月，巴城总督回信郑成功说明不在大员禁航马尼拉的缘由，与上述大员长官西撒尔所回复郑成功之内容类似，此处不再引述全文。②

郑成功禁航大员的命令开始实施，并且在禁令下达一个半月以后，郑成功又派遣将领 Sausinja（可能是萧拱辰）至大员检查中国商船是否遵守他的命令。1656 年 8 月 12 日，荷兰人发现了他的到来，立刻将他扣留并强行搜走郑成功予他的委任状。③

荷兰人马上找来何斌、Zako、Juko 将这份委任书从中文逐字逐句翻译成

---

① 《巴达维亚城日志》第三册，第 160 页。
② 参见《巴达维亚城日志》第三册，第 166—168 页。
③ Voc 1218, fol.256v，《热兰遮城日志》第四册，1656 年 8 月 12 日，第 113 页。

葡萄牙文,再(由荷兰人)从葡萄牙文转译为荷兰文,其内容在 1656 年 8 月
19 日的《热兰遮城日志》记载如下:

　　你必须在澎湖和大员全力认真去检查戎克船,看有没有确实遵行
我的禁令。大员的荷兰人,把我们的人民视同鱼和肉,就像马尼拉的人
所表现那样,这种情形,我从去那里(大员)回来的商人的口头和书面
报告得知,是我大为震怒。大员很靠近(厦门),因此相信,他们会像以
前那样好好地再来交易。以前我曾经颁布一道禁令,禁止去马尼拉贸
易,那禁令到处都被人接受(贴出),就只大员的人不肯接受。去年有
一艘戎克船从此地(厦门)去马尼拉,该船回来以后向我报告说,在马
尼拉有戎克船(从大员)来往航行。但是,因为大员有那么多我的百
姓,所以我不要在短期内就断绝这条航路,因为我知道,他们不能都很
快就知道我的禁令,因此我给他们一百天的时间,在这一百天内大家都
可以去大员也可以来,但是这一百天后,我就不准任何戎克船,甚至任
何一块木头,从那里来。在这一百天内所有的中国人都可以搭戎克船
来这里,可以携带鹿肉、咸鱼、芝麻、糖/水、豆子之类的货物来此地(厦
门),但是不准携带任何从外地运去(大员)的货物来,有谁不肯遵行我
这命令的,我将严厉处罚他。我也已交一道告示加上一封信给官员洪
兵爷(Angpea),令他在澎湖检查所有的戎克船,为这目的,也派这个官
员去澎湖和大员调查所有的戎克船,看看他们从哪里来,要去哪里,船
上有没有违禁物,也要写下他们的名字,以便回来向我报告。而且,从
所有被他(萧辰爷)带来给我的那些东西,他将取得一半,我收取另一
半。那些船上一起航行的人都将被处死。派遣那些戎克船的商人,我
也要严厉处罚,并且没收他们所有的货物。但是如果你瞒着我,不将实
在的情形告诉我,我将把你和与你有关的人都处死。你必须切记,这一
切都是坚定不移的法令。因此,我劝告你,要好好在那里检查所有住在
大员的人要搭来此地的各种戎克船,告诉他们不可视同儿戏,你检查后
就要立刻回来此地。

　　这委任状,按照我们的历法,是于最近送来关于要禁止贸易的那个

告示公布后（1656 年 6 月 27 日）的第三日（当为 1656 年 6 月 30 日）写给他的。

这分委任书与先前发布禁令之内容大致相同。在 1656 年 8 月 19 日的《热兰遮城日志》中，荷兰人认为，"这些事情，我们在此感到，触犯了尊贵的荷兰公司的威权，就像他国姓爷也不会允许我们或其他君王送告示或命令去他统治下的地区公布，因此我们很清楚可以看出，他国姓爷就是想要断绝跟我们长久以来的友谊，并断绝我们的属民与他的属民之间持续多年的贸易……公司在此地及福尔摩沙及大员的这权益，现在我们也必须维护捍卫"。并且告诉萧辰爷说，"一旦潮水和天气良好，也准备好他航行所需要的粮食，他就必须搭他的戎克船离开此地，不得再来任何属于我们的地方。也告诉他说，在他还在此地的期间，不得向任何人透露他被委派的事情，更不得去执行他被委派的工作"。① 荷兰人对郑成功的行动坚决抵制。

二、郑荷谈判

1656 年 8 月 3 日的《热兰遮城日志》记载：

> 上个月派去澎湖的那艘小戎克船从那里回到此地……又说，他们在澎湖想买些新鲜食物，但买不到，因为完全被禁止了，只能是被官员国姓爷禁止的。②

1656 年 8 月 12 日的《热兰遮城日志》还记载：

> 住在此地的华商 Oeyqua（黄官）告诉我们说，他现在也接到消息说，有一艘戎克船，在这禁止贸易以后，他曾经从此地寄该戎克船运胡椒去厦门，到了那里以后，被严格搜查，乃在船里找到这些胡椒，因此，

---

① Voc 1218, fol.268r,《热兰遮城日志》第四册, 1656 年 8 月 19 日, 第 116—118 页。
② Voc 1218, fol.263r,《热兰遮城日志》第四册, 1656 年 8 月 3 日, 第 111 页。

该戎克船的两个头人已被国姓爷下令斩首,还有两个较低阶的人被砍掉右手,因为他们违背了国姓爷禁运胡椒的命令。因此我们看到了国姓爷是真确地执行他的告示的。①

郑成功的禁令开始执行,首先受到冲击的要数大员华人,因为与中国沿海之间的贸易是他们获利的最主要途径。没有了中国方面的商品,与台湾原住民及东南亚各地的贸易都将无从展开。由此,就在郑成功发布禁航令以后,大员的华人立刻推举与郑成功之间有联系的翻译何斌前往厦门,向郑成功递交"陈情表"。大员长官揆一于1657年3月10日给巴达维亚的信中曾提到这件事:

> 约六个月前,福尔摩沙的中国人头家曾寄一封陈情信去给国姓爷,请求他准许再开放跟大员的交易。鉴于那封信和一起送去的礼物他都收下了,所以那些中国人头家认为有可能他会听取他们的请求。
>
> 中国人那些头家,都没有直接从国姓爷收到向他陈情收回他1656年6月27日公告的告示的答复,不过从Sikokon,即一官的一个兄弟,和Sauja(祚爷,郑泰),即厦门的长官收到了回信。这两个人宣称,国姓爷之所以震怒,完全因为他发现有几个他的船长被公司的士兵恶待而引起的,他们打算用好话劝国姓爷息怒。但长官和议会还不能确信,所说那意外事故,是导致他断绝贸易往来的真正原因。因此,他们派本身也是头家之一,又跟厦门商人有良好关系的公司翻译员——何斌,当调解的人,去见国姓爷。②

但这一禁令只要尚未触及荷兰人的切身利益,荷兰人不会轻易屈服。当巴城总督了解此事以后,在1657年1月31日的《东印度事务报告》中,总

---

① Voc 1218, fol. 265v,《热兰遮城日志》第四册,1656年8月12日,第113—114页。
② Voc 1222,fol.1—16,《揆一写给马特索尔科的信》,1657年3月10日,《热兰遮城日志》第四册,第158页。

督写道：

> 他最近这禁令，已使住在福尔摩沙的中国人大骚动，也使不少中国人携眷回去中国了。不过，长官和议会对这道告示并不很担心，因为国姓爷少不了从大员的贸易来赚钱支持他作战的需要。

> 您可以看出，国姓爷控制了中国对大员的所有贸易……没有与中国的贸易，大员将无法存在下去。所以，我们设法重新打开对中国的贸易，而达到这一目的的唯一办法是向他宣战，以拦截其帆船来破坏他的海上活动，同时可以从中获得好利，足以补偿贸易停顿造成的损失。我们这样做唯一的后顾之忧是，担心我们对日本的贸易会因而受到影响。但多数了解日本的人认为，日本人将不希望看到这种事发生，但他们不会公开声明阻止我们的贸易，除非我们事先不向他们询问，因为他们肯定不会允许我们这样做，但人们只是必须将有关于此的决议向他们说明，并首先讲清楚上述国姓爷对我们的不公做法，迫使我们不得不采取措施予以报复，即使我们被迫撤出日本也在所不惜。据说他们决不愿我们撤出，他们会担心断绝其货源。①

荷兰人首先认为郑成功也需要与大员的贸易来维持其军队的开支，甚至准备对郑成功宣战。禁航令马上对大员造成了根本性的影响，荷兰人也没有实行他们的宣战计划。从荷兰史料来看，郑成功的禁航令直接动摇了荷兰人对大员的控制，主要影响有以下几个方面：

第一，中国人逃离大员，导致大员的人头税剧降，华人头家承担的赎税无法足额。华人离去，大员的农业也受到影响。在 1656 年 12 月 26 日揆一给巴达维亚总督的信中说：

> 中国人的人头税赎商向政府诉苦说，因为中国人戎克船的离去不

---

① Voc 1217,fol.99,《东印度事务报告》,1657 年 1 月 31 日,《荷兰人在福尔摩沙》,第 477 页。

来,以及中国人的移回中国和死亡所导致的中国人社会里的人口减少,使他们的税收平均每个月比原来的估计少收四百里尔。他们请求,准许他们数个月缴纳少于原定金额的赎金,他们承诺,一旦情况改善,他们会把那些差额补缴给收税单位。承赎福尔摩沙的赎商,因为(受到郑成功禁运的影响)已经几乎都无法(从中国)取得用来交易的商品,所以也请求免缴最后那些应缴的赎金。大员的长官和议会不敢立刻接纳这些请求,所以也请示他们的上司该如何办理。同样严重的情形,也发生在已经负债的那些主要的中国农夫身上,他们要求预支货款给他们。长官和议会认为,他们除了忍痛履约之外,别无办法。①

第二,荷兰人无法交易到中国的黄金,导致无法交易印度海岸科罗曼德尔地区的布料,大员商馆的地位下降。荷兰人甚至在大员限制银的交易,又使得贸易更加停滞。1657 年 1 月 31 日的《东印度事务报告》称:

从 1656 年 3 月初到 11 月 30 日的这八个月中,热兰遮城的商务员跟中国几无交易来往,因此黄金只买到 168113 荷盾(约一吨半的黄金)。黄金的短缺,将妨碍 VOC 在科罗曼德的布料交易,这些布料交易,一直都是靠中国的黄金来支付的。在这期间,有几艘中国人的戎克船运一些银来福尔摩沙。但是这些银的交易,被大员的长官禁止,因为公司非常需要黄金。②

第三,台湾的华人与原住民之间的交易停滞,开始引发骚乱,从而动摇了荷兰人在台湾一部分地区的控制。1657 年 3 月 26 日的《热兰遮城日志》记载:

① Voc 1218,fol.467—471,《揆一写给马特索尔科的信》,1656 年 12 月 27 日,《热兰遮城日志》第四册,第 155 页。
② Voc 1217,fol.22,《东印度事务报告》,1657 年 1 月 31 日,《荷兰人在福尔摩沙》,第 457 页。

我们收到政务员 Loenius 从诸罗山寄来的一封信，主要告诉我们说，那些中国人贌商大发怨言说，因为贸易的停止，使他们无法从原住民交易到鹿肉等物，而那些原住民也很缺乏衣物了，因此大家都吵闹起来，不宁静了，应该要恢复那贸易了。①

到了 1657 年的 3 月，大员长官揆一已经坐立不安，大员的评议会也决定派何斌到厦门与郑成功商谈，力图恢复与中国沿海的贸易。这一事件在中文史料也有提及：

一、《先王实录》：

六月，藩驾驻思明州。台湾红夷酋长揆一遣通事何廷斌至思明启藩：愿年纳贡，和港通商，并陈外国宝物。许之。②

二、《海上见闻录》：

六月，台湾红夷人长揆一遣通事何斌馈送外国宝物来求通商，愿年输饷银五千两、箭桿十万枝、硫黄一千担；许之。③

其中事情之经过，中文史料再无记载。但此事对于大员而言却是生死攸关的大事，因此在《热兰遮城日志》中，荷兰人把这次谈判的诸多细节一一记录下来。何斌在与郑成功的商谈中要如何应对，大员长官揆一也有详细指示。1657 年 3 月 19 日的《热兰遮城日志》记载：

早晨，福尔摩沙议会召开会议，在会中仔细研读，由议长撰写，遵照本月 5 日的有关决议，要由我们的翻译员何斌带去中国沿海交给大官国姓爷的信，以及要交给 Sikokan 和 Sauja 的信之后，都认为写得

① Voc 1222，fol.133r，《热兰遮城日志》第四册，1657 年 3 月 26 日，第 165 页。
② 杨英：《先王实录》，陈碧笙校注，第 153 页。
③ 阮旻锡：《海上见闻录》卷一，第 24 页。

好……要致赠国姓爷礼物……并决定,要交 800 西班牙里尔的现款以及 2945 荷盾的各种货物给带这封信的何斌去分赠给较低阶级的朝臣,以及供应他需要的开支,合计分赠的礼物和开支费用总计 8955 荷盾。①

何斌于 3 月 24 日从大员出发,《热兰遮城日志》当日记载:

那艘小领港船出航前往澎湖,要送翻译员何斌去那里。……议长阁下还对这个翻译员何斌当面用口头强调地命令他说,务必注意下列事项,并要用我们策划的方式,设法促使我们获得自由贸易。

如果对方提出对我方侮辱或损失的问题,他不可答复,但要借口不知道,请他们原谅,不然,就要小心据实为我方辩护,宁可少说,不可太大方,以免被套牢指摘。最后,何斌必须从厦门来信告诉我们,关于我方的状况和国姓爷那边的状况,并要设法问 Sauja 的意见,我们应如何才能获得我们的愿望。②

何斌到达厦门以后几经波折,于 1657 年 6 月 13 日完成了与郑成功的商谈,回到大员。当日的《热兰遮城日志》记载何斌向荷兰人汇报的关于他与郑成功之间交谈的内容:

何斌根据他写下来的记载,告诉我们,上述大官国姓爷告诉他值得叙述的(下令禁运)的理由:

他说,以前在大员一直都有良好的做法和惯例,即戎克船一旦经稽查员检验通过,就可毫无阻碍,也不被迁延时日,立可出航,前往他们的目的地。但是这良好的惯例,在长官 Caesar 阁下当政期间大为倒退了,有时戎克船已由稽查官检验通过了还得留下来很久,有时检验好了

---

① Voc 1222,fol.131r,《热兰遮城日志》第四册,1657 年 3 月 19 日,第 164 页。
② Voc 1222,fol.131v,《热兰遮城日志》第四册,1657 年 3 月 24 日,第 165 页。

却找不到这位 Caesar 阁下来报告，有时检验通过后的戎克船还得不到准许出航的通知，以致必须延期出航，使适合航行的潮流和时机消逝过去，而使那些人不得不忍受损害地留下来。

他说，在这长官阁下的指示下，发生过对中国商人非常蔑视又不公道的事情……他说，有一个人，最近奉这官员国姓爷的命令，从那边来到此地，要向大员所有中国人公告，禁止从此地航往马尼拉去通商交易，这人的任务不但被这长官阁下所妨碍，所阻止，他带来的中文禁令还被他拿走……他还平和地又问说，他去年派官员 Sausinja 带国姓爷的通行证搭一艘戎克船来此地检验在此地的戎克船，这个官员也同样，不但被这长官 Caesar 阻止了他的任务，他的通行证也被他拿走不还了，他觉得很奇怪，他问说这又该如何解说。对此，何斌回答说，长官阁下把这通行证寄去巴达维亚给总督阁下，要使总督可以看到这通行证。但国姓爷又问说，为何不寄抄本去，何斌回答，这样做，是要让总督阁下自己可以辨识盖有官员国姓爷的印章的通行证原本。

此外，国姓爷年年派数艘商船前去暹罗、占碑、巴邻旁和其他在南洋的商埠，为顾全这些商船的航行，国姓爷要何斌转请议长 Coyett，以他的名义寄信去巴达维亚总督阁下和东印度议会，促请他们下令给所有公司的船只的主管们，若在海上遇见国姓爷的戎克船，不得阻碍干扰他们，相反地，在他们有需要时伸出援手，相对地，他也会下令他的戎克船如此全力援助公司的船只，这样使双方在海上航行时互相往来，互相协助。①

从郑成功的谈话可以看出，他对大员的禁航不仅仅由于大员未遵守其对马尼拉的禁令，还源于双方在东南亚贸易和航运中产生的冲突。1657 年 6 月 14 日的《热兰遮城日志》记载郑成功提出的主要条件有：

---

① Voc 1222,fol.160v—164v,《热兰遮城日志》第四册,1657 年 6 月 13 日,第 188—190 页。

1. 以后中国的商人来（大员）交易通商，对交货、取货，或付款等事务，无论如何，都务必迅速处理，不得迁延时日，或搁置不理。

2. 以后对准许戎克船从此地（大员）离开回航之事，也要同样迅速处理，不得迁延时日，或搁置不理。

3. 我们愿意决定，写信寄去巴达维亚给总督阁下和东印度议会说，以后他殿下派去暹罗、占碑、巴邻旁和该航路其他地区的商船，无论在航行中或在交易中，公司的人员都不得有干扰、阻碍或限制他们的行为。①

从郑成功提出的条件来看，由于与马尼拉之间的冲突已经和解，因此他最重视的乃是在大员的平等贸易和在南洋各港市的自由航行。荷兰人对此当然不敢有异议，大员评议会"认为前两点完全是公道合理的要求，第三点也不会造成我们的损害，因此在会议中决议，愿意接受上述这些要求，尤其是，这样就可以重开对公司、对此地居民那么重要、那么有利益的贸易"，唯独在郑成功商船南洋的航行不属于大员长官权力范围，但荷兰人"会在寄去巴达维亚给总督阁下等人的信里提到，无可怀疑地，他们阁下必会安排对此最为公道合理的办法"。②

荷兰人对与中国贸易的渴望，从 1657 年 6 月 30 日《热兰遮城日志》中的记载可以看出：

我们从这个名叫 Tangsingh 的船老大听说，他们这艘戎克船是跟翻译员何斌一起出航前来此地的，但是因为遇到阻拦，该戎克船被那艘快艇 Domburgh 号的主管所盘查，就如已有一些搭该船的人所抱怨的，那些荷兰人拿走了很多他们的物品，但是拿了什么东西，各拿走多少，却要到时候才说，愿神让此事不至于造成我们与中国当局（指郑成功的

----

① Voc 1222, fol. 166v,《热兰遮城日志》第四册，1657 年 6 月 14 日，第 192—193 页。

② Voc 1222, fol.167v,《热兰遮城日志》第四册，1657 年 6 月 14 日，第 193 页。

政府)之间的裂痕(中国当局的友谊对我们是非常珍贵的)。①

　　原本默许的抢劫商船的行动,此时变成荷兰人最担忧的事情。还好此事在郑泰的劝解下化解。1657 年 7 月 2 日下午,荷兰人再次派何斌前往厦门回复郑成功的书信。

　　1657 年 8 月 23 日,何斌从厦门回到大员。《热兰遮城日志》记载:

　　　　今天,那个中国人翻译员何斌也完成了他去见官员国姓爷的任务从厦门回到此地。……这个何斌受到我们的欢迎,他将上述国姓爷和祚爷的来信交给我们,也交给我们等候很久的国姓爷在厦门公布通告的开放贸易的一份告示。……商谈顺利进行的数天后就已万事就绪,准许重新开放中国和此地之间的贸易和来往航行的告示,也已公开到处张贴公告了,那边的中国商人为之欢欣不已,何斌也接获通知要留下来出席为此举行的庆祝活动了。但是,就在这贴出告示的隔日,有一艘从暹罗回来厦门的戎克船带回消息说,有一艘国姓爷的戎克船从柔佛回来的途中,被两艘荷兰船夺去带往大员去了。国姓爷听到这消息,就派人去把所有贴出去的那些告示都撕下来,并极其震怒地对何斌说,荷兰人果真是不可相信的,才刚刚重新建立的友谊,就这样轻易破坏了,等等。因此,何斌在对我方友善的人的协助下,费尽口舌,促使国姓爷相信,我们对此事完全无知无涉,那完全是那些船长自行干犯的事,那艘戎克船被带去大员以后,必会迅速被送还他阁下,何斌自己还必须为此担保,才又使国姓爷允许开放通商。最后,他还令何斌要在此地训令议长,将来不得再有干扰他的戎克船的事情发生,荷兰人跟他现在重新建立的友谊才能坚定不移地继续下去。②

　　何斌还将郑成功在厦门张贴的告示带回大员,经荷兰人翻译,其内容于

---

① Voc 1222,fol.176v,《热兰遮城日志》第四册,1657 年 6 月 30 日,第 200 页。
② Voc 1222,fol.221r,《热兰遮城日志》第四册,1657 年 8 月 23 日,第 237 页。

1657 年 8 月 25 日的《热兰遮城日志》中记载：

　　我现在把我以前封锁的又大大开放了，就像在这告示可以详细看到那样。鉴于大员如此邻近我们的地方，其关系之紧密有如丝带之于衣服，并已获得某些成果。以前家父太师爷很乐意允许荷兰人在大员通商交易，使他们在那里长期经营牟利，我也同样，继续不断让我的商人，戎克船和人员自由自在去那里跟他们交易来往，虽然这样使继续去那里的人现在定居那里，不再都是我的属民，因而是我丧失不少税收，不过我也助长了大员的繁荣。在大员的荷兰人必须想想，要饮水思源，为此，他们理应善意地回报优待我的商人和人员。那个 Caesar 却不但不公正地对待商人和其他人，还极其骄横，而且一再如此无理逞威，视我的告示轻若毫毛，任使戎克船航往马尼拉，不把我看在眼里，因此我才封锁贸易，片帆也不准再去大员。现在，因大员的新任长官废除了 Caesar 的那些恶行，使那里的商人和其他人都安然无虑，而且继续派翻译员何斌来告诉我各种善意，我很高兴听到他所下令执行的事情。因为我常常听说那边的人很好，办事公正，所以很乐意听取他们的要求。不久以前，我们在此地也收到从巴达维亚寄来的信，要求开放通商贸易，此事也决定可准许通过，因为他们对此恳切请求，我也再次考虑，因我的人住在大员，使我不能再继续关闭交易来往，而是要帮助他们脱离困境。现在，我开放这良好的交易来往，可以像从前那样交易来往，因此我也循例发布这告示，晓谕住在那里的荷兰人和中国人，以及在那边和这边的其他商人，这告示公告后，我准许你们，包括商人和其他人，都可以像以前那样搭戎克船自由地去那里交易通商。我在下面将提到的 Caesar 那些强横的做法，今后不得再发生，也不得再如法炮制，不然，将再如以前那样关闭商人和其他人的来往航行，届时你必将遭遇困难无疑，我的命令坚如金石绝不改变。

　　在这告示此处旁边标记着：以下记述 Caesar 的强横作为。

　　首先，我曾严格禁止去马尼拉交易通商，并派一位官员持告示去大员，但他不肯让该告示公告，还把我交给他的委任状拿走，因此我不知道那些委任状现在何处。不但如此，还说，凡有中国人想要去马尼拉的，他都会发通行证给他们。所以他眼中看到的尽是坏主意。还有，荷兰人还经常打中国人，中国人都不敢抵抗也不能抵抗，因为他的规定就是这样，不理会谁对谁不对，任由他们去打，还有比这更可恶的吗？

不仅如此，商人为了要他在黄金的单据上或是货物的单据上签名，必须等上八到十天，或等更久，因为他在全部单据汇集以前不肯签名，他要在一个时间里一起签名，这样使那些商人等候下去就必须花费很多钱。

还有，当商人运货来大员，货物就被放进仓库里，要放在那里很久才来商谈生意，商谈时他还要用很低的价格收买，也不准让商人把那些货物从仓库取回。而且，商人运黄金来卖，他也要他们必须以很高的价格接受仓库里的货物，不肯用钱支付他们运来的黄金。

还有，本来大员有一个为穷人而设立的医院，Caesar 存心不良想要从中私取利益，乃强迫收买那间医院，改建为住屋，并命令他们去赤崁另建一个医院，使那些手脚病痛或有其他病痛的穷人很难去那里看病。

还有，商人们用自己的戎克船运柱子、木条和砖瓦去大员，他不准这些东西卖给任何人，连一点点也不准出售，他说，公司想要买这些货物，就让那些东西留滞在那里很久，以致有一部分被偷走，然后还用很低的价格收购，使那些商人大受损失。

永历王第十一年第六月第二十八日，盖有国姓爷的大印章。①

荷兰人对郑成功"君临大员"的语气十分不满。他们"觉得内容有些地方对荷兰人相当轻蔑，因此很严厉地质问何斌，这告示除了要拿给我们看以外，是否也是为了要拿来给此地大众的人看的。他回答说，这告示只是要拿来此地给我们看，如果我们愿意，也可以不用这告示，向大众通知此事，而且在厦门公告的告示是另外一种告示（就像他抵达时就说过的那样）"。②

---

① Voc 1222, fol. 224v，《热兰遮城日志》第四册，1657 年 8 月 25 日，第 239—241 页。

② Voc 1222, fol. 227r，《热兰遮城日志》第四册，1657 年 8 月 25 日，第 241 页。

1657 年 9 月 4 日的《热兰遮城日志》记载：

> 国姓爷关于开放通商的那道告示，即以前在上个月 25 日记载的那告示，我们注意到有鄙视荷兰人之处，虽然那告示并不是要寄来给我们的。因此我们考虑，为了维护公司在此地的权威和尊严，是否应该给这个国姓爷回信，对他所说的事项一一据理反驳，但因考虑到这新的通商交易才开始，而且珍贵而脆弱，若因而这通商交易突遭搁置，那就得不偿失了，因此决定，只要对翻译员何斌，因他未拒绝携带这种嘲讽的文件来此地，将予以严厉训斥，暂时平息此事，以免引起新的惊慌失措。①

荷兰人已不愿再向郑成功挑起事端，只能责备何斌了事。在这次禁航大员中，郑成功两次派人直接到大员执行命令。并且，他明确表示"自本地航渡大员，或自该地归还本地之中国人，向被认同吾子"，即航行于东亚海域的华人，都受他的保护。

值得一提的是，除了禁航马尼拉、大员以外，郑成功还曾因政治原因禁航广南：

> 前监国鲁王之科臣徐孚远附海船至交趾，欲从交趾王借道归永历。王欲其臣礼赐见，孚远不肯登岸而回。赐姓遂集南船，不许往广南贸易。戊戌，顺治十五年、海上称永历十二年②

禁航成为郑成功在 17 世纪 50 年代与荷兰、西班牙人竞争中的重要手段，体现了郑成功对东亚贸易的主导权和华人贸易网络的掌控。而郑成功在此事中派萧拱辰到大员检查华商的船只，已是其在本章第一节所述向魍港渔民征税以后，第二次试图在大员直接行使权力。

---

① Voc 1222, fol.234r，《热兰遮城日志》第四册，1657 年 9 月 4 日，第 248 页。
② 阮旻锡：《海上见闻录》卷一，第 25 页。

第五节　何斌的地位及其意义

在本章前几节的论述中，有一位人物在郑成功与大员荷兰人的交往中频频出现，此人就是联系郑荷双方的重要人物——何斌，在杨英的《先王实录》记作"何廷斌"，荷兰人则称之为"Pincqua"或"Pinqua"，即斌官。关于这位何斌，更有名而为研究者所熟知的，是日后向郑成功进献台湾地图，并在郑成功进军大员时发挥了向导作用的事迹。此前，已有几位学者对其进行研究。大陆方面，陈碧笙的《何斌事迹考略》认为何斌自 1624 年起便在大员任荷兰人通事，并且认为何斌在郑成功复台中起到重要作用，值得肯定；而其负荷兰人的巨额债务乃是由于荷兰人故意抹黑。① 邓孔昭的《明郑一些重要人物的生平》则认同何斌早年是郑芝龙的手下，郑芝龙受抚明廷时留守台湾。② 但是新近的研究者如台湾的陈锦昌参考荷兰人的资料，对何斌早期的活动描述较为谨慎，认为何斌于 1645 年前后才开始担任荷兰人通事。③ 此外，台湾学者郑永常认为何斌就是郑成功在台湾的"代理人"，但是"代理人"这一称谓似乎是过于"现代"，并且略显模糊的概念。前贤也有关于何斌在大员其他活动如商业、垦殖方面的论述，但限于史料，均未能明晰。鉴于何斌在 17 世纪 50 年代台海两岸的重要地位，笔者认为有必要对这位人物做较详细之研究。

一、何斌在大员的活动何时开始？

较早的研究中，学者普遍认为何斌自 1624 年就到达台湾，主要依据的史料是《台湾外记》和《台湾通史》的这两条记载：

---

① 陈碧笙：《何斌事迹考略》，《厦门大学学报（哲学社会科学版）》1963 年第 4 期。
② 邓孔昭：《明郑一些重要人物的生平》，载《郑成功与明郑在台湾》，厦门大学出版社 2013 年版，第 262 页。
③ 陈锦昌：《失落的超级舰队》，广州新世纪出版社 2011 年版。

一、崇祯元年九月。因众咸沾疫症,及知芝龙逸出,不能前进。后诸人略瘥,方统船过来聚首。不料至澎湖遇李魁奇,奇即挥船围击。陈衷纪、杨天生、陈勋等原虽猛勇,终是新病才好,安能敌奇新出之锐,随为所伤。仅存李英同通事何斌一船,仍回台湾。故此李魁奇独霸横行,目空群盗。①

二、(天启)六年春二月,芝龙谋出军。召诸部计议曰:"夫人惰则弱,众合则强。今台湾庶事略备,势可自守,宜为进取之计。吾欲自领师船十艘,前赴金、厦,若乘其虚而据之,则可为台之外府。公等以为如何"?衷纪曰:"善"。乃命诸部。以芝虎、芝豹为先锋,芝鹍、芝豹次之,芝彪、张泓为左军,芝獬、李明为右军,芝鹄、芝蛟为冲锋,芝茂、芝蟒、芝燕、衷纪为护卫,芝麟、陈勋为游哨,芝麒、吴化龙为监督,杨天生、洪升为参谋。每船战士六十,皆漳、泉习水者。既定,以林翼、杨经、李英、方胜、何斌等十余人留守。②

《台湾通史》距当事年代已久,江日昇虽为清初人,但《台湾外记》乃小说家言,在许多细节上谬误不少,叙述一部分事件的时间上也并不十分可靠。以《外记》卷二载何斌初遇荷兰人为例,其记载当时的荷兰首领为"揆一王",③显然是错误的。但由于此前关于何斌早期的史料较少,陈碧笙先生便依据这些材料,认为何斌早期便是郑芝龙手下,而自荷兰人占据大员即1624年起,便担任荷兰人通事。

但奇怪的是,在《热兰遮城日志》17世纪30年代到1645年间的记载中,出现的中国人翻译员、华人长老中,都未见何斌的身影。《热兰遮城日志》1657年6月13日的一段记载,似乎能说明一些问题。这是1657年何斌受荷兰人委派至厦门请求郑成功解除对大员的禁航令时,何斌与郑成功幕僚的一段对话。事后何斌写信向荷兰人报告,而荷兰人记录如下:

---

① (清)江日昇:《台湾外记》卷一,第30页。
② 连横:《台湾通史》卷二十九,《台湾文献丛刊》第128种,台湾银行经济研究室1962年版,第728页。
③ (清)江日昇:《台湾外记》卷二,第39页。

在这集会中，他们（郑成功的幕僚）对他（何斌）说，在大员的荷兰人以前都要按照约定缴纳税金，这项租金自从大太师爷去北京以后就一直没有缴付了，这笔迄今过期未缴纳的金额估计已达十三万两银，如果现在来缴纳这些礼金，就可以把这封锁起来的贸易航路重新打开。

对此，何斌回答说，这不是真实的事情，是他殿下被某些人误导的，不过以前确实发生过这样一次情形，即大官大太师爷把贸易停止下来了，但只停止约两三个月而已，因为荷兰人派华商Hambuangh①从此地带一封信，以及价值仅200里尔的礼物去安海见那有意见的大太师爷，立刻就又恢复贸易来往了。

对此，他们质问何斌说，他那时还是一个少年人，也还没来大员，怎么可能知道这些交涉的事情。他回答说，那是事实，大员的荷兰人日记并不年轻，他从大员出发以前不久，议长阁下曾经将日记中有关的记载给他看过，如果他们还不相信他说的话，可以花时间去翻阅大官大太师爷有关此事的记载，他相信，他们从中就可以得知真实的情形。②

如是，郑成功幕僚所说"他（何斌）那时还是一个少年人，也还没来大员"这句话，何斌并未反驳，显然是双方共同认定之事。这一说法同时表明，何斌也并非郑芝龙的部下。郑芝龙禁止与大员贸易，在1630—1640年有两次，较早一次是在1631年，《热兰遮城日志》对此确有记载：

1631年7月26日。上席商务员特劳牛斯搭戎克船新港号从漳州河回到此地，是奉一官的紧急命令，率领全体公司人员离开厦门的，一官这样下令的理由。据他说是这样的，即快艇Wieringen号的船长从一艘来自马尼拉的戎克船拿走一千九百里尔，这个传说很快

---

① Humbuan的事迹，参见杨国桢：《17世纪海峡两岸贸易的大商人》，《中国史研究》2003年第2期。

② Voc 1222,fol.165r，《热兰遮城日志》第四册，1657年6月13日，第191页。

就传到军门的耳朵,因此他如果让我们继续留在厦门交易,将被大官
猜疑。①

起因是荷兰人夺走了郑芝龙商船的白银,后荷人确实委派华商 Ham-
buangh 向郑芝龙交涉以解决此事。假使何斌早在 1624 年便为荷兰人通
事,对此重大事件必然相当熟悉,而不需以大员日记有记录为理由来应对。
在此对话中,何斌自己声称"出发以前,议长阁下曾将日记中的有关记载给
他看"。那么,由于此次何斌与郑成功下属之间的对话并非是秘密进行的,
此事在郑荷的谈判中也并非重要的关节和争论的焦点。并且,《热兰遮城
日志》对何斌出使大员这段时间的记载非常详细,荷兰人对于其中的各种
情况更是反复质询检查。在烦琐的报告中,何斌似无必要也无条件对此进
行隐瞒。因此,何斌所说的这些话应是相当可靠的。而假如此说可靠,就可
以肯定何斌到台湾乃是 1630 年以后。

值得注意的是,何斌的父亲 Kimting 至少在 1645—1647 年也担任汉人
长老和荷兰人翻译。② 因此在《热兰遮城日志》中,还有不少关于 Kimting
的记载。其中 1643 年 5 月 18 日荷兰人记载:

> 一艘中国人翻译员 Kimpting 的戎克船,该船于本月 4 日要离此要
> 航往鸡笼和淡水的,因他们的舵被强风折断,至须驶入魍港水道,在那
> 里修理他们的舵以后,又航回大员。③

这也是《热兰遮城日志》中最早关于何斌父亲的记载。可见,何斌的父
亲迟至 1643 年,便担任荷兰人的通事。1648 年 3 月 2、3 日的《热兰遮城日
志》又记载:

---

① Voc 1102, fo.591,《热兰遮城日志》第一册,1631 年 7 月 26 日,第 51 页。
② 杨彦杰:《荷据时代台湾史》,江西人民出版社 1992 年版,第 98 页。
③ Voc 1145,fol.351,《热兰遮城日志》第二册,台南市政府 2002 年版,1643 年 5 月
18 日,第 134 页。

也有中国商人兼公司翻译员的 Khimtingh（何斌的父亲）的 1 艘戎克船持我们的通行证出航前往广南王国，搭 50 个人。①

此外，还有 1648 年 8 月 7 日：

今天有 1 艘戎克船从广南来此入港，该船是属于已经去世的中国人 Khimtingh 的遗产继承人的，……从上述该船船长 Pincqua（即何斌），即上述 Khimtingh 的儿子，我们得悉，今年有 5 艘戎克船从广南航往日本，所载货物进价 96000 两。②

这是《热兰遮城日志》首次出现何斌的记录。何斌早期的活动之一，是助其父打理生意，作为商船船长经营具体的贸易事务。

其父于 1648 年去世以后，何斌便继承了其遗产。细查《热兰遮城日志》，荷兰人最早称何斌为"翻译员"是在 1650 年 7 月 6、7 日：

下午接报，中国翻译员何斌于上个北风季节持我们的通行证从此地航往巴达维亚的那艘戎克船，回来时桅杆、锚和舵都失去了，现在漂去魍港河附近，在那里用三捆铅板停泊着。③

再参考 1661 年何斌给荷兰人约翰·樊特朗的一封信中曾提到的，"吾任大员通事十余年"。④ 而 1661 年 1 月郑泰写信给时在大员的荷兰船长约翰·范德朗的这封信中曾提及（这封信于 1661 年 4 月随范德朗到达巴达维亚）："余值 Hophinqua 前往广南之际，曾贷与巨额款项，嗣后以通译受用于大员长官，故迄未再为其烦心。"⑤

---

① Voc 1169,fol.273v,《热兰遮城日志》第三册，1648 年 3 月 2、3 日，第 4 页。
② Voc 1169,fol.352v,《热兰遮城日志》第三册，1648 年 8 月 7 日，第 70 页。
③ Voc 1176,fol.1051,《热兰遮城日志》第三册，1650 年 7 月 6、7 日，第 147 页。
④ 《何斌给樊德朗的信》，载《巴达维亚日志》第三册，第 207 页。
⑤ 《巴达维亚城日志》第三册，第 205 页。

何斌作为其父亲的船长前往广南贸易,如上文所见在 1648 年。而郑泰在这封信中说何斌是在广南贸易以后才以通译受用于荷兰人。因此,何斌任荷兰人通事应在其父亲去世即 1648 年以后。

那么,何斌又是何时到达台湾?从上文所引材料来看,只能推断何斌到台湾应是 1630 年以后。事实上,自郑芝龙控制闽海始,中国沿海与大员之间的帆船往来非常频繁,大量闽南人便是这时候涌入大员。如《赐姓始末》记载:

> 崇祯间,熊文灿抚闽,值大旱,民饥,上下无策;文灿向芝龙谋之。芝龙曰:'公第听某所为';文灿曰:'诺'。乃招饥民数万人,人给银三两,三人给牛一头,用海舶载至台湾,令其芟舍开垦荒土为田。厥田惟上上,秋成所获,倍于中土。其人以衣食之余,纳租郑氏。①

由于福建出现饥荒,郑芝龙组织民众向台湾移民。事实上,福建向来人稠地狭,出海寻求出路早已是沿海民众的重要选择,因此明中叶以来向外移民实属寻常。杨国桢先生指出,这一时期,海洋经济已成为东南沿海社会的普遍追求。② 虽然当前史料难以考证何斌来台的具体时间,但考虑到何斌父亲在 1643 年以前便作为荷兰人的通事,那么何斌出海到大员与父亲一同发展,便十分自然了。

二、何斌与郑成功的关系

上文指出,何斌并不熟知 17 世纪 30 年代郑芝龙禁航大员之事。那么,关于何斌的第二个疑问,便是他与郑成功之间是否早有联系?

除了《台湾外记》记载的何斌为郑芝龙部下以外,郑成功方面与何斌最早发生关系的根据,是上文曾引述的 1661 年郑泰写给时在大员、准备返航巴达维亚的荷兰船长约翰·范德朗的信中所提及的:"余值 Hophinqua 前往

---

① 黄宗羲:《赐姓始末》,第 6 页。
② 杨国桢:《郑成功与明末海洋社会权力的整合》,载杨国桢:《瀛海方程》,第285 页。

广南之际,曾贷与巨额款项,嗣后以通译受用于大员长官,故迄未再为其烦心。"①当日之大员华人之间的借贷十分频繁。郑泰早在郑芝龙时期就参与中国与大员之间的贸易,若在 1648 年以前与在大员的何斌发生借贷关系,并非稀奇之事。因在这封信中,郑泰主要目的是想对荷兰人说明不能因为何斌的欠债而没收他在大员的房产。值得注意的是,这些房产是他在 1657 年以后为方便贸易在大员购置的仓库,也就是何斌出使厦门的当年。

1657 年以前,何斌与郑成功联系在一起的记载,除了上述与郑泰的借贷往来,主要有以下几次。

第一,是荷兰人在日本商馆的记录《出岛商馆日记》1653 年 8 月 23 日中的记录:"此年 1 月 23 日由长崎开航的何廷斌之船,与国姓爷船只双双入港东京。"②何斌的贸易商品多来自中国大陆,因此极可能与郑成功方面存在联系。

第二,《热兰遮城日志》1654 年 3 月 22 日记载:

> 中国人头家何斌跟公司曾达成协议要去尝试捞寻以前在鸡笼海湾可能沉海的一艘西班牙船上的物品,并于最近从此地派几个中国人潜水夫去鸡笼要根据该协议去捞寻,但是那些中国人潜水夫去到鸡笼以后并不去捞寻,推说他们的长杆不够长,因此把他们的长杆造得更长,以便重新进行这沉重的工作。在这期间他们去探测整个海湾的水深,虽然他们只须潜到水深 5 或 6roede 处去捞寻,这种情形荷兰人和金包里人都不但觉得奇怪,也认为他们心存恶意,可能这些人认为官员国姓爷来这地方做王他们就可以轻易致富,就像以前那里有过这样的中国人,因此乃禁止他们如此探测水深,以免有恶意的念头。③

整个 17 世纪 50 年代,大员荷兰人常常听到郑成功将发兵相向的传言,

---

① 《巴达维亚城日志》第三册,第 205 页。

② 《巴达维亚城日志》第三册,第 9 页。

③ Voc 1206,fol.365,《热兰遮城日志》第三册,1654 年 3 月 22 日,第 295 页。

特别是在 1652 年郭怀一的起义以后。郑永常先生认为何斌这次探测鸡笼港的水深,是受郑成功指示的。① 大员的华人希望郑成功能够出兵,以改善他们在大员的处境。这在荷兰人看来也是合理的事情,只是他们显然会不遗余力地阻止这一事件的发生。

第三,1654 年 4 月 4 日的《热兰遮城日志》记载:

> 他殿下请求何斌向我们劝说,让那个以前去中国治疗他父亲的那个医生去他那里一小段时间,因为他需要他的治疗。如果该医生不在此地,就请让另外一个有经验的医生去他那里,承诺说不会把他留下很久,要留多久都会按照该医生自己的意愿,并会确实地把他送回此地。②

此处荷兰人记载此事,描述郑成功通过何斌向荷兰人转告,希望荷兰人派一位医生前去厦门。何斌与中国方面有频繁的贸易往来,此时在大员的地位又逐渐上升。因此,郑成功通过何斌请求荷兰人派遣医生。

第四,1655 年 7 月 8 日的《热兰遮城日志》记载:

> 有一个属于国姓爷的中国人官吏 Poeya 搭一艘戎克船来到此地。他的前来,我们于数日前就已听到了。今天他来见长官阁下,受到很好的接待,翻译员何斌带大官国姓爷写给他的一封很礼貌的书信来给我们看,请长官阁下让那个官吏在此地治疗他的腿伤,治疗他的医生将获得可观的报酬。这封信还写说,这个官吏是个勇敢而且很有经验的战士,他这腿伤是在一次作战中受伤的,至盼他治愈腿伤,再去英勇地作战。
>
> 因这请求,乃命令这城堡的主治医师检查上述那个官吏的腿伤,并确实予以治疗。该官吏,遵照国姓爷私下的命令,住宿在何斌的家,这

---

① 郑永常:《郑成功海洋性格研究》,《成大历史学报》2008 年 6 月。
② Voc 1206,fol.395,《热兰遮城日志》第三册,1654 年 4 月 4 日,第 312 页。

样使公司都不必因而支出意外的费用。①

从上述何斌与郑成功方面的接触来看，双方关系越来越密切。

何斌作为大员的民间商人，与荷兰人及郑方之间的良好关系，是其贸易上取得成功的基本保障。从 1651 年开始，何斌已渐成大员最有威望的华商。《热兰遮城日志》1651 年 11 月 8 日记载：

> 今天，中国的商人和头家何斌和 Boycko，以所有中国人头家的名义，来亲切邀请特使阁下，于这星期六，驾临那市镇里的 Joek Tay 的房屋，参加为他阁下准备的宴会。②

这位"特使"是 1651 年巴达维亚的荷兰东印度总督派往大员荷兰商馆检查工作的官员，并且在大员期间参与审理了荷兰人与大员华人及台湾土著之间的许多案件。在这位特使将返回巴城时，何斌和 Boycko 代表大员华人来邀请他参加欢送会。以此看来，何斌已成为大员最重要的中国商人和头家之一。这一时期，郑成功与大员荷兰人之间的商船往来十分频繁。对于大员的重要华人及同样有商船往来于东亚海域的何斌绝不会一无所知。要与荷兰人取得联系，何斌便成为最方便的人选。而何斌需要来自中国沿海的货物，有此机会向郑成功示好，简直是可遇不可求之事。并且，郑成功在与巴达维亚荷兰总督联系时，也常常写信通过华人潘明严转达。综上所述，何斌与郑成功之间的联系，似由贸易而起。

在郑成功禁航大员以后，大员华商损失惨重。由于与郑成功之间的良好关系，何斌被大员华人推荐至厦门向郑成功提交"陈情信"。1657 年 3 月 10 日大员长官揆一写给巴城总督的信中提到：

> 约六个月前，福尔摩沙的中国人头家曾寄一封陈情信去给国姓爷，

---

① Voc 1213, fol.667,《热兰遮城日志》第三册, 1655 年 7 月 8 日, 第 511 页。
② Voc 1182, fol.335,《热兰遮城日志》第三册, 1651 年 11 月 8 日, 第 279 页。

请求他准许再开放跟大员的交易。鉴于那封信和一起送去的礼物他都收下了，所以那些中国人头家认为有可能他会听取他们的请求。

中国人那些头家，都没有直接从国姓爷收到向他陈情收回他1656年6月27日公告的告示的答复，不过从Sikokon，即一官的一个兄弟，和Sauja（祚爷，郑泰），即厦门的长官收到了回信。这两个人宣称，国姓爷之所以震怒，完全因为他发现有几个他的船长被公司的士兵恶待而引起的，他们打算用好话劝国姓爷息怒。但长官和议会还不能确信，所说那意外事故，是导致他断绝贸易往来的真正原因。因此，他们派本身也是头家之一，又跟厦门商人有良好关系的公司翻译员——何斌，当调解的人，去见国姓爷。①

大员华人向郑成功陈情在"约六个月前"，那便是郑成功刚刚发布禁航大员的命令以后。这次何斌是作为大员华人的代表向郑成功陈情，有别于1657年3月作为荷兰人的"特使"向郑成功交涉。从何斌商船贸易的货物中，可以看出他与中国大陆方面有相当的贸易联系，至于何斌本人是否曾到过厦门，并没有直接的证据。1656年由华人推为代表前往厦门，便是当前笔者所能发现的何斌到达厦门的最早记录。

1657年，何斌受荷兰人委托前往厦门请求郑成功解除对大员的禁令，荷兰人对此事较为重视，将何斌出使厦门的细节均记录下来，1657年6月12日的《热兰遮城日志》记载：

> 何斌写给议长阁下的信。经翻译后，得知内容如下：何斌航离澎湖两天以后到达厦门，即将我们的书信交给Sikokon和祚爷，他们对何斌的来临表示欣慰，也乐意并且认真地协助何斌去见国姓爷，为此派出一艘戎克船了，使何斌搭船去到国姓爷的军营那里，将我们的书信交给这位阁下。国姓爷阅读我们的书信之后，颇表欣喜，但是交谈中，说到

---

① Voc 1222, fol.1—16，《揆一写给马特索尔科的信》，1657年3月10日，《热兰遮城日志》第四册，第158—160页。

Caesar 就怒形于色，他说，那个人非常苛待住在此地的商人们，这个大官对长官 Caesar 气愤到，每一提到他就又激动震怒起来，不过，因为 Coyett 阁下已经接替他主政了，……并立刻召集他的官员们开会商议，会中决定，他要婉拒呈献的礼物，不过，对于我们的去信，他答复说，如果我们愿意接受几个公正的条件（这些条件他用口头告诉何斌），他就开放贸易。

这个大官准备好亲自回去厦门，要去针对此事跟 Sauja（祚爷郑泰）和 Sikokon（四国公郑鸿逵）商议，并作出决定。但他到厦门时，看到 Sikokon 已经去世，这噩耗使他殿下和其他大官们至为哀恸悲伤。关于此事，何斌认为等他回来以后才向我们详细报告比较妥当。我们希望，他在近期中就回来，并带回消息说，已经获得那自由，无所挂虑的大量的商品贸易了。①

在 1657 年出使厦门期间，何斌接受了郑成功的命令，在向大员的华商征税。《热兰遮城日志》1657 年 9 月 22 日记载：

我们从住在此地的中国人居民之间的一些谣传听到，上述那个翻译员何斌奉官员国姓爷的命令，在此地向中国来的人征收从此地输出的食物，例如鹿肉、咸鱼、虾子等各种食物的关税，如同尊贵的公司从他们那里征收的那样，无论任何人，若被发现没缴纳这种关税，他就必须把那些人的名字和装运的货物写下来通知国姓爷。而且从中国运来此地的黄金，他也同样要征收百分之二的关税。

因为在这政府之下征收这种关税，是我们绝对不能容许的，因此我们在议会里很严峻地质问这个何斌，他是否奉有这种命令，是否执行这命令了。对此，他答复说，没有；并说，他根本不知道也没听说过此事。我们对这传说也很怀疑，因为这种事情必然会在中国人社会中掀起很大的骚动，虽然如此，为了让他明白这种事情对我们是如何地重要，因

---

① Voc 1222，fol.159r，《热兰遮城日志》第四册，1657 年 6 月 12 日，第 187 页。

此告诉他说,若做此事他必将遭受我们最严厉的处罚,绝对不可有丝毫这种想法,更不得去执行此事。对此,他答应履行诺言。①

何斌对此事当然矢口否认。而在大员向华商征税一事,在其出使厦门的报告中也绝不会向荷兰人汇报。但此事终被荷兰人发现,《被忽视的福摩萨》摘录了1659年3月1日的大员决议录:

> 谣传中国通事何斌(最近已回到大员)接受国姓爷的委托,征收一切开往中国的商船的捐税,我们为此昨天发出指示,要求详细调查并作出报告。

> 我们成功传讯了几个行动可疑的中国人首领,我们有理由相信他们熟知国姓爷的计划。经过严厉的审问,他们终于供认,现在住在这里的何斌曾经以国姓爷的名义征收一切开往中国的商船的出港税。他们还听说他已经获得了承包这些捐税的权利,由厦门官员祚爷(Sanja)出面代作每年一万八千两上好白银的担保,从他开始充任我们和厦门的使者以来(即1657年8月到现在)他征收过一切出口的猎物税、鱼税、虾税、糖税及其他货物税。如果有谁无力缴税,在交上一份将来付款的保证书以后,他就代他们垫付。有几个熟人被准许免税出港。关于此事,他们还举出了两只中国帆船带回两封以国姓爷名义要求征收上述港税的特别印刷的文件作为证明;付税以后,他们从船长那里收到盖有何斌签印的收据,大约是在十三个月以前发给的。②

《被忽视的福摩萨》卷上又记载:

> 何斌在中国碰到一个很受国姓爷器重的中国官员郑爷(Sangae,《热兰遮城日志》译为祚爷),他以嗜利的本性向国姓爷献策说,对福摩

---

① Voc 1222,fol.254v,《热兰遮城日志》第四册,1657年9月22日,第265页。
② 《被忽视的福摩萨》卷上,《郑成功收复台湾史料选编》,第190页。

萨运往国姓爷辖地的货物，在装货地抽税，比在达到地厦门抽税有利得多。为了证实这个建议，他请求承包这项税款，并且花费一大笔钱从国姓爷得到特许权。他又认为何斌是催收此项捐税最合适的人选，便引诱他接受这个可以获得厚利的工作，作为自己在福摩萨的代理人。

何斌也很想从这项肮脏的收入中大捞一笔，他回到福摩萨以后，立即开始征税。①

1659 年的《东印度事务报告》则记载：

公司的中国翻译何斌，在他私下为国姓爷在福岛收税被发现并惩罚之后，携妻儿和姐夫逃往中国，何斌在福岛负债最多，也是福岛贸易和更低租佃规模最大的中国人，他欠公司的新旧债务总计 17122.5 里尔，尚未还清，另外，他欠中国、荷兰私人的债务竟高达 50000 里尔，整个大员为此震惊，有些人因此而破产，而且我们恐怕还会有更多的中国人面对累累债务，手足无策而逃之夭夭。有人认为，上述阴险的何斌，在国姓爷手下将对公司非常不利，因为他对公司在福岛的情况了如指掌，肯定会借此机会为国姓爷卖力以取信于国姓爷。②

人证物证俱在，事实已较为清楚。Sauja 就是郑泰，他与何斌在 17 世纪 40 年代便有贸易往来关系，在何斌出使厦门活动中自然积极调解。无论如何，自 1657 年开始何斌确实代表郑成功向大员的华商征税，是郑成功在大员行使权力的又一体现。

三、商人和头家何斌

在 17 世纪 50 年代，除了作为郑成功与荷兰人之间关键的联系人，何斌在荷兰人控制下的福摩萨也扮演着非常重要的角色。《热兰遮城日志》中，

---

① 《被忽视的福摩萨》卷上，《郑成功收复台湾史料选编》，第 126 页。
② Voc 1229, fol.85，《东印度事务报告》，1659 年 12 月 16 日，《荷兰人在福尔摩沙》，第 513 页。

荷兰人有时称何斌为"中国商人"，有时称为"翻译员"，有时也称"中国人头家"。并且，何斌在大员的活动早在郑成功与荷兰人尚未发生接触时便已经开始了。本文认为，关于何斌在大员种种活动的探讨，对于理解何斌与郑成功、荷兰人的关系，以及华人在郑成功进军大员时的作用都有重要的意义。

据杨彦杰先生的实地调查，确认何斌是泉州南安人。漳泉之民，以海为生，源闽地甚窄，觅利于陆地者无门，而洋利甚大。幸脱于虎口者间有。即使十往一归，犹将侥幸于万一。① 对于活动于大员的闽南人来说，更是多热衷于出海贸易。上文已经提及，何斌的父亲何金定早就经营商船贸易，继承其父亲的基础之后，何斌更是大力拓展贸易。为便于讨论，现将《热兰遮城日志》中何斌及其父亲的商船航运、贸易按时间顺序摘录如下：

1643 年 5 月 21 日：

> 翻译员 Kimpting 的戎克船再次出航前往鸡笼与淡水，载有 200 罐中国麦酒，搭 27 个人。②

1644 年 6 月 11 日：

> 有一艘小戎克船从北边的 Sinckanghia（新港仔）抵达此地，是属于翻译员 Kimpting 的，载有 1500 枚鹿皮，搭 6 个人。③

1644 年 11 月 15 日：

> 今天，翻译员 Kimpting 的那艘 petache 船从澎湖载着那艘失事的暹罗船的苏木抵达此地。④

① 《兵部题行"兵科给抄出附件巡抚朱题"》，《明清史料》戊编第一本，第 74 页。
② Voc 1145,fol.352，《热兰遮城日志》第二册，1643 年 5 月 21 日，第 135 页。
③ Voc 1148,fol.331v，《热兰遮城日志》第二册，1644 年 6 月 11 日，第 298 页。
④ Voc 1148,fol.211，《热兰遮城日志》第二册，1644 年 11 月 14 日，第 377 页。

1650 年 7 月 6、7 日：

下午接报，中国翻译员何斌于上个北风季节持我们的通行证从此地航往巴达维亚的那艘戎克船，回来时桅杆、锚和舵都失去了，现在漂去魍港河附近，在那里用三捆铅板停泊着。①

1651 年 5 月 10 日：

有 2 艘中国商人何斌的戎克船持我们的通行证从此地出航前往马尼拉，合计搭 100 个中国人，载有下列货物：2000 块 cangan 布、640 个铁锅、700 袋小麦、21 担面粉、50 担铁、5 担胡椒、1 担各种中国的药品、9400 个粗制的瓷盘、1400 包中国的烟草、3 把丝质的阳伞、20 块缎、30 块绫子、3 篮茶叶、2 篮中国的鞋子、26 桶精美的瓷器、4 担白丝、2 担绒线、1 包印花布和 120 捆粗纸。②

1651 年 7 月 5、6、7 日：

也有一艘属于翻译员何斌的戎克船从马尼拉来此靠岸，搭 42 个中国人，载有：180 担米、140 担砂糖、12 篮鹿肉、150 枚鹿皮、2 担蜡和 5 篮虾子的粉末。③

1651 年 7 月 8、9 日：

又有一艘很大的戎克船从马尼拉来此入港，搭有 126 个中国人，运来：200 担砂糖、60 袋米、3000 枚鹿皮、150 担鹿肉、200 担蜡和 22 担棉

---

① Voc 1176,fol.1051,《热兰遮城日志》第三册,1650 年 7 月 6、7 日,第 147 页。
② Voc 1183,fol.693v,《热兰遮城日志》第三册,1651 年 5 月 10 日,第 212 页。
③ Voc 1183,fol.713,《热兰遮城日志》第三册,1651 年 7 月 5、6、7 日,第 228 页。

花。上述这艘船是属于中国人 Silau、何斌和其他人的。①

1655 年 3 月 18 日：

中国人翻译员何斌的那艘戎克船，今天也出航前往巨港，搭 80 个人，载有下列货物：1000 个粗大的瓷盘、10000 个杯子、5000 个碟子、45 担包装纸、30 捆粗纸、50 张草席、50 把油纸伞、200 包烟草、100 罐中国麦酒、1000 个精美的瓷杯、10000 捆大蒜、1 担冰糖、1 担砂糖、5 担面粉、2 担糖渍番薯、50 个铁锅、5 担破裂的铁锅。②

《东印度事务报告》1654 年的报告：

（1653 年）8 月 25 日，自大员派出中国人何斌的一条帆船和导航船 Ilha Formosa 前往鸡笼和淡水，运去各种必需品。③

1655 年 3 月驶往巨港的这艘船遭遇的意外，使何斌及其合伙人大受打击。《热兰遮城日志》1655 年 8 月 17 日记载荷兰人收到的一条消息：

我们也听说，中国人翻译员，也是中国人的头家，何斌，他于上个北风季节末期持我们的通行证从此地区巨港的那艘大戎克船，没有去那里，改往柬埔寨……他们仍继续航行，却在距离 Cabo de Jaubou 不远的海上，遭遇强烈的从北方刮来的暴风，以致他们那根大桅杆断裂失落，不得已乃去 Saubou 的沿岸停泊，该地现在属于鞑靼人的辖区，那里的人从陆上看见这艘戎克船，隔日就把这艘戎克船拖入他们的港内，把货物搬上陆地以后，就宣称为他们的战利品，把船上的人都赶入内陆，这

---

① Voc 1183,fol.693v,《热兰遮城日志》第三册,1651 年 7 月 8、9 日,第 229 页。
② Voc 1213,fol.592,《热兰遮城日志》第三册,1655 年 3 月 19 日,第 456 页。
③ Voc 1196,fol.159,《东印度事务报告》,1654 年 1 月 19 日,《荷兰人在福尔摩沙》,第 392 页。

些人当中有几个人，现在来此地传达这些消息。这使何斌极为震怒，也使他濒临破产，也使几个为这艘船担保超过 25000 荷兰银元的主要中国人头家濒临破产。①

以上材料可见，1640 年以后，何斌父亲的船只在台湾西部沿海帮助荷兰人进行一些货运工作。荷兰人租用中国帆船从事大员附近海域的航运，一方面由于大员的荷兰人人手不足，另一方面则是船只构造的因素。从欧洲航行至亚洲，单程需要七八个月左右的时间。远涉重洋，他们需要的是巨大而又坚固、能够乘风破浪的大帆船。但是这样的船只在东亚海域却行动不便，《东印度事务报告》曾记载：

> 大员水道今年变得极浅，以致货船 Patientie 在入口最深处（不过 12 荷尺深）搁浅一整天。东京湾的入口同样变浅，船只每年均冒险航行，因此我们像去年一样在此向您提出请求，派出几艘轻便的货船用于北部水域。②

《东印度事务报告》还曾记载大员货船的情况：

> 西撒尔先生写道，希望您能下令多造几艘此类的船只，大员至少还需要两艘像 Breuckele 这样的小型货船，以及两艘得力的平底船，像 Roode Vos 一样没有压舱物照样可以行驶，极受那一地区的欢迎，因而将此船由他们留用。总之，我们为公司事务着想，希望您能考略将来下令建造三到四艘像 Breuckele 那样的小型货船，五到六艘大小如同 Roode Vos 的平底船，派来我处。过去一季大部分小型船只用于装卸货物，使货物损失明显减少。水道的深度目前涨潮时达 13 荷尺，给大员带来便利，几艘轻便的海船均可驶入。只是我们恐怕这样的水深不可

---

① Voc 1213，fol.700v，《热兰遮城日志》第三册，1655 年 8 月 17 日，第 534 页。

② Voc 1167，fol.105，《东印度事务报告》，1649 年 1 月 18 日，《荷兰人在福尔摩沙》，第 304 页。

能令人满意地持续下去,久而久之又会因汹涌的波浪变浅。①

如上,荷兰人的大船在大员港道难以停泊,而需要小型平底船来装卸货物。并且在东亚海域的其他港市如越南东京港也存在这样的问题。但中国人的帆船却没有这个困扰。《东印度事务报告》记载:

> 我们在1655年1月27日的报告中提出的建议,实验大员的贸易是否可逐渐移至鸡笼,我们已交由长官和评议会商榷,并下令,如果他们与我们意见一致,可派出一艘海船装运胡椒、铅、锡及苏木前往,为人已长期驻大员并善于与中国人来往的商务员范·登恩德为首主管。但从西撒尔先生的来信中得知,他对此事的观点与我们颇有分歧,他强调(对此事有长篇报告),中国人无论如何不愿舍弃大员前往鸡笼与我们贸易,不仅因为他们已习惯于大员,而且大员水道的浅水对他们毫无影响(他们驾小帆船从中国前去贸易)。②

在东亚海域的长期航行以及从自身的经济特点出发,中国人造出了更加适应东亚海道、洋流、季风的帆船。荷兰人也承认,中国人的帆船"更加灵活,能够方便地转向"。因此,荷兰人在台湾西部沿海的货运问题,就必须依赖何斌等华人的船只来解决。

另一方面,从何斌商船经营的货物来看,有一大部分是从中国方面出口的杂货。1651年5月从大员开往马尼拉的这艘船上,如"cangan布、铁锅、中国的药品、9400个粗制的瓷盘、1400包中国的烟草、3把丝质的阳伞、20块缎、30块绫子、3篮茶叶、2篮中国的鞋子、26桶精美的瓷器、4担白丝、2担绒线、1包印花布和120捆粗纸"这些货物,几乎可以确定来自中国大陆。1655年10月18日的《热兰遮城日志》记载:

---

① Voc 1217,fol.22,《东印度事务报告》,1657年1月31日,《荷兰人在福尔摩沙》,第466页。

② Voc 1212,fol.5,《东印度事务报告》,1656年2月1日,《荷兰人在福尔摩沙》,第434页。

几天前,中国翻译员何斌告诉我们说,他有一个熟人,可以派他携带我们的书信,经由厦门从陆路前往广州,然后从那里前往北京,去把书信交给在那里的那些使臣阁下。①

可以想见何斌与大陆方面的生意往来,已经形成了较为广阔的关系网,从大员到北京的联系,也能够办到。1656 年 5 月 18 日的《热兰遮城日志》记载:因为我们现在获得机会,借由一艘要从此地出航前往厦门的戎克船,从这里经由厦门送信去碣石卫给被囚禁在那里的快艇 Vleermuys 号的荷兰人,这艘戎克船的船船经常从厦门去碣石卫做生意。并且自动向我们标示愿意送信去那里。② 此时碣石卫是郑成功与粤东海上势力苏利争夺的地区,但从这条记载来看,大员与中国大陆方面民间的贸易联系从未中断。

此外,从上述材料中可以看出,何斌的商船目的地几乎遍及东亚各港市,从北部的长崎到越南东京、马尼拉、巨港、巴达维亚等。《热兰遮城日志》1654 年 7 月 18 日记载:

> 我们也从一艘戎克船收到公司驻派日本的商务与人员的主管 Gabriel Happart 阁下从日本经由安海寄来的一封信,署期去年 12 月 24 日,内容如下:……他们在那边也很想得知福尔摩沙的状况,他们期待将由可能在 20 日到 25 日从大员出发去他们那里的船主何斌得知这些状况。③

有趣的是,何斌有一个广南妻子。《热兰遮城日志》1655 年 8 月 17 日的关于何斌商船的记载称:

> 他们去 Champello 岛提水,在那里,何斌的广南人岳父以及那艘戎

① Voc 1213,fol.755,《热兰遮城日志》第三册,1655 年 10 月 18 日,第 573 页。
② Voc 1218,fol.224v,《热兰遮城日志》第四册,1656 年 5 月 18 日,第 67 页。
③ Voc 1206,fol.451,《热兰遮城日志》第三册,1654 年 7 月 18 日,第 362 页。

克船的舵公被带下船,并带去 Phaiso 监禁起来。①

广南的会安是中国海商南下的第一站。16 世纪初以后,安南进入南北分裂的郑阮对峙时期,南方的阮氏为与北方郑氏争雄,允许外国商船到会安等港口贸易。1617 年,荷兰东印度公司总督科恩在报告中便指出,中国商人与日本商人每年都在此地贸易。中国瓷器在广南深受欢迎。② 曾有清代史料提及:盖会安各国客货码头,沿海直街长三四里,名大唐街,夹道行肆比栉而居,悉闽人,仍先朝服饰,妇人贸易,凡客此者必取一妇以便交易。③ 可见闽人到广南从事贸易是非常普遍的。另一方面,荷兰人自 1624 年占据大员以来,在会安设立商馆。往返巴达维亚与大员之间的商船,便常常中转此地。因此,在大员从事海上贸易的闽南人何斌参与此条航线的贸易活动亦在情理之中。

汤锦台先生曾指出,自明中叶以来从闽南的泉州、漳州,到占城国的会安,暹罗的大城,马来半岛的北大年、马六甲,爪哇的万丹、巴达维亚,菲律宾的马尼拉,日本的长崎和平户,再回到珠江口的澳门,一张覆盖了东海和南海两个海域的无形闽南海商网络,成为这一时期推动东西方贸易加速发展的主要力量。④ 但此前的研究中,较少个案说明。何斌的商贸活动,对于增进理解华人贸易网络的运作,似有所帮助。

从贸易模式上来看,何斌等人的商贸活动从一开始便和借贷、担保、合股等经济行为密不可分。上文曾经提到,郑泰在 1648 年以前就曾借款给何斌。前引 1651 年 7 月 8、9 日何斌从马尼拉航回大员的船只货物记载,明确说明是"中国人 Silau、何斌和其他人"共同拥有的。张彬村指出,中国海商的贸易方式,完全是小本经营。他们在中国向船东租借货仓,亲自押货到海外贸易。⑤

---

① Voc 1213,fol.700v,《热兰遮城日志》第三册,1655 年 8 月 17 日,第 534 页。

② 李庆新:《会安:17—18 世纪远东新兴的海洋贸易中心》,载《滨海之地——南海贸易与中外关系史研究》,第 280 页。

③ 大汕:《海外记事》卷四。

④ 汤锦台:《闽南人的海上世纪》,第 178 页。

⑤ 张彬村:《十六至十八世纪华人在东亚水域的贸易优势》,载:《中国海洋发展史论文(第三辑)》,台北"中央研究院"中山人文社会科学研究所 1988 年版,第 345 页。

有财力能力的大商人组织商船，众多的小商人携货参与，这一组织方式，与中国沿海地区出海商船的运作方式一致。这一贸易模式使得更多的小商人也能够参与到海上贸易中。

不过海上贸易获利多风险同样很大，1655年8月何斌的商船遭到清军的扣押，"使何斌极为震怒，也使他濒临破产，也使几个为这艘船担保超过25000荷兰银元的主要中国人头家濒临破产"。何斌早前从事贸易，成为大员最富有的华人之一，而至此负债累累。但生意的起起落落，事实上也是海上贸易活动本身的特性之一，因而不仅不会让华商裹足不前，反而会刺激更多的商人投入其中。

何斌的另一个身份，则是"中国人头家"。这一身份的作用，主要是承包荷兰人在大员向华人、土著等征收的种种租税。

包乐史指出，"（荷兰人）殖民台湾的最初十年间（1624—1634）与当地居民的接触很大程度上只限于与新港（Sinkan，今新市）居民的日常往来。"①到了1636年，台湾长官蒲陀曼认为，荷兰东印度公司就是台湾土地的主人。他于当年开始将第一批土地租给汉族劳动力，这些人中很大一部分是契约劳工。他们从福建渡海前来台湾开垦土地，种植甘蔗、水稻，在自己的长老（Cabessa，即头人）监督下劳动。②

何斌承包的税收涉及荷兰人在大员管理的各个方面。最大宗的乃是农地税，《热兰遮城日志》1654年10月17日记载：

> 下午两点钟，在此地大员的公司庭苑里，按照事先向此地所有中国人居民公布的办法，在福尔摩沙一会议员Coyett等阁下列席的情况下，由长官阁下，按照历年的做法，公开发贌赤崁农地上的稻作十一税……这些农区的农地，除了一些在各农区标明属于中国人头家何斌、Boicko、Samsiack和Jockthay的寡妇的土地，以及属于队长Thomas Pedel的土地也第一次标明免税外，其余全部都应缴纳十一税。

---

① 包乐史：《中荷交往史》，庄国土、程绍刚译，荷兰路口店出版社1989年版，第50页。

② 包乐史：《中荷交往史》，第54页。

农区名称 Delfs polder 面积 13 morgen 瞨商 pingua 保证人 Boicko 瞨金 52 里尔①

即便于 1655 年 8 月由于商船贸易的挫折濒临破产,却不影响何斌继续在大员承包农地税。1657 年 10 月 27《日记》载何斌承包的农地税:

需纳税和免税的农地 Nuyts polder 172 又 3/5 全部需纳税。清水溪以南 1235 又 1/10 需纳税 925 又 3/10。何斌 2550 里尔,共 5935 里尔。②

可以看出,此时何斌所承包的农地税额接近总税额的 1/2,已成为荷兰人最大的土地税承包商。而开垦土地的必然要求,是人力的增加。从 1630 年热兰遮城外的 800 人左右的华人聚居区,到 1649 年左右超过 20000 人的人口数量,土地垦殖与华人移民数量相互刺激。

荷兰人虽控制大员,但人力方面实非常有限,基本上所有农地均承包与中国人头家进行垦殖经营。何斌承包土地面积之大,其产出主要非用于其本身的消费。从荷兰人的记录来看,赤嵌附近主要种植的作物是甘蔗和稻米,因蔗糖是大员的主要出口商品之一。而荷兰人与华人长老之间的经济往来同样十分密切。

中国人似乎因缺乏现金而不能更多地输出我们在福岛储存的货物。他们的 10 名头领要求公司予以援助,以不致刚刚开始的工作马上失败。长官和评议会一致同意,以 15 里尔一担的价格向他们每人预售 200 担胡椒,允许他们在 7 个月内用糖支付,他们互相作保,不但有助于中国人,同时公司也售出一部分胡椒。③

---

① Voc 1206,fol.512,《热兰遮城日志》第三册,1654 年 10 月 17 日,第 419 页。

② Voc 1222,fol.288r,《热兰遮城日志》第四册,1657 年 10 月 27 日,第 294 页。

③ Voc 1175,fol.70,《东印度事务报告》,1651 年 1 月 20 日,《荷兰人在福尔摩沙》,第 329 页。

此外,去年还剩余 7457 担糖,并再次预先提供给中国人长老价值 15000 两价值的货物,以属时用糖抵消。①

此外,何斌还承包热兰遮城市镇的磅秤税及乌鱼的出口税等,如 1654 年 4 月 30 日《热兰遮城日志》所载:

上午在福尔摩沙议会里决议……2. 热兰遮市里的磅秤,虽然去年的膜商翻译员何斌,由前任长官 Nicolas Verburgh 根据去年 1653 年 7 月 10 日一项决议,以去年的膜价两千里尔准许膜售给他的期限还有两年,现在还是决定今天下午要重新膜售,但是如果何斌愿意以现在的膜价承膜,他可以优先膜买,并由长官阁下写信去巴达维亚请示总督与议员阁下们,是否可将超过两千里尔的部分退还给何斌,或在其他的售方面让何斌享受利益,总之由总督阁下与议员们决定就是了。②

以及 1654 年 5 月 12 日下的记载:

下午福尔摩沙议会开会决议:那些等着要输出的货物,像鹿肉等物,都必须用税务处后方的磅秤称过,不过那些要在此地互相买卖的货物,为了不要造成商人搬运这些货物去那磅秤处的重大负担,只需在(热兰遮)市镇公秤膜商何斌的门口称过就可以了,又为了商人的方便,货物可放在他的房子里。③

但如果荷兰人认为中国人从中获利过高,便毫无诚信,随意提高承膜的价格。

1655 年 4 月 26 日的《热兰遮城日志》记载:

---

① Voc 1208,fol.541,《东印度事务报告》,1655 年 7 月 12 日,《荷兰人在福尔摩沙》,第 430 页。
② Voc 1206,fol.405v,《热兰遮城日志》第三册,1654 年 4 月 30 日,第 322 页。
③ Voc 1206,fol.413v,《热兰遮城日志》第三册,1654 年 5 月 12 日,第 330 页。

　　（热兰遮）市镇的公秤所，去年以征用的方式，有中国人的头家何斌以 5350 里尔（承办过磅业务），对此事，是否应等候巴达维亚他们阁下的决定，或令这何斌在上述这优待的 5350 里尔之外补偿 2000 里尔，使公司获得利益。这公秤所将不列入即将发贌的项目里。①

　　荷兰人认为何斌承包此项税收获利过多，便让何斌补偿 2000 里尔。但当时局有变，例如由于郑成功禁航大员，使得大员的中国人减少，导致何斌承包人头税受损失时，荷兰人却毫不退让。如《热兰遮城日志》1657 年 6 月 20 日所载：

　　翻译员何斌去年以每个月 3300 里尔的价格承贌人头税（征收权）因受通商关闭的影响受到很大的损失。他向议会提出请求说，因鉴于这通商航运可能要再开通了，以及他在促成这重开航运上的勤劳努力，请让他再次以这金额承贌人头税。他这请求被拒绝了。②

　　荷兰人在大员的日常管理方面极依赖华人。但荷兰人对华人长期压榨导致的反荷情绪，在郑成功挥师大员的过程中显露无遗。

四、小结

　　何斌担任荷兰人通事，应在 1648 年以后。与郑泰、郑成功方面的贸易联系，使得何斌成为郑成功在大员行使权力的最合适人选。在 1657 年以后，郑成功在大员的征税由何斌来执行，并且维持到 1659 年。何斌的商贸活动作为华人贸易网络的缩影，也反映了华人贸易网络以及郑泰在降清的文书中提及的"海上流寓人口"对郑成功政权的基础作用。

　　此外，以往学界对于明末清初的海商，有一个含糊却又普遍认同的观念，即"市通则寇转而为商，市禁则商转而为寇"。杨国桢先生指出，"海寇

---

① Voc 1213, fol.615v,《热兰遮城日志》第三册，1654 年 4 月 26 日，第 472 页。
② Voc 1222, fol.171v,《热兰遮城日志》第四册，1657 年 6 月 20 日，第 196 页。

商人"仅仅是明末海商的一种类型,把它变为普遍模式,也就抹杀了自由海商存在的事实,歪曲了中国海洋发展的历史。① 何斌显然不是海寇,却也不是单纯的自由海商。他即是荷兰人的通事,也是大员华人的头家。此外,笔者还发现了何斌本人一些有趣的事实:

> 1661 年 5 月 17 日:他(其他大员的华商)跟胸前挂着念珠的何斌经常往来。念珠,是天主教神父佩戴的念珠。②

何斌作为荷兰人重要的翻译,其语言能力更是令人惊奇。《热兰遮城日志》1656 年 8 月 19 日记载:

> 前来此地的官员 Sausinja 的委任状,由中国人头家和商人 Pincgua(斌官,即何斌)、Zako、Juko 从中文逐字逐句翻译成葡萄牙文,再(由荷兰人)从葡萄牙文转译为荷兰文。③

另有西文材料提及:

> 起初他是语言专家,与荷兰人,中国人和岛人中不能缺少的通译。④

显然,何斌至少谙熟葡萄牙语和荷兰语,并能够与台湾岛上的土著沟通。而由于其闽南人身份,必然也精通闽南语。如此能力,无疑正是何斌受荷兰人器重之主要原因,其语言能力对其商贸活动显然也有极大的帮助。

---

① 杨国桢:《17 世纪海峡两岸贸易的大商人——商人 Hambuan 文书初探》,载《瀛海方程》,第 244 页。
② Voc 1235,fol.577r,《热兰遮城日志》第四册,1661 年 5 月 17 日,第 454 页。
③ Voc 1218,fol.268r,《热兰遮城日志》第四册,1656 年 8 月 19 日,第 116 页。
④ Camille Imbault-Huart:《台湾岛之历史与地志》,台湾银行经济研究室 1958 年版,第 23 页。

事实上,大员华人中间这样的翻译人才不少。《热兰遮城日志》1657 年 7 月
23 日记载:

中国人翻译员 Bengwa 因一直生病,无法执行公司的任务,因此,改任税
务所的文书中国人 Soequa 接替他为翻译员,这个人懂得西班牙语,给他的
薪资是每月 8 里尔和 40 磅的米。①

对于出海的华人来说,逐利是他们的最终目的。海上人群的开放性和
冒险性,从这些华人的活动中体现无遗。何斌的活动,一定程度反映了华人
在这一时期东亚港市中的地位。在这个中西交流冲突的复杂历史时期,海
上群体的活动也是非常复杂的。对这一群体简单地定性,难言合理。

---

① Voc 1222,fol.193r,《热兰遮城日志》第四册,1657 年 7 月 23 日,第 214 页。

第四章　中国沿海的争夺

从整个东亚海域的竞争来看,中国的东南沿海地区其实是郑成功的"大后方"。郑成功以厦、金二岛为基地,凭借强大的海上力量掌握中国东南沿海的制海权,是海上政权存在的军事保证。郑成功对长江口以南中国沿海的控制,不仅确保了其垄断对外输出的中国商品,也保证了领有"郑氏牌票"的渔商船只的出海安全。此外,郑成功数量庞大的军粮,几乎也取自沿海地区。

第一节　东南沿海的制海权争夺

一、闽粤沿海的争夺

《东南纪事》记载郑芝龙北上之时,曾告诫郑成功说:"众不可散,城不可攻,南有许龙、北有名振,汝必图之。"[①]纵横海上数十年的郑芝龙,十分清楚这支海上力量的优劣势。攻城略地非其所长,但同在海上、关系到切身利益的对手,则一定要兼并。

《潮州府志》记载:"许龙,号庆达,澄海人。明末拥众据南阳,擅海上鱼盐之利,家数十万,海寇出入屡所扰截。"[②]清廷在平定广东以后,许龙降清,成为郑成功控制粤东沿海的阻碍之一。

---

① 邵廷采:《东南纪事》卷十,"张名振",第 128 页。
② (清)林杭学:《(康熙)潮州府志》卷九,"历代武功",载郑绪荣辑编:《郑成功在潮州活动资料》,潮汕历史文化研究中心 2007 年版,第 75 页。

郑成功第一次出击许龙,还在其未取得厦、金二岛以前。"时潮属多土豪拥据,三吴坝有吴六(原刊为大)奇、黄岗有黄海如、南洋有许龙、澄海有杨广、海山有朱尧、潮阳有张礼、碣石有苏利等。"①

《先王实录》记载:

　　永历三年,郑成功谓海如曰:"我举义以来,屡得屡失,乃□□□乱,今大师至此,欲择一处以为练兵措饷之地,必[如]何而可?"海如曰:"潮属鱼米之□,素称饶沃,近为各处土豪山义所据,赋税多不入官,藩主第收而服之,借其兵□食其饷,训练恢复,可预期也"。藩曰:"我亦思之。但潮邑属明,未忍为也"。时参军潘□□□曰:"宜先事入告,然后号召其出师从王,顺者抚之,逆者讨之。藩主奉旨专征,今大师咫尺,南洋许隆(龙)不劳师郊迎,声义问罪,谁其不然!"藩曰:"宜再图之,许隆(龙)何足云也。"海如又曰:"驻军措饷,莫如潮阳县。盖潮阳饶富甲于各色,且近海口,有海门所、达濠浦可以抛泊海艘,通运粮米,次守近山。土豪数年拥据租粟,负固山寨,邑长不敢问。今驻节邑中,抚顺剿逆,兵饷裕如。但须假道南洋,縣(由)鲎澳过达濠浦至邑,恐许隆(龙)、张礼梗道也。"藩曰:"自有以处之。"于是发谕许隆(龙),令除道并备□船以候过师。传令移师驻札南洋山头仔。许隆(龙)果抗命,仍敢出兵拒绝。藩怒,令舟师进塞□港,以陆师捣其巢穴。

　　初八日,许隆(龙)出兵来迎,我师一鼓而□,许隆(龙)仅身免,走潮□□。②

粤东沿海一带土地肥沃,又兼有鱼盐之利,海运之便。明亡以后,地方势力兴起。如上文所示,许龙的势力基于粤东沿海一带的渔商活动,因此郑成功想要彻底将之消灭,是很困难的。此战虽载许龙"仅以身免",但永历四年六月,郑成功在揭阳一带,准备攻打潮州的郝尚久。"漳虏赫文兴来

---

① 阮旻锡:《海上见闻录》卷一,第7页。
② 杨英:《先王实录》,陈碧笙校注,第7—8页。

援，许隆（龙）渡载入城。"①

永历十二年四月，郑成功准备大举北伐，但考虑到"尚有许隆（龙）未服，须收灭之，以免南顾之虑"，再次派兵攻打许龙。《先王实录》记载：

> 十二年戊戌（一六五八）四月，初十日，……令林胜密寻响导，以胜澄海人，隆（龙）近邻也。传令行军北征。中后提督并右武卫首程，先行俱泊围头，本藩同左武卫、左右虎卫等镇开至浯洲，星夜溜下，不及会綜，恐许隆（龙）侦知逃走，出其不意故也。许隆（龙）敢于作逆，以港门内深外浅，非深识港路，船多阁破。此日洪水［不知］缘何涨满，藩督舟师直捣其港，各镇至次日方知溜下，惟亲军镇先到，所得辎重米粟不计，船只分发各镇配兵，许隆（龙）仅只身率众而逃，焚其巢穴而回。②

此战郑成功利用林胜熟知南洋水路的优势，出其不意将许龙打败，许龙再次"只身率众而逃"，大本营也被烧毁，从而暂时解除了郑成功准备北上的"南顾之虑"。但事实上许龙的势力还是未彻底覆灭。

郑成功在粤东沿海一带的另一个主要对手是苏利。《郑成功传》记载苏利："海丰人。永历中，授将军；据碣石卫，纵横粤东。顺治七年，天朝以左都督啖之；利不剃发，外受羁縻。以壤接成功，惧为所并，借我为重，阴持两端。"③顺治十一年，清廷在广东的将领请设水师，称"惠州碣石卫为广海要冲，亦为潮惠襟喉，有投诚原总兵苏利世居于此，饶获鱼盐之利，其所团练劲旅，俱系土著，且多自备海船"。④ 而苏利自己也称"世隶海滨"⑤。可见，与许龙类似，苏利的海上势力的基础也是粤东沿海一带的鱼盐之利，因而势

---

① 杨英：《先王实录》，陈碧笙校注，第 17 页。

② 杨英：《先王实录》，陈碧笙校注，第 167 页。

③ 郑亦邹：《郑成功传》，第 7 页。

④ 《平南王、靖南王等揭帖（顺治十一年四月三十日到）》，《郑氏史料续编》卷二，第 130 页。

⑤ 《碣石总兵苏利揭帖（顺治十二年六月十二日到）》，《郑氏史料续编》卷三，第 251 页。

力根深蒂固。并且,由于苏利活动的海域紧邻闽海,直接对郑成功产生威胁。

郑成功在永历四年以前南下粤东沿海征寨输粮的过程中也曾攻打苏利,但"永历四年夏、六月,击苏利。苏利在碣石卫,引兵攻之,不克"。① 顺治十一年,清廷"令苏利为水军都督,驻军碣石,为山东防海之始"。② 苏利成为清廷在粤东海上最倚重的力量。

荷兰人也吃了不少苏利的苦头。1655 年 6 月 28 日的《热兰遮城日志》记载:

> 也有人说,鞑靼人那边也有一个海盗名叫苏利,他在澳门与南澳之间的地带拥有大队的战士,有陆军也有海军。他的戎克船,超过 150 艘,其中大部分是坐作战用的戎克船。③

这一时期荷兰人准备往广东与清廷商谈贸易事宜,但船只却在田尾洋被苏利攻击。1655 年 10 月 18 日的《热兰遮城日志》记载:

> 在我们这封书信里,我们详述那艘快艇 Vleeruys 号在驶入中国沿海的 Groeningers 湾,又称为 Imboy(田尾洋)的海湾时,船上有八个荷兰人和一个东京人被官员苏利杀死或俘虏的事情。④

《热兰遮城日志》1655 年 6 月 5 日记载、荷兰人从来自中国沿海的船只得到消息:

> 有一个中国人海盗,也是海南岛的官吏,名叫 Soulack(苏利)的,是

---

① 《闽海纪略》,《台湾文献丛刊》第 23 种,台湾银行经济研究室 1958 年版,第 5 页。
② 《清史稿》卷一三八,《志》第一一三,"兵九,海防"。
③ Voc 1213,fol.656,《热兰遮城日志》第三册,1655 年 6 月 28 日,第 503 页。
④ Voc 1213,fol.755,《热兰遮城日志》第三册,1655 年 10 月 18 日,第 573 页。

鞑靼人的朋友，他已有一段时间，亲自率领很多作战用的戎克船来这方面的中国沿海抢劫，最近在南澳下方被上述国姓爷的海军将官遇到，被打得，经过一场激烈的战斗，丧失四十艘他的戎克船之后，就逃走了，彻底被从海上清剿出去，此事令海商特感兴奋，因为该海盗以前使前来此地的航道失去安全，使那些海商遭受损失。①

此传言是否为真，中文史料无相应记载印证。查郑成功于永历八年十月曾派林察、周瑞等人粤勤王，并于永历九年五月回到厦门。是否林察等人与苏利曾有交锋，不得而知。

1656 年 7 月 16 日《热兰遮城日志》又记载：

国姓爷在一段时间以前，派三百艘有武装的戎克船去南部的中国沿海，（说是）要去那里运谷物。这些戎克船出航以后，趁机去位于Groeningens 海湾里的碣石卫市的前面发动攻击，这城市是臣属鞑靼的官吏苏利管辖的，那时，那里大部分的戎克船都停放在岸上，突然遭受袭击，士兵乃跑出船外向内陆逃生去了，这些戎克船被烧毁，约有一百艘被拖进水里，被他们当作丰厚的战利品带往海上去了，但在航海途中他们遭遇强大的暴风，以致约有三百艘戎克船被毁丧失，因此这四百艘就只有一百艘安然回到厦门。②

与此事在时间上能够关联的记载唯有"十三年五月，廷军乏食，趋碣石攻苏利；利又坚拒不下，遂还"。③ 郑方似无如荷兰人听闻之大胜。

在顺治十三年广东巡抚李栖凤的题本中，曾提到苏利的报告：

去岁（顺治十二年）十一月十八日，一遇贼于揭阳港口，因贼占据上风，不便冲犁。十二月初三日，又接战于大林埔海面。虽官兵用命，

---

① Voc 1213, fol.639v,《热兰遮城日志》第三册，1655 年 6 月 5 日，第 492 页。
② Voc 1218, fol.254v,《热兰遮城日志》第四册，1656 年 7 月 16 日，第 101 页。
③ 沈云：《台湾郑氏始末》卷三，第 32 页。

奋勇攻击,然贼据大船,难以取胜。嗣因哨船久在风浪,多有破坏,姑暂调回修整焊洗。①

此战似乎郑成功部取胜,而苏利实力尚存。苏利在碣石卫的势力颇有根基,不过其船队似无远航的能力,可能是因为其部属多系近海渔船。周全斌曾言:粤东船只,六橹、八橹只好守港。若出汪洋,非彼所长。② 因此,郑成功对苏利的几次攻击,虽没有将苏利彻底除去,但还是在一定程度上保证了闽粤沿海一带的航行安全。常驻南澳的郑成功部将陈豹"守粤近二十年,许龙、苏利皆畏之"。③

除了许龙、苏利等海上势力,闽粤沿海一带还有不少寨堡不愿受郑成功统辖。这些独立寨堡的存在,威胁着郑成功商船、渔船的安全。因此,郑成功也逐一将之击破。如《先王实录》永历八年的记载:

（永历八年三月）先时海坛松下、大小坵等□逆民,每年截我商洋船只,至是发谕诚谕之,松下逆民逞逞不服,径出旗号备敌。藩遣中提督甘辉、前锋镇赫文兴、左冲镇杨琦等繇(由)陆路抄进,藩督戎旗镇繇(由)[□水]抄进。时各兵齐会,逆民不支,俱被剿杀,并焚其乡社示儆。随移师进攻海坛山,逆首陈西宾亦拥集逆民来迎敌,被我师一鼓败之,陈西宾自缚乞降,宥之。二处素逆俱平。委后军平夷侯周崔之镇守海坛地方。④

此外,粤东地区的鸥汀寨也屡次打劫郑成功的渔商船只,郑成功直至永历十一年才将之击破。《先王实录》记载:

十一年丁酉(一六五七)十一月初一日,藩督师驾至南澳,驻跸青

① 《广东巡抚李栖凤残题本》,《郑氏史料续编》卷四,第428页。
② 江日昇:《台湾外记》卷五,第151页。
③ 阮旻锡:《海上见闻录》卷二,第40页。
④ 杨英:《先王实录》,陈碧笙校注,第75页。

屿山。少师忠勇侯陈豹请见，访问潮虏并鸥汀逆寨情形，次第陈对甚释，因进劝曰：'王师退处，久无声息，潮惠破败之□，处在下方，得其地不足长驱，何如进捣浙直，攻心为上也？至若鸥汀小寨，用遣数镇靴尖踢倒耳，何劳藩驾亲临耶'？左戎旗林胜等亦以此言劝，自愿领克破逆寨复命，藩从之，授以攻取机宜。

我师攻破鸥汀埠逆寨，报闻。此寨负固已久，四畔皆深泥水田，惟一面近港通海。有数千强仆，出没波涛之间，时或商渔，时或洋劫，屡屡阻截粮道。至是破之。

但这个鸥汀寨似乎还未被全部消灭。1659 年 12 月 16 日的《东印度事务报告》曾提及：

我们听说，一伙中国海盗匿藏在澎湖，他们来自 Ontingpoy，是国姓爷的对手，阻碍了中国和大员之间的航行，至今已有三条帆船被他们劫走，其中一条属于中国，一条属于大员。[①]

有趣的是，此时郑成功忙于北伐，荷兰人为了维护大员与厦门之间的贸易航运安全，出兵将之击溃。

永历九年（1655）九月，郑军连续攻陷揭阳、普宁和澄海三地。顺治十三年闰五月两广总督李率泰奏称：

去年九月内，揭阳、普宁、澄海三邑相继失陷……至于普宁守兵，则止一百五十名，皆系土著，居民则不满数百家。……闽寇之犯潮也，始而劫寨抢粮，继则攻城犯顺。八月初三日，水陆直侵揭阳，四面围困，刘总镇督兵赴援于前，吴总镇提师策应于后，皆为贼多兵寡，彼逸我劳，两战失利，于是贼胆愈横，攻城益急，而揭阳之危竟如垒卵矣。……伪贼

---

① Voc 1229，fol.84，《东印度事务报告》，1659 年 12 月 16 日，《荷兰人在福尔摩沙》，第 516 页。

卢军门从西门拥入,县官、防将知事不免,遂舍城守而求救于南洋许龙,事已无及。①

在清军的积极反扑下,顺治十三年(永历十年)二月,"黄廷在揭阳为吴六奇所攻,舟师多毁;廷中二矢,走新墟。揭阳、晋宁、澄海皆失"。② 守城并非郑军之所长,但就在这短短的半年时间,郑成功军在揭阳一带已经完成了征输粮饷的任务。《先王实录》记载:

> 十年丙申(一六五六)二月,藩驾驻思明州。差兵官张光启入揭,察报西关一战左师失律之事。吊(调)左先锋苏茂、前冲镇黄梧、护卫左镇杜辉等镇回思明州。令前提督戎旗等镇弃揭阳县,登舟下广,采听行在声息。另差户都事杨英查察张一彬征收揭邑正供支销,并察饷司监纪追收米石,配载商船,一尽回州;计饷银十万两,饷米十万石。③

郑成功志在"复明",如陈豹所言,"潮惠破败之□,处在下方,得其地不足长驱,何如进捣浙直,攻心为上也?"因此,在保证海上航行的安全及粮饷的征输以后,郑成功并未将粤东地区作为主攻方向。

上述粤东沿海地区在南明时期较为独立,事实上并不受南明政权的控制。许龙、苏利得与郑成功相持十数年而未被彻底消灭,显示了粤东沿海海洋社会经济在这一时期的发展。

如上,郑成功逐一打击了闽粤沿海一带的其他势力。虽然未能在粤东沿海向内陆更进一步,但基本确保了对闽粤一带海域的控制。海上航行的通畅无阻,使得郑成功可以集中优势兵力在沿海各处登陆作战,征粮输饷。清军则防线过长、难以摸清郑成功主力的动向。顺治十三年,户科给事中王

---

① 《两广总督李率泰揭帖(顺治十三年闰五月)》,《郑氏史料续编》卷四,第447页。

② 倪在田:《续明纪事本末》卷七,《台湾文献丛刊》第133种,台湾银行经济研究室1962年版,第165页。

③ 杨英:《先王实录》,陈碧笙校注,第132页。

益朋上奏称，"但在海之贼，与山谷有异，随波出没，来往莫定，无巢窟之可穷，非弓马所能骋。当大兵拥屯于海上，而贼宵遁已久矣。兵至贼去，兵归贼来，势难遽灭"。①

顺治十七年，清廷准备乘郑成功南京之败，一举攻破厦门，拟调许龙、苏利的船队一同入闽。而郑成功也早有准备，派郑泰"将前派守围头官兵船只一尽防守金门，抛泊城保角，以防广海许龙等船"。② 结果许龙与苏利还未到达闽海，清廷已被郑成功打得大败，两人遂回广东。

值得一提的是，直到康熙迁界以前，许龙、苏利仍是清军在粤海主要倚重的海上力量。

康熙元年，平南王尚可喜疏言："许龙自投诚以来，屡建功绩。已奉谕旨，以总兵官用。查南洋与南澳相对，最为要地。请授许龙为潮州水师总兵官。驻札南洋，以资弹压。从之。"并且"擒获海寇郑成功之弟郑成赐于厦门"。③ 康熙二年，又"夺获贼船，生擒伪都督邵应祚，杀贼八十余名。擒贼伙十三名"。④

二、浙直沿海的争夺

早在永历七年，郑成功便派张名振部到浙直沿海活动，一方面牵制清军的南下，一方面派遣陈辉等人向浙直沿海一带的渔商船只发放牌照课税。《先王实录》记载，"（永历七年）二月，赐姓驻厦门，遣前军定西侯张名振等率水军恢复浙直州县，并遣忠靖伯陈辉等齐入长江"。⑤

张名振在浙直沿海的活动给清军造成了很大的麻烦。永历八年（1654），张名振部的船只甚至北上至山东、天津沿海一带，威胁清廷的海运安全：

---

① 《户科给事中王益朋残揭帖（顺治十三年四月二十二日到）》，《郑氏史料续编》卷四，第385页。

② 阮旻锡：《海上见闻录》卷二，第33页。

③ 《清圣祖实录》，康熙元年正月。

④ 《清圣祖实录》，康熙二年正月。

⑤ 阮旻锡：《海上见闻录》卷一，第14页。

一、永历八年(甲午)春正月,全师复入京口,战不利,失一副将阮甲;淹四日,退。招讨复遣戎政司马陈六御及将军陈应蕃等协力抵平洋沙,攻崇明,不克;平原将军姚志卓愤自到。还触吴淞关,掠北战舰二百七十号。名振以沙船九百号泛登、莱及高丽,乃还。①

二、永历八年(一六五四)二月。是月,定西侯张名振、忠靖伯等督师进入长江,夺虏舟百余只;义兵四起归附。遣亲标营顾忠入天津,焚夺运粮船百余艘。名振直至金山寺,致祭先帝而回。虏闻风惊惧。②

伴随对制海权的控制,则是郑成功海上贸易的货物也流至这一地区。顺治十三年直隶总督李荫祖上奏,在天津沿海一带发现商船载有广南的货物:

顺治十三年八月二十四日……据天津道呈船户郭自立等招到臣,为照海逆北犯,海汛戒严,臣严饬镇道,凡商盐渔船,编号讥察,再经天语,益加严禁。案照五月十四等日,据天津镇道报大沽口叅游击盘禁民船二只,系十二年四月出口,请示到臣。臣察船去经年,所载皆广南之物,情有可疑,随批该镇道察审会覆。据详客人沈平等向河西务关告有截货货课等词,该广分司亲至天津将货搬至别船,带沈平等上税去讫,止以郭自立等招拟。据供客人系徽浙等处人。该镇又称会广分司时曾取船上象牙看。臣思海禁何等森严,今人货实有可疑,又有打点镇道各衙门等语,碍难批究。臣远在千里外,此中万一有不究之徒,□□方干系非小,伏乞睿鉴,敕部就□提讯,庶□□□□肃清矣。谨题□□。③

永历九年(1655)以后,郑清双方"和议"不成,郑成功于是派船队北上,加强对浙直沿海的控制。"永历九年,藩驾驻思明州。藩集诸文武议曰:

---

① 查继佐:《鲁春秋》,"监国纪",《台湾文献丛刊》第118种,台湾银行经济研究室1961年版,第67—68页。
② 杨英:《先王实录》,陈碧笙校注,第69页。
③ 《直隶总督李荫祖残题本》,《郑氏史料续编》卷四,第538页。

'和局不就,宜分兵与定西侯并忠靖伯等会师进入长江,捣其心腹,使彼不得并力南顾'。""夏、五月,遣忠振伯洪旭、北镇陈六御舟师北征。"

舟山、双屿一带自明中叶以后一度成为葡萄牙人与中国贸易的中转站,颇为繁盛,至为朱纨攻破以后逐渐没落。但舟山接近长江中下游地区,后者一方面是清廷的主要粮仓,一方面则是生丝和丝织品的重要产地,也是郑成功"五商"重点经营的地区。张名振、陈辉等人对浙直沿海一带的控制,是郑成功输出这一地区商品的重要保证。

是年,陈六御等扬帆进取舟山,守将巴臣兴举军降。随后,清台州守将马信降郑,清廷的船只损失惨重,此年清廷户部曾上报:

> 海逆联艘千余,直犯台州。副将马信背叛降贼……
>
> 十四日,贼艘三百余号方始进泊台州江下,拥众入城,大肆劫掠,放火杀人,各街烽烟腾起,台民惨不堪言。逆信又将先存战船四只,驾去三只,焚烧一只;新造战船十只内,四只工完十分,俱已烧尽,其六只尚未完工,舟□参腰烧断,不堪作用。[1]

陈六御等继续以舟山为基地进行活动,"永历十年(1656)三月,二十日,总制陈六御恢复健跳所,解伪印一颗"。郑成功占据舟山,令清廷坐立不安。永历十年三月,"前军定西侯张名振于正月病故,令陈六御兼管前军事,令水师前军阮骏专守舟山"。随后,郑成功部将阮骏报称"定关造船五百只,欲攻舟山。请拨兵防护;赐姓即遣马信、张鸿德等督师北上协防"。

永历十年八月,清郑双方开始舟山争夺战。《先王实录》记载:

> 是月二十六日,虏水师大小五百余船进犯舟山,陈总制、阮英义等率战舰五十余号与战。时我师占据上风冲顺犁,大败虏船,虏随退回,我师全胜,回舟山。
>
> 二十七日,虏又令师来犯,意在诱敌,且占且退,我师误中其计,直

---

[1] 《户部题本》,《明清史料》己编,第四本,第362—363页。

追而进,至定关口,水流涌急,虏遂拥合交锋,我师少却。陈总制遂呼英义伯二舟率先冲破其艅,缘不知水势,二舟被流水拥拖而入,挽掉不进。虏认知为先锋、总制之舟,合力齐攻,铳矢如雨,总制知不支,望南拜毕,蹈海而死。阮英义亦知深入无援必死,将船中火药铳器齐发,自焚其舟,虏船被击沉二只,虏兵亦死不计。虏师遂克舟山,迁移其民,拆坏其城。张鸿德亦战没阵中。①

《清世祖实录》顺治十三年九月则记载:

宁海大将军固山额真伊尔德等奏报,臣等领兵至杭州,海逆伪总兵王长树、毛光祚、沈尔序等,拥贼兵登岸,侵犯大兰山等处。遣梅勒章京顾禄古、总兵官张承恩引兵趋夏关,击败之。至两斗门,贼复迎战,又击败之。斩长树、光祚、尔序、并头目、及贼兵无算。臣率师次宁波。乘舟趋定海县,分三路进发。贼渠伪总制陈六御、伪英义伯阮思等于海岛里江口山下列战舰以待。臣等率兵进攻,贼兵败北。追至衡水洋口,阵斩六御、思等,擒获甚多。遂取舟山。得上□日褒奖。下所司从优议叙。②

陆战本非郑军所长,失利亦在情理之中。而陈六御等人对舟山沿海水势的陌生,成为此次舟山失守的关键原因之一。张名振去世以后,其手下的将领部分投降了清廷,使得郑成功在浙直沿海一带的优势骤减。永历十年九月,就在舟山刚刚被清军攻破之时,对长江口一带极为熟悉、号称"网仓顾三"的顾忠降清,成为郑成功的一大损失。清廷方面甚至认为,"从来海孽来归,未有如此之盛者"。顺治十三年十一月兵部上报此事:

于九月初四日,据拓林营署守备事千总袁友良报称,投诚人张七率

---

① 杨英:《先王实录》,陈碧笙校注,第140页。
② 《清世祖实录》卷一百三十,顺治十三年九月。

领伪海镇总兵顾忠、差官陈杰、葛之罩并伪参将王斌、伪总兵王有才、差官项德、余起忠贵到投顺公文，俱各在案。……而顾忠等果能倾心向化，率众抒诚，从来海孽来归，未有如此之盛者。……大小铳炮共三百八十九位、三眼鸟枪共八十一门、火药七十九坛，又九桶、又一百九十斤、火箭火罐喷筒共三百四十二件、大小铁弹共二千零六十二个、又四百五十五斤、刀枪器械共二千四百六十九件、弓箭六十一副、又弓二十二张、箭二百六十枝、铁盔三十三顶、铁甲二十四领，棉盔甲六百件，拟合塘报等因到臣。

据此，该臣看得：海寇向踞崇沙，突入长江，屡肆侵犯者，皆因伪总兵顾忠即网仓顾三，原系崇明人氏，其苏松等处海洋水性风势，伊深知之熟矣，故敢出没狂逞。①

舟山及张名振部的损失，使得郑成功北上又必须重新招募熟悉这一带水域的渔民。永历十一年（1657）三月，遣水师前镇左营李顺同水师后镇施举前往浙省定海等处采探虏息，并招徕松门一带渔民，以为进取长江向导。②

但矛盾的是，清廷一方面不能容忍郑成功占据舟山、逼其腹地，另一方面又由于在海上并无优势，想要守住舟山有相当困难。顺治十三年（1656）时任浙江巡抚王元曦上奏称：

从来守险之举，最为关系，然必相其冲要所在。一夫当关、千夫难越之地，虽一寸土犹当数百万金钱以守之，为其一处守而处处皆安，一处费而处处皆可省也。今舟山孤悬洪波中，既非浙海门户，亦非闽海咽喉，沿海一带，弥望汪洋，处处皆可飞渡，非舟山所能扼，其不得撤沿海之防而并力于舟山也明矣。议守必须设镇，设镇必须增兵。计舟山不过海中一块土，即设镇增兵，亦不过保得舟山一块土耳。且兵增饷随，

---

① 《兵部残题本》，《明清史料》己编，第三本，第270—272页。
② 杨英：《先王实录》，陈碧笙校注，第148页。

政费区画,少设则单虚可虞,多设则物力难继。欲止守舟山,则孤寄无济;欲并守诸泛,则兼顾实难,见今残城已毁,遗黎无几,必须另建城垣,招移百姓,广给牛种,费孔甚繁,种种不赀。创始维难,乐成岂易? 臣又目击输运宁米之苦,肩推手挽,曳舟拖坝,足穿肤裂。若从此飞输巨浸中,不知又当何似? 繁难之役,督之一时则忘劳,行之经久则称苦。查舟山经岁之入,钱粮不过四千四百余两,粮米不过七百九十余石。悉其所供,仅亦锱铢,量其所费,当得钜万。方今用兵之际,财赋为重。费一饷则当费于必需,增一兵则当增于有用。岂可因海外辽远尺寸无用之堄垣,坐费朝廷有用之金钱,并疲劳南北之兵势,销耗东南之民力? 更有虑者。舟山民物渐集之后,贼以釜底游魂,保无窥伺? 是有舟山而有居有食,反起贼垂涎之心;无舟山而无居无食,反制贼必死之命。臣区区之愚,窃以舟山原系海外之地,或应暂置海外,无烦议兵增守,以示朝廷不勤远略之意。至于百姓料亦无多,或于班师之日,听其择便,愿为兵者编入卒伍,使之随行报效,愿归业者安插宁波一带,使之耕凿得所。至沿海冲要,容臣随督抚二臣之后,相地度势,量议添聚,确酌机宜,奏请力行,庶兵民之劳苦可以永纾,地方之物力可以休养,而沿海防御亦可以饷足兵专,获收固围之实效矣。事关善后,不敢不慎。因系详奏,字稍踰格。傥刍荛可采,伏乞皇上鉴宥,敕部密议,酌覆施行。缘系海外孤城已复,封疆善复宜图,谨密陈刍荛,仰祈睿鉴事理,为此具本专差承差孟曾赍捧,谨题请旨。顺治十三年十月初三日,巡按浙江监察御史臣王元曦。①

　　王元曦这篇奏章对郑成功与清军的优劣势做了分析。但在他看来,舟山守之耗费甚糜,对于清廷而言反而成为负担。王元曦的意见得到采纳,于是清廷再弃舟山。舟山的争夺,体现了此时清廷与郑成功双方在沿海岛屿上的不同认识。在郑成功看来军事、战略地位十分重要的海上据点舟山,于清廷而言却不啻鸡肋。因此直至永历十三年(1659)以前,郑成功总体上保

---

① 《浙江巡按王元曦题本》,《郑氏史料续编》卷五,第590页。

持着对浙直沿海一带的控制。

到了永历十三年郑成功败退南京，浙江巡抚佟国器认为，清廷即便耗费再重，也应派兵守住舟山，其奏称：

钦差巡抚浙江等处地方提督军务都察院右副都御史佟国器为预计舟山善后之图，仰祈敕部速议，以便遵行事：窃照顺治十三年十一月间议弃舟山，业经奉文遵行讫。今蒙上谕安南将军明安达里驻劄浙江，进取舟山。职等见在星夜修葺战船，刻期进取间。惟是舟山既议进取，必当议守，合将善后之图，一一酌议。

职查议弃舟山之时，前按臣王元曦疏称：舟山不过海中一块土，既非浙海门户，亦非闽海咽喉，沿海一带，处处皆可飞渡，非舟山所能扼也。职谓舟山若守，则巨浸洪波中，贼不能以船为家，虽来而不能久。舟山不守，则贼或倚为巢，浙省沿海六郡，时时可以登犯。是舟山为重地也。惟是议守之策，必须设兵。前抚臣陈应泰疏称：应设战船六百只，用水手战兵三万六千名，方可固守。职谓为数过多，需费百万，岂可轻议？查舟山原设副将、游击等官，并兵三千名，已经撤回内地。今舟山既取以后，应设总兵官一员，统官兵五千名驻劄防守。查浙省有提督一员、温州总兵一员、台州总兵一员、水师总兵一员、随征总兵一员，合候部议一员，移驻舟山。其官兵五千名，即于浙省各营内职等酌议抽调。此皆易议者也。

惟是弃舟山之时，毁城迁民，焚毁房屋，当日虑为贼资，是以惟恐不尽。职查舟山旧城，周围五里，仅存泥基砖石，抛弃海中。兵法有云：城以守地也。舟山孤悬海中，万一贼棕蚁聚，遇风不顺，内地官兵万难接应，若非登埠固守，何以持久？则城垣不可不筑也。既经设镇驻防，必无露处之理。总兵、游击、守备等官，必须大小衙署一二十处，兵丁营房五千余间，方可安插。则房屋不可不造也。

以上二事，最为重大，需费不赀。工程作何期限，钱粮作何动支，若俟既取舟山之后，而后议及，诚恐迟缓。目今浙海各汛，尚有零星贼艘水面游移，则是舟山不难于取，而难于守。合先预为计议，伏祈睿鉴，敕部详议。俟进取舟山之后,职等得以遵奉。相应密疏具题,伏乞敕下该部速议施行。为此,除具题外,须至揭帖者。顺治十六年十一月十五日,右副都御史佟国器。①

与王元曦不同,佟国器与郑成功在海上交手多年,对舟山在清郑海战中的战略地位有着清醒的认识。

面对郑成功的海上优势,清廷采取的办法是强征浙直沿海的渔船入伍,并"凡商盐渔船,皆令编立字号,详询船户、水手姓名居址,揭送讥察之官,验对相符,检明货物,方许出入"。② 由于船只极其缺乏,清廷的海防将官只好拿破旧渔船充数。清军攻打舟山之前,刑部曾奏报一案:

温州府永嘉县三十三都在官渔户余汝甫、许邦礼……等共三十三人,各有渔船,向泊河滨,奉本都院颁行印烙,编号派入队伍随征。顺治十二年十一月二十五日,各渔船奉水师孔游击票取印烙,收阁在官,听候修艌。

九月十八日,海防官要小的船修理破舟山,小的没银子修理。……翁玉玄供:孔将官要小的船去破舟山,打了烙印,在西关。……翁文玉供:船破烂了,多年不修,因穷修不起。要小的去回,船在都里,被孔将官打十五板是实。……张所供:船也在浮桥内,多年不下海。

据此,该臣看得:海氛未靖,稽察宜严,防汛各官,加谨出入,固其职也。然渔户余汝甫等各船,或系朽烂未修,或系驾赴印烙,见在汛地,并未出洋采捕,众目昭然。何龙湾千总孙守成不加详察,捏情妄报……③

如此强征渔船凑数,清廷水师的战斗力可想而知。从清郑双方在浙直沿海的较量来看,直到顺治十六年郑成功北伐失败之时,海上政权仍然保持着对浙直沿海的控制。顺治十七年清廷准备挟南京胜利之余威与郑成功决

① 《浙江巡抚佟国器揭帖》,《明清史料》甲编,第五本,第464页。
② 《直隶总督李荫祖残题本》,《明清史料》己编,第四本,第337—338页。
③ 《刑部题本》,《明清史料》己编,第四本,第323—326页。

战厦门湾,郑成功才将舟山一带的将士调回。

第二节　海上政权的困境

由于在海上无法与郑成功抗衡,清廷开始采取禁海的策略,切断海上政权与沿海地区的联系,不仅使郑军的补给收到极大威胁,郑成功与沿海地区乃至内地的贸易也受影响。直至迁界实施,海洋经济更是受到毁灭性打击,动摇了郑成功海上政权的基础。北伐失败以后,郑成功面临两难的选择。

一、清廷的对策

对郑成功的"招抚"失效以后,清廷开始了严厉的海禁。顺治十三年六月,清廷发布禁令:

> 皇帝敕谕浙江、福建、广东、江南、山东、天津各督抚镇:海逆郑成功等窜伏海隅,至今尚未剿灭,必有奸人暗通线索,贪图厚利,贸易往来,资以粮物。若不立法严禁,海氛何由廓清? 自今以后,各该督抚镇著申饬沿海一带文武各官,严禁商民船只私自出海。有将一切粮食货物等项与逆贼贸易者,或地方官察出,或被人告发,即将贸易之人,不论官民,俱行奏闻处斩,货物入官,本犯家产尽给告发之人。其该管地方文武各官,不行盘诘擒缉,皆革职从重治罪。地方保甲,通同容隐,不行举首,皆处死。凡沿海地方,大小贼船可容湾泊登岸口子,各该督抚镇务要严饬防守各官,相度形势,设法搁阻,或筑土坝,或树木栅,处处严防,不许片帆入口,一贼登岸。如仍前防守怠玩,致有疏虞,其专泛各官,即以军法从事,该督抚镇一并议罪。尔等即遵谕力行,特谕。顺治十三年六月十六日。①

---

① 《申严海禁敕谕》,《郑氏史料续编》卷四,第500页。

事实上,早在 1655 年,在与郑成功谈判刚刚破裂之后,清廷已经开始严查闽浙一带与郑成功有关的商民。《热兰遮城日志》1655 年 6 月 28 日记载:

> 直到去年,中国商人还可自安海、漳州及其附近的城市,运各种他们的货物和商品,自由地在鞑靼人控制下的地区来往通行,毫无阻碍干扰。但现在完全相反了,他们所有的货物都被鞑靼人扣留,被以廉价取走,这情形已持续 10 到 11 个月。而且,鞑靼人已经不准国姓爷辖区里的任何商人去他们的地方,都把他们赶回他们的地方去了,理由是,鞑靼人曾向国姓爷提出很多很公正又极好的条件,劝国姓爷归顺鞑靼人,但被国姓爷拒绝……①

一方面,清廷试图切断郑成功与沿海居民的联系;另一方面则严查郑成功及其下属在沿海地区的田产。顺治十三年管户部尚书事车克等上奏:

> 今臣访闻得叛贼郑成功父子田产,在海上者田有数万顷,价值数十万金。计每岁田租不赀,以之抵充正赋,则足以苏八闽之困,以之接济兵饷,则足以省挽输之劳。当此财赋匮乏之时,议搜括,议裁减,廷臣条奏不遗余力,司农攒眉未有良策;乃如此大逆不道,叛国负恩,骚扰沿海,攻破郡县,万民受其荼毒,朝廷为之旰食,而其平日所抢霸小民之田产,独得安然无恙,真神人共愤、国法难容者也。仰祈敕下该督抚按严察田产数目。其房屋无人居住,即行折卖,田地散在海上,尽收入官。顺治十三年八月二十四日题。②

从上述二则记载来看,在 1655 年招抚郑成功失败以前,清廷对郑成功还抱有很大的希望,对于沿海地区的控制相当松弛。而直至招抚失败,才开

---

① Voc 1213,fol.654v,《热兰遮城日志》第三册,1655 年 6 月 28 日,第 503 页。
② 《管户部尚书事车克等题本》,《郑氏史料续编》卷五,第 578 页。

始认真贯彻对付郑成功的手段。

郑成功的军队此时人数已有 20 万上下。这支庞大军队的粮食，多来自沿海地区的征输及与沿海居民的交易。顺治十三年，清将马进宝便查获与郑成功往来的沿海居民，其上报称：

> 本月□六日酉时，据同安县知县梅应魁报称前事：窃查石□保杏头乡有林甲五，向在炳洲往来。于正月十四日，随差钟喜、江春拘到堂弟林佳珠、宗亲林育秀、林申娘三人到官，当堂严询间，据佳珠开称：林甲五住杏头乡，头发未剃，现在炳洲卖米，交通伪官。妻黄氏。亲兄林恩哥，妻一个。甲五子卯仔。保长林八叔同侄杏头乡家长林九观住在后陈乡等情。据此，该卑职看得：同邑地方，大兵驻扎已久，王令抚绥再三，卑职莅任两月，挨查保甲，俱称剃发归诚，而林甲五至今尚未剃发，罪已当诛。甚至贩米接济贼营，保长林□□□兄林恩哥与五同住，其家长林九观虽住邻乡，罪□□长，均属知而不举。若不大创儆众，则人人效尤，阳顺阴逆，封疆□时得靖？况杏头乡贴近炳洲，势必发兵剿洗，庶不致免脱也等因。据此，理合启请王令裁夺。为此具启以闻。①

清廷开始严查可能与郑成功交易的沿海居民。1656 年 7 月 16 日的《热兰遮城日志》记载荷兰人听到消息：

> 今天翻译员何斌来告诉我们一个消息，是从中国传到澎湖，再从澎湖用一艘舸仔船传来的，这消息说，有一个鞑靼的新指挥官率领一万五千个鞑靼的士兵下来，奉命专程要来对抗大官国姓爷，要毫不延迟地率军全力去攻打国姓爷，直到把他打败，结束那个地区的战争为止。安海市已经被这个指挥官（来到那里以后）完全烧毁。他于最近的月食那夜（即本月 6 日）突袭位于厦门后方的那个小地方，刘五店，把那里的

---

① 《随徵福建左路总兵马进宝启本（正月十九日到）》，《明清史料》己编，第三本，第 257 页。

人都很残忍地杀死,无论剃头的或没有剃头的中国人一律格杀,无人幸免,他们解释说,是因为那里的人忠于国姓爷,对国姓爷太有用处了。他也计划要去攻打白沙。①

对于与郑成功联系较多的同安沿海以及安海一带的居民,清廷更是直接屠杀了事。与黄梧一同举海澄降清的苏明为清廷献策,第一条便是"严接济",其奏称:

钦授右都督苏明为感激皇恩……陈灭贼紧要三款,一一为我皇陈之:

一、严接济。厦门地方周遭滨海,山无林麓,地少耕田,衣食舟楫之利,需于内地者不少。苟非奸民运接,则泉竭池罄,旦夕间矣。迩来厦门之粟千仓,舳舻继作者,非禁之不严,乃通津之路广也。今海中南澳、铜山、陆鳌诸岛,犹隶伪籍,与粤东惠、潮等郡,盈盈一水间耳。贼扮商船,混入潮惠、南洋、揭阳、海门各处港门买籴,由澳铜转运厦门,并无留难阻滞之艰。则漳泉之禁,能行之陆输者,不能行之海运也。惟我皇上敕下粤东抚臣,严令惠潮等郡,不许闽船泊岸买籴,则海运自绝。至于油麻铁竹,闽禁森严,但不能绝其窃发略纵之弊。亦乞申敕闽省抚臣,拣选廉能妥当弁员防讦岛隘,地有产贮者严令不许放出,水可通海者缉获不令潜行,则陆接不通,源既塞而流自穷。彼弹丸水中,天不雨粟。地无产材,不株守而待毙,亦兽散而他徙矣。

一、示劝惩。

一、备防守。②

顺治十四年,黄梧在一篇奏疏中称:

① Voc 1218,fol254r,《热兰遮城日志》第四册,1656 年 7 月 16 日,第 101 页。
② 《右都督苏明残揭帖(顺治十五年正月三十日到)》,《明清史料》丁编,第182 页。

郑成功未即巢□刀灭者；以有福兴等郡；为伊接济渊薮也。南取米于惠潮；贼粮不可胜食矣；中取货于兴、泉、漳；贼饷不可胜用矣；北取材木于福、温；贼舟不可胜载矣。今虽禁止沿海接济；而不得其要领；犹弗禁也。夫贼舟飘忽不常；自福兴距惠潮；乘风破浪、不过两日。而闽粤有分疆之隔；水陆无统一之权；此成功所以逭诛也。祈敕沿海督抚镇臣；与臣商度防海事务；平时共严接济之禁；遇贼备加堵截之防。①

清廷无法从海上限制郑成功的贸易，却可以禁止闽船在潮惠地区的粮食交易，同样能够达到限制郑成功取得军粮的目的。但清廷海禁也存在一些困难，东南沿海的海岸线极长，清廷无法控制在沿海的所有村落。顺治十八年，清廷再次颁布禁令：

皇帝敕谕江南、浙江、福建、广东等处地方王公、将军、总督、巡抚、提督、总兵、沿海地方文武各官：逆贼郑成功盘踞海徼有年，以波涛为巢穴，无田土物力可以资生，一切需用粮米、铁木、物料，皆系陆地所产，若无奸民交通商贩，潜为资助，则逆贼坐困可待。向因滨海各处奸民商贩，暗与交通，互相贸易，将内地各项物料，供送逆贼，故严立通海之禁，久经遍行晓谕。近闻海逆郑成功下洪姓贼徒身附逆贼，于福建沙城等处滨海地方，立有贸易生理。内地商民作奸射利，与为互市。凡杉桅、桐油、铁器、硝黄、湖丝、绸绫、粮米一切应用之物，俱咨行贩卖，供送海逆。海逆郑成功贼党于滨海各地方私通商贩如此类者，实繁有徒。又闻滨海居民商贾，任意乘船，与贼通同狎昵贸易。海贼系逆命之徒，商民乃朕之赤子，朕轸念生民，设立官兵防守。今商民不念朝廷德意，背恩通逆，与贼交易，该管官兵亦不尽心职守，明知奸弊，佯为不知，故纵商民交通贸易。揆之法纪，岂宜宽宥？向来屡经严饬该地方官图便亡私，疏玩徇隐，漫无稽察，以致蔑法作奸之徒愈多，背旨通逆，罪不容诛。此等弊端，彰著最确。但念已往前罪俱免追论，其海贼入犯江南案内一

---

① 《清世祖实录》卷一百八十，顺治十四年三月丁卯。

干罪犯,除康熙元年以前审结外,其余的亦从宽免。今滨海居民,已经内迁,防御稽察,亦属甚易,不得仍前玩忽。自康熙元年以后,该地方文武各官痛改前非,务须严立保甲之法,不时严加稽察。如有前项奸徒通贼兴贩者,即行擒拿,照通贼叛逆律从重治罪。其保甲十家长,若不预行出首,亦照通贼叛逆律治罪。若地方文武各官,于所属地方不遵禁例,严饬督抚、提督、总兵官等不时加稽察。容隐奸徒,致官民绅衿商贾船只如前下海,被旁人首举,其首举之人授官赏赍,该管官以知情故纵从重治罪。总督、巡抚、提督、总兵官等亦从重治罪。王公、将军所属官兵,若不严加禁饬,致有前项弊端发觉,亦罪不宥。其在贼中洪姓等贼徒,于海滨贸易之人,该管地方文武各官,着严行稽察。海滨地方文武各官、绅衿、兵民、商贾人等,若有泛海之船,俱举送于该管总督、巡抚、提督、总兵官等奏报。若隐匿不举,后经发觉,即以通贼叛逆治罪,决不宽贷。又闻海逆奸细,多为僧道,潜游各处,探听消息,各地方寺庙僧道容留往来,地方各官亦无稽察严禁,以后各地方僧道须恪守清规,不得容隐奸徒及来历不明之人,地方官亦须严行稽察。如僧道私行下海及容隐奸细,亦照通贼叛逆律治罪,该管官亦以不行稽察治罪,不饶。特谕。顺治十八年十二月十八日。①

此时距清廷开始禁海已有五年,但上述材料显示,在福建沙城还是有不少大陆商民与郑成功贸易的事实。对此,除了对沿海居民实行保甲外,也正是在顺治十八年,清廷采取了更加严厉的迁界——使沿海一带成为无人区。《海上见闻录》记载:

京中命户部尚书苏纳海至闽,迁海边居民之内地;离海三十里村庄田宅,悉皆焚弃。……至是,上自辽东、下至广东皆迁徙,筑垣墙、立界石,拨兵戍守;出界者死。百姓失业流离,死亡者以亿万计。②

① 《严禁通海敕谕》,《郑氏史料续编》卷十,第1268页。
② 阮旻锡:《海上见闻录》卷二,第39页。

清廷对沿海的迁界大致在五里至三十里之间。《安海志》记载，"十八年辛丑，以民通海寇议，议迁都。沿海十里俱属界外，安海迁至六都内坑乡，官室、寺观、官廨、民居一尽毁平"。① 广东一带，甚至达到五十里。《潮州志》记载，"粤省动起饶平大城所上里尾，西乞钦州防城。至是复令吏部侍郎科尔坤、兵部侍郎介山同平南王尚可喜，将军王国光、沈永忠，提督杨遇明等巡勘潮属濒海六县，筑小堤为界，建墩台七十有三，令徙内地五十里"。②

有趣的是，连早些时候降清的粤东海上势力苏利也因不愿内迁，反叛清廷。"时续迁海界，惠来知县李济履勘绘图立界剅沟。驻碣石水军苏利抗迁，分哨据守。其党郑三据龙江，余煌据神泉，陈烟鸿据靖海以叛"。③ 而另一位降清的粤东水师将领许龙再次为清廷立功，将之击败。

清廷的迁界使得东南沿海的海洋社会经济遭受灭顶之灾。《郑成功传》记载郑成功闻迁界令下，叹曰："使吾徇诸将意，不自断东征，得一块土，英雄无用武之地矣。"足见迁界对于海上政权的危害。

二、三次战役

以"反清复明"为号召，行使南明的剩余公权力，是郑成功建立海上政权的政治合法性来源。《台湾外记》记载永历六年，同安浯州人周全斌投谒（斌刀笔吏，有文武才。浯州，金门别号）时，功问恢复进兵策。斌对曰："若以大势论之，藩主志在勤王，必当先通广西、达行在，会孙可望、李定国师，连舻粤东，出江西，从洞庭直取江南，是为上策。奈金声桓、李成栋已没，广州新破，是粤西之路未得即通，徒自劳也。今且固守各岛：上踞舟山，以分北来之势；下守南澳，以遏南边之侵。兴贩洋道，以足粮饷。然后举兵取漳、泉，以为基业。陆由汀郡而进，水从福、兴而入，则八闽可得矣。"④此虽是小说

---

① 《安海志》，安海志修编小组 1983 年版，第 6 页。

② 饶宗颐编集：《潮州志汇编》，第四部《潮州志》大事志，见《郑成功在潮州活动资料》，第 228 页。

③ 饶宗颐编集：《潮州志汇编》，第四部《潮州志》大事志，见《郑成功在潮州活动资料》，第 238 页。

④ （清）江日昇：《台湾外记》卷三，第 102 页。

家言,但对于当日之形势判断,还是非常准确的。

但郑成功的军队长于海战,短于陆战。即便是距离厦门最近的漳州、泉州二城,郑成功部也难以攻克。永历六年四月,郑成功进围漳州。《闽海纪要》记载:

> 成功引兵围漳城。五月,浙镇马逢知(原名进宝)率兵来援,纵其入城;引兵出战,连败之,遂婴城固守不出。成功累攻不下,乃壅(原文为拥)镇门之水灌之,堤坏不浸;复列栅围之。城中食尽,人相食,枕藉死者七十余万人。[1]

此战正值郑成功势力壮大之时,并且由郑成功亲自督战,志在必得。据《先王实录》记载,到了此年八月,漳州城内"时粮米益尽,百姓饿死过半。虏兵有至食萍充饥者"。[2] 但郑军围困漳州城达半年之久,还是未能攻下此城。数年以后,清刑科右给事中张王治曾提及:

> 十年内漳州被围,止因大兵迟进三月,遂致攫人而食,饿死男女数余万。今即不至如此之危,而处处伏戎,内外阻绝,安可不马上传催,刻期进剿,以解倒悬之困哉? 至目前大势,臣所忧者,不在八闽,而在江浙。何也? 闽贼以海为穴,本无攻城掠地之才,只因惑于抚局,满师撤回,防守尽懈,以致一发燎原,漳泉瓦解。今大兵征剿,众寡不敌,惟有道归岛中,视我兵之去留为进退,狡贼伎俩,不过如此。但如许悍贼,岂肯安坐海滨,争此一片残破之土,必与张名振合谋,窥我江浙,增艘添兵,以一半看守船只,以一半攻掠城池。上自杭嘉;下至苏、松、常、镇、淮、扬地方,郡邑之远者距海百余里,近者不过数十里,市廛鳞集,颇号康阜,苟旁掠一县,即可资数月盗粮,况漕、盐诸艘,舳舻相接乎? 江南为皇上财赋之区,江南安天下皆安,江南危天下皆危……[3]

---

① 夏琳:《闽海纪要》卷一,第 25 页。
② 杨英:《先王实录》,陈碧笙校注,第 48 页。
③ 《刑科右给事中张王治残题本》,《郑氏史料续编》卷三,第 332 页。

如上所示,在漳州城这一次战役中,由于清廷大军迟到,守城的只是常规守军。清军危急下还是挫败了郑成功的进攻。并且,这篇奏疏一针见血地指出了清郑之间在东南沿海一带交锋的关键所在。虽然此后由于漳州守将刘国轩的投诚,郑成功取得漳州府城。但随后面对清军大兵压境的形势,郑成功的策略类似"坚壁清野",《先王实录》记载:

> (永历九年)六月,藩驾巡驻漳州。时因和议不成,虏多阻我饷道,又增兵入关。故令福、泉、兴之兵尽抽回漳。传令:各征饷属邑一尽拆毁平地,使虏无城可恃,以便追杀。①

《闽海纪要》则记载:

> 六月,成功毁安平镇。
> 安平距泉州六十里,芝龙置第其中;洋船直抵海外,人烟繁华胜于郡城。至是,闻贝子王统大兵将至,乃堕其城;并毁漳府及惠安、同安三城,敛兵回厦。②

郑成功的行动,大员的荷兰人也有所耳闻。1655年7月30日的《热兰遮城日志》记载:

> 我们从翻译员何斌得知,那个中国人大官国姓爷令人拆毁了几座城堡,总计十一座,理由是因为担心这些城堡无法抵抗鞑靼人的攻击。相反地,他又建造了几座要塞,就像在安海港口的Pesoa(白沙)建造了一个要塞,要用以维护那沿岸的安全。③

1655年8月17日的《热兰遮城日志》则记载:

---

① 杨英:《先王实录》,陈碧笙校注,第122页。
② 夏琳:《闽海纪要》卷一,第35页。
③ Vol 1213,Fol.682v,《热兰遮城日志》第三册,1655年7月30日,第523页。

我们从搭这些戎克船来的人听到消息说，不久以前，因大官国姓爷的命令，那个以前该省极为著名的商业城市 Sintsieuw（漳州），那里生产各种丝质布料，交易繁荣，经常有大戎克船出航前往南方与东方各地区的那个城市，已经完全被毁坏了，周围的城墙以及里面所有的街道和房屋，都已被毁成瓦砾石堆，荒芜一片，为的是，不使鞑靼人夺取该城市以后从中获得财物的供应和富足，他要将这些财物吸引到他这边来，因此，那里已经没有人了，商人都逃走了，状极悲惨。如果今天还有人富足，明天就被国姓爷下令征收重税而变成穷人贫困。因此，现在那艰困的国家情景非常可怜。都在为一场全面的大战而准备。因此，所有的交易、产业和富裕，都为之丧失殆尽。

在厦门附近位于大陆上得那些乡镇，国姓爷也用严厉的布告命令他们，必须在限期内将他们的稻米运入厦门和海澄，这也使那些乡下人惊慌不已，如果有稻米不能及时运来，就被士兵取为己有，或被烧毁。为的是，要使远道而来，有时军粮不足的鞑靼人无法获得那些稻米。①

荷兰人的记载可与中文史料相印证。显然，郑成功在陆上根本无法与大队清军抗衡，只好隳城并退往海上。这样的举措，对沿海地区民众的生活及贸易往来产生了极大破坏，而后者事实上是郑成功海上政权的重要基础。

因此，本节开始所引郑成功部将周全斌的战略已然无法实施。《台湾外记》描写永历十一年郑成功与部属之间关于抗清的战略选择：

四月，成功因地方频得频失，终无了局，何时得望中兴，询诸参军。吏官潘庚钟曰：'边地虽得，亦不足以号召天下豪杰。昔太祖起义濠州，若不得俞通海、廖永忠等水军，安能夺采石而得金陵，以成一统之基？以钟管见：漳、泉沿边，数载争战，民亦苦极。不如将数百号战舰，直从瓜镇而入，逼取江南。南京一得，彼闽、粤、浙、楚以及黔、蜀之豪杰志士，悉响应矣'……倘一旦会天下之兵以窥我，两岛岂能独全乎？所

---

① Vol 1213,Fol.699v,《热兰遮城日志》第三册,1655 年 8 月 17 日,第 534 页。

以未暇全师及此者，尚有滇、黔、粤西孙可望、李定国等牵制。刻下藩主统貔貅之众，入据长江，截其粮道，则江南半壁悉为我有。彼自顾不暇，奚暇攻我两岛哉……陈永华曰：'倘徒在闽争野争城而望中兴，此亦甚难。今日潘、冯二参军持论师从江南，号召天下，其见甚高。盖取江南而两岛自安。若偷安岁月，一旦合攻，虽使诸葛复生，亦难措手矣'。①

对于厦、金二岛的处境，郑成功及其部属事实上已十分明了。郑成功起兵原本便是以"反清复明"为号召，因此此时郑成功的选择已然十分有限。在永历六年围困漳州不下以后，郑成功在对清廷的作战中便极少采取攻坚的战术。从水路取江南，势在必行。

南京之役，前贤已有许多研究。总体而言，郑成功不取陆路，建立于其多年的征战经验之上。事实上即便郑成功攻下南京城，其面临的形势也不容乐观。此时的清军大部已从西南战场撤回，郑成功的海上力量在攻坚战中的劣势将更加明显。此外，在郑成功军北上南京的过程中，有几个问题仍值得注意。

其一，是郑成功坚持水路进军，不顾行军速度的问题。永历十三年四月，郑成功在碣石卫一带操练军队，候风北伐。此时在定关附近仍有不少清军水师，为了解除后顾之忧，郑成功准备先将之除去。此时清军听到风声，"预清浙直之兵集至"。郑成功与诸将议曰，"直浙之兵即至，与之相持无益。即夺炮台，断滚江龙，又焚其船，可无后患。不如抽回下船，乘势进入长江，攻其无备，到处唾手可得也"。② 郑成功不欲与清军展开陆战，在海上得手以后，便准备沿长江而上。

对于郑成功船队在东南沿海的活动规律，与之对抗数年的清浙闽总督李率泰曾总结道："……伪国姓依海为长城，春夏南风，则往潮、惠劫掠，秋冬北风，则往福、兴劫掠。彼恐中左有急，好顺风救护巢穴。"③此时郑成功逆南风北上，对清廷而言无疑具有一定突然性。但由于是逆风，行军速度也

① （清）江日昇：《台湾外记》卷四，第 135 页。
② 杨英：《先王实录》，陈碧笙校注，第 188 页。
③ 《浙闽总督李率泰揭帖（顺治十四年二月初二日到）》，《郑氏史料续编》卷五。

受影响。

六月二十八日，郑成功舰队顺利到达镇江。此时郑军中有两种意见，一是甘辉认为"如由水路而进，则此时风信不顺，时日犹迟，彼必号集援房"①应该取陆路直逼金陵城下，攻清军之不备。但诸将皆不愿弃船，认为"我师远来，不习水土，兵多负病，此炎热酷暑，难则兼程之行也"。② 此时郑成功即无坚定之决心，仍然取水路缓缓而进。

其二，是郑成功水师在攻坚战前的准备问题。七月十七日，郑成功军队在南京城下已逾半月。甘辉等将另请战，郑成功曰："自古攻城掠邑，杀伤必多。所以为即攻者，欲待援房齐集，必扑一战，邀而杀之，管效忠必知我手段，不降亦走矣。况属邑节次归附，孤城绝援，不降何待？且铳炮未便，又松江马提督合约未至，以故援攻诸将暂磨励以待，各备攻棋，候一二日令到即行。"③郑成功对于其水师攻城的劣势是非常了解的，而寄希望于清将的投降。但即便是已经攻下或是投降郑军的南京属邑，郑成功似乎也并没有做好长期占领的准备，仅仅是忙于取粮了事，而让清廷的援军轻易进入南京城。

此后，郑军在清军的突击下溃败，郑成功无心再战，迅速退回长江口一带，想趁机取崇明岛。此前清将梁化凤已带崇明守军三千往援南京。面对守御薄弱的崇明岛，郑成功仍然未能拿下。《先王实录》记载：

> 初八日，舟师至崇明港，集诸将议曰："师虽少挫，全军犹在。我欲攻克崇明县以作老营，然后行思明吊（调）换前提督等一枝，再图进取。"

> 十一日早辰时开炮，至午时，西北角城崩下数尺，河沟填满。藩亲督催促登城。守将梁华凤死敌不退。时正兵镇韩英勇壮登城梯，被铳伤中左腿，跌下。矢石交加，有如雨下。监督王起俸亦被铳伤而退。藩见城坚难攻，传令班回。越数日，韩英死之，王起俸亦被伤而亡。时本

① 杨英：《先王实录》，陈碧笙校注，第 203 页。
② 杨英：《先王实录》，陈碧笙校注，第 204 页。
③ 杨英：《先王实录》，陈碧笙校注，第 210 页。

藩又欲吊（调）集诸将前来攻打。右武卫周全斌言曰："此城深沟高垒，梁华凤请加守援，已难骤拔。况官兵被创之余，昨日韩英被伤，闻者寒心，无意恋战。且得此孤城绝岛，亦是无益，不如渐回旧汛休养，号召精锐，候明年再进长江，以图大举，未为晚也。伏请睿裁。"藩从之。随传令班师。①

郑军的攻坚能力可见一斑。《海上见闻录》记载："海兵之入长江也，上议欲出京军，召前海澄降将苏明问之；对曰：'海兵不能持久，指日当有捷音。'后三日，江宁捷音至矣。"②苏明跟随郑成功数年，对郑军的判断非常准确。

与攻城略地处处受制形成鲜明对比的，是永历十四年厦门湾一带的海战。此时清廷的水师已有一定实力，而其主要将领便是来自郑方的、对海上事务也非常熟悉的黄梧、施琅等人。但此战足以证明郑成功依然是海上的霸主。《先王实录》记载：

初十早辰时，漳港虏船大小四百余号乘潮直犯圭屿。藩见虏舟至，我潮势□□泛未顺，遣陈尧策传令，不准起碇，泊定一条鞭与之打仗，候潮平风顺，有令方准驾驶冲杀。时忠靖伯陈辉同闽安侯周瑞坐驾领作头叠首冲，同援剿右镇下杨元标铳船泊在上流，虏船数十只乘顺风顺流前来冲犯，二□□无令不敢起碇相援，虏拥攻二船，众寡不敌，杨元标铳船俱死之，[□]杀相当，后被□□坐忠靖伯一船官兵与之死敌，矢石如雨，闽安侯□□而死。陈尧策传令至船中，亦战死。惟忠靖伯陈辉入官厅内，满虏蚁拥上船，辉令列火药从下发上，与之俱焚。时虏以为必得之将，各来争功，计有二百余真满，一时药发而上，舟□感面飞裂，虏在船面上者俱死散无存，余□惊窜。后遇战亦不敢过船，谓我师俱如是阱战，二船交战，余船只是对击炮矢。自辰至巳，时潮平风顺，传令起碇冲

<hr>

① 杨英：《先王实录》，陈碧笙校注，第218页。
② 阮旻锡：《海上见闻录》卷一，第31页。

犁。虏排拥冲下,我师稍退□□□。本藩亲驾小哨,躬督官兵,直冲过船。时右武卫坐驾同正副煩船破艅而入。左冲□□□□□□□擒夺虏先锋昂拜、章红眼等一船,满虏俱死船中。另生擒真满哈唎土心并虏虾十余员。续后虏艅冲散。我师乘风冲发。前提督左镇翁求多、忠靖伯下王锡、正兵骁翊颜奇等与右武卫驰骋冲击,争并张(章)红眼一船。右武卫下骁翊严保、领旗张盛擒获虏先锋乌沙一船。萧泗夺回杨元标铳船。前提督坐驾擒焚梅勒耿胜虏船一只。时满虏领先锋船只尚被我擒焚,并生擒真满呢马勒、石山虎、黄梧、施琅等□□□不敢前进,只在观望。至午后,南风盛发,宣毅右镇、左先锋镇并户官水师从浯屿驶进助胜冲犁,虏始退却逃走。时虏先锋三船,不知港路,阁浅圭屿,我师赶至,满虏三百余俱登屿山死战。①

　　施琅、黄梧固然也熟悉海战,但无奈大队清军未经海上历练。清军调集大军,本想乘郑成功南京之败的颓势一鼓作气将其拿下。但在海上的决斗中,郑军稳住阵脚,利用对潮水流向的判断取胜。郑成功部将周全斌在此战前曾预测:"彼悉皆地方之众,未习船务。区区水战,与我惯习之师角逐,实天资我战胜之会。"②可说非常准确。此战之败,更迫使清将达素自杀。

　　以上三次战役,决定了郑成功一部在东南沿海的走势。郑军优于海战短于陆战的特点,乃是基于海上政权以海洋社会经济为基础的深层因素。清廷坚壁清野,断绝郑成功粮饷的主要来源,并招降郑氏部将,步步紧逼,不断威胁到郑成功厦、金两岛的安全。前贤或为郑成功南京之败扼腕叹息,以为郑成功若取南京,便可改变全国抗清形势。然而事实上,无论南京之役成败与否,郑成功一部并无一统全国的能力。而即便郑成功志在"恢复中原",但"海上政权"的出路,终究也只有转向海洋。

---

①　杨英:《先王实录》,陈碧笙校注,第233页。
②　杨英:《先王实录》,陈碧笙校注,第224页。

第五章　海上基地的开拓

永历十四年厦门一带的海战足以说明清廷的水师仍然无法与郑成功抗衡。但厦、金作为郑成功海上政权的大本营受到威胁，迫使郑成功寻找新的出路。此时清宫廷有变，利用顺治帝去世之隙，郑成功决定攻取台湾作为海上政权的新的基地。大员海战是郑荷双方海上力量的直接较量。郑成功进一步改变东亚海权格局的尝试，随着他的去世也即终止。

第一节　攻台前夕

一、决议攻台

早在永历十三年北上长江之时，郑成功曾想攻取崇明岛作为他的"根本之地"。《先王实录》记载：

> 十三年己亥(一六五九)五月十八日，驾到崇明新兴沙，移扎芦竹洲。查各提督统镇辖下大小船只，尽行进入内港，平安齐到。再申军令：
>
> 崇明等处地方，可以安插提督、统镇大小将领家眷，为我师根本之地，与思明州一体。其地方百姓，最宜抚绥，凡有骚扰有杀，并连罪无赦！[1]

---

① 杨英：《先王实录》，陈碧笙校注，第191页。

郑成功认为崇明岛与思明州可以相提并论,因为郑军可以凭借海上的优势将清兵击败于海上,确保岛屿的安全。海上诸岛可作为其政权的根本之地,早已深入郑成功的意识之中,而体现于其行动上。在何斌出使厦门期间,郑成功曾对何斌谈起赤崁城的守卫情况。此事何斌也向荷兰人汇报,在《热兰遮城日志》1657 年 6 月 13 日的记载中提到:

> (郑成功)又在另一个场合这个官员提说,他听说,在赤崁新建的那个荷兰人的城堡,现在用木栅围起来了,他推想,可能荷兰人想象他会以敌人的姿态前来此地,对此,他宣称,想都没想过,他为何要这样做,因为现在福尔摩沙是属于荷兰人的,而且荷兰人年年用他们的船只运大批商品来此地,这也是中国所乐意看到的。相反地,若这地方归属中国人了,则贸易势将停滞下来了。①

虽然中文史料在永历十三年(1659)以前未有郑成功希望攻取大员的直接记载,但郑成功对大员情况无疑十分了解。就在南京之役的当年,郑成功开始议取台湾,但未能成行。《先王实录》记载:

> 十二月,藩驾驻思明州。蔡政自京回,京报和议不成,逮系马进宝入京。伪朝委满酋长达素带满汉万余骑前来剿海,另吊(调)浙直、广东数省水师合剿。藩令差监督李长吊(调)各汛守官兵回思明州。议遣前提督黄廷、户官郑泰督率援剿前镇、仁武镇往平台湾,安顿将领官兵家眷。②

这次"议遣"不了了之,荷兰人认为可能是郑成功听闻大员增兵的消息,又或是因为清军压境迫在眉睫。厦门湾海战以后,郑成功决定将东征台湾付诸实践。《先王实录》记载郑成功与诸将密议情形:

---

① Voc 1222,fol.163v,《热兰遮城日志》第四册,1657 年 6 月 13 日,第 190 页。

② 杨英:《先王实录》,陈碧笙校注,第 222 页。

十五年辛丑正月，藩驾驻思明州。传令大修船只，听令出征。集诸将密议曰："天未厌乱，闰位犹在，使我南都之势，顿成瓦解之形。去年虽胜达虏一阵，伪朝未必遽肯悔战，则我之南北征驰，眷属未免劳顿。前年何廷斌所进台湾一图，田园万顷，沃野千里，饷税数十万，造船制器，吾民麟集，所优为者。近为红夷占据，城中夷夥，不上千人，攻之可唾手得者。我欲平克台湾，以为根本之地，安顿将领家眷，然后东征西讨，无内顾之忧，并可生聚教训也"。时众俱不敢违，然颇有难色。惟宣毅后镇吴豪京（经）到此处，独言"风水不可，水土多病"。①

一方面，厦门岛作为海上政权的根据地多年，且郑成功的部将也多参与海上贸易获利，在厦门多有产业。另一方面，鉴于清廷对郑成功部将招降的策略，这些将领在降清以后很有可能保有一定的名位。因此，诸将均不欲冒险东渡台湾。就在出征前夕，"时官兵多以过洋为难，思逃者多"。

台湾虽然在荷兰人数十年的经营下，农业、商业均有一定发展，但自然环境非短期内所能改变。郑成功的部将吴豪曾到大员，"力言港浅大船难进，且水土多瘴疠"。②

"水土瘴疠"是时人居住台湾面临的最大问题之一。由于原始森林未充分开垦，动植物的尸体腐烂，加上台湾属亚热带地区，气温升高，因此产生"瘴气"一类的对人体有害的毒气。这也是中国大陆南方早期开发中存在的问题。而此时大员北部的鸡笼、淡水一带，空气中还有硫黄一类的物质，荷兰人在此地也深受其害。《热兰遮城日志》中也有不少类似的记载，如1654年5月2日：

> 鸡笼和淡水的状况一切都还好，只是在淡水的官员大多感染地方病。③

---

① 杨英：《先王实录》，陈碧笙校注，第243页。
② 阮旻锡：《海上见闻录》卷二，第36页。
③ Voc 1206，fol.410v，《热兰遮城日志》第三册，1654年5月2日，第326页。

1656 年 3 月 20 日：

这几天我们听到，在邻近此地(大员)的萧垅社和麻豆社的居民当中，有人突然很快就死去，大家都不知道他患的什么病，他们都在脖子上长出蓝色斑点和一个肿瘤，两三天后死去。就这样，已有很多人因患这种病而丧失生命。①

在 1657 年 3 月 10 日荷兰长官揆一给巴达维亚总督的信中也称：

1657 年长官和议会决定取消例行的地方会议，因为福尔摩沙人当中流行着天花，特别在北区更是严重。②

大员的华人以闽南人为主，厦门与大员往来频繁，对这些情况无疑早已非常了然。种种因素叠加之下，即便是长期在海上征战的郑成功的将士，对于东渡台湾也毫无信心。而远离海洋的士人，更是觉得台湾无足轻重。曾在隆武政权中任职的给事中何楷曾言：

台湾在澎湖岛外，水路距漳、泉约两日夜。其地广衍膏腴，可比一大县。中国版图所不载。初，穷民至其处，不过规渔猎之利已耳。其后见内地兵威不及，往往聚而为盗。近则红夷筑城其中，与奸民私相互市，夷、盗合为一伙，屹然成大聚落矣。若此地不墟，则海上之祸，终无时而已。墟之术，非可干戈从事，惟严关除接济之禁。巡哨捕获者，功如擒贼之例，即以其货充赏。夷人无所得利，贼徒无所抢劫，倘出而肆犯，则以武临之，势必将弃此而去。贼窟即墟，则海氛可靖也。③

---

① Voc 1218, fol.197v,《热兰遮城日志》第四册,1656 年 3 月 20 日,第 36 页。
② Voc 1222,fol.1—16,《揆一写给马特索尔科的信》,1657 年 3 月 10 日,《热兰遮城日志》第四册,第 159 页。
③ 《闽省海贼》,《台湾关系文献集零》,台湾省文献委员会 1994 年版,第 2 页。

这一部分人甚至认为,台湾虽然"广衍膏腴",但从管理的角度来看,应该将之变为废墟以防海贼。另一个具有代表性的反对郑成功出兵台湾的则是张煌言等矢志抗清的将领。就在郑成功攻打大员期间,他在这篇著名的《上延平王书》中慷慨激昂地阐明了自己的观点:

窃谓举大事者,先在人和;立大业者,尤在地利。故晋武以独断而平吴,苻坚又以独断而败于晋;尉陀以僻处而据粤,刘禅又以僻处而亡于魏:则人和、地利,审之不可不精也。即如殿下东宁之役,岂诚谓外岛可以创业开基,不过欲安插文武将吏家室,使无内顾忧,庶得专意征剿。但自古未闻以辎重、眷属置之外夷,而后经营中原者,所以识者危之!或者谓女真亦起于沙漠,我何不可起于岛屿。不知虏原生长穷荒,入我中国如适乐郊,悦以犯难,人忘其死。若以中国师徒,委之波涛浩渺之中、拘之风土狂獠之地,真乃入于幽谷。其间感离、恨别、思归、苦穷种种情怀,皆足以压士气而顿军威;况欲其用命于矢石、改业于耰锄,胡可得也!故当兴师之始,兵情将意先多疑畏。兹历暑徂寒,弹丸之地攻围未下;是无他,人和乖而地利失宜也。语云:"与众同欲者罔不兴,与众异欲者罔不败";诚哉!是言也。

今顺酋短折、胡雏继立;所云"主少国疑"者,此其时矣。满党分权,离畔迭告?所云"将骄兵懦"者,又其时矣。且灾异非常、征科繁急;所云"人怨天怒"者,又其时矣。兼之虏势已居强弩之末,畏海如虎;不得已而迁徙沿海为坚壁清野之计,致万姓弃田园、焚庐舍,宵啼露处,蠢蠢思动,望我师何异饥渴!我若稍为激发,此并起亡秦之候也。惜乎!殿下东征,各汛守兵力绵难恃;然且东避西移,不从伪令:则民情亦大可见矣。殿下诚能因将士之思归、乘士民之思乱,回旗北指,百万雄师可得、百十名城可收矣;又何必与红夷较雌雄于海外哉!况大明之倚重于殿下者,以殿下之能雪耻复仇也;区区台湾,何与于赤县神州!而暴师半载,使壮士涂肝脑于火轮、宿将碎肢体于沙碛;生既非智、死亦非忠,亦大可惜矣!矧普天之下,止思明州一块干净土;四海所属望、万代所瞻仰者,何啻桐江一丝系汉九鼎?故虏之虎视匪朝伊夕,而今守御单弱，兼闻红夷构房乞师，万一乘虚窥伺，胜负未可知也。夫思明者，根柢也；台湾者，枝叶也。无思明，是无根柢矣，能有枝叶乎？此时进退失据，噬脐何及！古人云："宁进一寸死，毋退一尺生。"使殿下奄有台湾，亦不免为退步；孰若早返思明，别图所以进步哉！

昔年长江之役，虽败犹荣，已足流芳百世。若卷土重来，岂直汾阳、临淮不足专美，即钱镠、窦融亦不足并驾矣。倘寻徐福之行踪、思卢敖之故迹，纵偷安一时，必贻讥千古；即观史载陈宜中、张世杰两人褒贬，可为明鉴。九仞一篑，殿下宁不自爱乎！夫虬髯一剧，只是传奇滥说；岂有扶余足王乎！若箕子之君朝鲜，又非可语于今日也！

某倡义破家以来，恨才力谫薄，不能灭虏恢明。所仗殿下发愤为雄，俾日月幽而复明、山河毁而复完；某得全发归里，于愿足矣。乃殿下挟有为之资、值可为之势，而所为若此，则某将何所依倚！故不敢缄口结舌，坐观胜败。然词多激切，冒触威严；罔知忌讳，罪实难逭。愿殿下俯垂盐察，有利于国，虽死亦无所恨！谨启。①

这篇慷慨激昂的文章代表了当时多数明遗民及汉族士人的看法，"区区台湾，何与于赤县神州"更是明白无误地表明了台湾此时在后者观念中的地位。陈寅恪评价此事，认为"郑氏之取台湾，乃失当日复明运动诸遗民之心，而壮清廷及汉奸之气者，不独苍水如此，即徐闲公辈亦如此"。② 无论从当时士人的态度，还是郑成功的政权内部，对东征台湾大都持反对的意见。但郑成功此时的个人因素发挥了作用，凭借一贯的严格治军以及非凡的魄力，终将东征台湾付诸实践。

二、荷兰人的准备

荷兰人方面，则在整个 17 世纪 50 年代都对中国沿海这支海上力量忧心忡忡，担心郑成功有一天便占领他们苦心经营的大员。

① 张煌言：《张苍水集》，上海古籍出版社 1985 年版，第 15 页。
② 陈寅恪：《柳如是别传》，生活·读书·新知三联书店 2001 年版，第 1208 页。

郑成功一统闽海以来,荷兰人第一次感受到他的威胁,是在 1652 年郭怀一的起义期间。《东印度事务报告》记载:

> 中国叛乱者队伍的头目郭怀一逃跑时被一名新港原住民用箭射中,我们的人在交战中以及战后共捉获 6 名中国人首领,其中三人被长官提审,质问他们起事的原因,并严刑拷打……其他三名似乎经不住百般痛苦而招供,他们说,事前已经得到叛乱的消息,并参与起义队伍,但均被射中的郭怀一、Swartbaert 和 Laveko 所煽动,并许诺,若荷兰人被打败,将同分所得财物,而且不需再缴纳人头税,还向他们宣传,中国将派出援军 3000 条帆船和 30000 人,全副武装,预计阴历十五日即我们的日期 9 月 17 日在打狗仔登陆,攻占大员城堡和整座福岛。①
>
> 但我们又恐中国人前去援助,在这种情况下当时满载货物的海船 Delft 将冒有遭到攻击和被抢占的危险,这是长官决定让此船从澎湖回到大员南港的主要原因。②

郑怀一的起义是否受郑成功的唆使,曾引起讨论。从郭怀一的这几个同党的招供来看,郑成功的援助似乎是他们鼓动人心的方法之一。此时郑成功忙于大陆沿海的战事,出兵大员可能性不大。但荷兰人将担心海船在澎湖被中国军队抢占,切实感受到了郑军的威胁。

在 1657 年禁航大员期间,荷兰人也曾想对郑成功宣战,但最终屈服。到了 1659 年郑成功从南京退回厦门,荷兰人愈加感受到郑成功东进的压力,开始加强大员的守备。《总督一般报告》1657 年 1 月 31 日记载:

> 根据几个人从中国传来的不很清楚的消息,满洲军队在对抗国姓爷的战斗中,已经开始占据上风。鞑靼军队的夺取海澄市,给了那个军

---

① Voc 1189,fol.71,《东印度事务报告》,1652 年 12 月 24 日,《荷兰人在福尔摩沙》,第 359 页。

② Voc 1189,fol.71,《东印度事务报告》,1652 年 12 月 24 日,《荷兰人在福尔摩沙》,第 360 页。

阎(国姓爷)一记沉重的打击。虽然如此,他看起来还不肯投降。长官和议会担心,他势将更为败退,以致在中国大陆无法立足,而率领他的军队来夺取福尔摩沙。届时我们将无法阻止国姓爷的戎克船来登陆,因那岛屿的海岸线很长。他一旦登陆,跟岛内的人结合起来,就再也无法阻止他来夺取岛上所有公司的据点了。我们那一千人的兵力,将无法抵挡他的大军。因此,按照长官和议会的想法,要预防这种入侵,是非常重要的。①

《被忽视的福摩萨》引用《大员决议录》1660 年 3 月 6 日的记载称:

他说曾从好几个人处听说,国姓爷将于下次月圆时率领二万五千名士战士,在五个卓越的将领指挥下,前来攻打我们。一半的人将试图在北部登陆,另一半在南部登陆,每一部分都配备二千名铁甲兵。他们从澎湖雇了四十名渔民充当战船的驾驶员或领航员;并下令在本月(阴历)十四日,所有参加出征的战士都要整装待发。②

由于《热兰遮城日志》1660 年的记载丢失,无法对证上述作者 C.e.s(一般认为是揆一)所引材料的准确性。这里所提到的士兵数量、郑成功登陆大员北部等信息,几乎吻合一年以后所发生的事实。但 1660 年即永历十四年的三、四月间,清廷已经集结大军由达素统率入闽,郑成功此时并调回舟山守军,双方在厦门湾一带的战事已经迫在眉睫,因此郑成功派兵东渡的可能性更小于永历十三年郑成功刚刚败退南京之时。

但郑成功于永历十三年动议攻台,以往来厦门与大员的中国帆船之频繁,中国人之间不会毫无耳闻。因此,荷兰人已经深信这场战争的不可避免。1660 年 3 月 10 日揆一给巴达维亚总督的信中说:

<hr/>

① Voc 1217,fol.1—116,《东印度事务报告》,1657 年 1 月 31 日,《热兰遮城日志》第四册,第 156—157 页。
② 《被忽视的福摩萨》,"可靠证据"第十一号 A,《郑成功收复台湾史料选编》,第192 页。

要增强下层城堡东北角的防御工程，已经快完工，这热兰遮城堡前面的增强防御工程也快完工了。这些工程一旦完工，城堡的大门就要移回北边原来的位置。在东边和半月堡的大门，届时就可封闭起来。对国姓爷可能来入侵，所以公司必须继续保持警觉，这种想法，是从中国大陆不断传来的谣传强烈感受到的。

长官与议会认为，为拯救在这美丽岛上的尊贵公司极其可爱的政府，特别是为拯救在此地我们全体的人，非常需要派一艘小戎克船去巴达维亚。……应该派遣多大的兵力来支援大员，将让巴达维亚的军事专家去判定。长官与议会只有建议，这兵力必须足够迎头击溃强大的戎克船舰队，并有余力，分派足够的部队上岸，去乡下各处扑灭敌人。①

面对揆一的求援，巴达维亚总督也不想承担失去大员商馆的责任。因此，1660 年 7 月，荷兰东印度公司从巴达维亚派遣了一支 12 艘战船的海军，开往大员。《东印度事务报告》记载：

最终我们决定，派出以下船只：巨大的战用快船's-Gravenlande、Archilles、Hector、der Veer、Dolphijn、Worcum 和 Ter Goes，大海船 N.Enchuysen，货船 Leerdam、de Vincke、小快船 Maria，平底船 Ens，共计 12 艘海船。他们装运充足的给养、战争用品、船员等，士兵 600 名随船前往，于以上日期（1660 年 7 月 17 日）浩荡地从这里出发。②

在揆一的坚持下，这 600 名士兵最终都留在了大员。加上原有的 1000 名左右的士兵，大员此时的兵力大约 1600 人。

值得一提的是，郑成功于 1660 年 4 月曾令 Gampea 写信给荷兰人，说明他没有攻打台湾的愿望，其大致内容在《被忽视的福摩萨》中记载：

①　Voc 1233, fol.700—714，《揆一给马特索尔科的信》，1660 年 3 月 10 日，《热兰遮城日志》第四册，第 380 页。

②　Voc 1232, fol.439，《东印度事务报告》，1661 年 1 月 26 日，《荷兰人在福尔摩沙》，第 525 页。

他(Gampea)听到福摩萨谣传国姓爷要对公司采取敌对行动,陷于恐慌和混乱,感到很惊奇。他为了主人的名誉,有责任郑重声明,上述谣传完全不确实,国姓爷绝无攻打台湾之意。①

Gampea 在跟随郑成功以后,由于不直接参与贸易,已很少和荷兰人发生关系。这时候给荷兰人写信,可推测其来自郑成功的授意。而稍后郑成功自己也向荷兰人写信,在 1660 年 11 月 30 日,揆一给总督 Maetsuycker 的信中提到:

我们收到国姓爷来信说,关于上述他要来入侵的谣传,是没有事实根据的传说,并说,他的戎克船之所以裹足不前,主要原因是,因为 VOC 对前来福尔摩沙的船只课以重税所致。此外,很多他的商人对满洲军队在东南沿海的活动,感到威胁不安,因此,他们需要用他们的船只把他们家人和货物从厦门运去比较安全的地方。对上次收到的长官与议会从大员寄去的那一封信,他没有回信,因为,他从那一封信明白了,对于他那一艘被 VOC,按照他的看法,不公正地夺取当战利品的戎克船,无意给他赔偿了。他从贸易的观点考虑,为避免扩大摩擦,只好放下这件事,不过他猜想,那可能是海盗干的。虽然如此,国姓爷却承诺说,他将尽力设法,使跟福尔摩沙的贸易再活络起来,不过别以为他这样做是为要赢得福尔摩沙的长官与议会对他的信任。②

但这封信对荷兰人来说,更坚定了备战的决心。
1661 年 4 月 15 日的《热兰遮城日志》记载:

长官阁下今天从一个住在(热兰遮)市镇的中国人得到情报,有谣言流传,国姓爷于他们的第二个月的十八日,即 3 月 18 日,公布告示,

① 《被忽视的福摩萨》,《郑成功收复台湾史料选编》,第 132 页。
② Voc 1233,fol.A.157—170,《揆一给马特索尔科的信》,1660 年 11 月 30 日,《热兰遮城日志》第四册,第 382 页。

禁止前来大员的航行和交易，两天后，命令他的军队搭上九百艘戎克船，要前来此地。但不知道他为何停下没来。我们推想，他之所以停下没来，是因为他们以为，那是我们所有的船只都会离开此地前往巴达维亚去了（就像一向如此的情形），但是后来从那些自此地最后出航去他那里的戎克船得知，我们还有五艘船只留在此地，而且去年来的士兵，也全部都还留在此地，很可能就是因此，他才改变他的计划，要延后到更好的时机才来。

也传说，从大员逃去留在 Smeerdorp 里的 Olijlankan 附近那些大部分中国妇女，每人都已经把约定好的钱交给舢板船和舸仔船的船东，要他们于危急时，送她们去小琉球，或澎湖，或中国……

从以上传说的种种情况，我们不得不认定，国姓爷对这国土上期图谋威胁的可恶计划，在近期内很可能会变成真实的行动。①

这里提到郑成功禁止船只前往大员的时间，正是他修整船只准备出航的时间。大员的闽南人也已做好战争爆发的准备。此时荷兰人虽然知道郑成功的东进势在必行，但对具体的日期并未有准确情报。若大员与厦门船只继续往来，这样大规模的出兵，是很难掩盖消息的。

从上述大员荷兰人的准备来看，郑成功在 1661 年 4 月 30 日的登陆并不是一次完整意义上的偷袭。在此前的两年内，荷兰人加固城堡，修筑防御工事，并且已经向巴达维亚求援增兵。巴达维亚派出的 12 艘海船和 600 个士兵，也是当时东印度能够支援大员的最大兵力。这部分兵力大约是荷兰人在整个东亚兵力的四分之一强。巴达维亚总督在《东印度事务报告》中对此次出兵曾言："我们不能容忍这样一支强大而宝贵的船队到达大员后发现无所事事一无所获地返回巴城，这样做将使公司遭受巨大的损失。"②显然，荷兰人无法在大员长期保持强大的守军，是由于东印度公司的特点决定的。这也使得郑成功在战争的主动性方面占有优势。

---

① Voc 1235, fol.508r，《热兰遮城日志》第四册，1661 年 4 月 15 日，第 408 页。
② Voc 1232, fol.439，《东印度事务报告》，1661 年 1 月 26 日，《荷兰人在福尔摩沙》，第 525 页。

第二节　攻克大员

郑成功从鹿耳门登陆以后,便写信招降揆一,这封信在 1661 年 5 月 1 日从赤崁送来大员。其主要内容如下:

大明招讨大将军国姓寄这封信给长官揆一阁下:

澎湖群岛距离漳州诸岛不远,因此隶属于漳州;同样,台湾因靠近澎湖群岛,所以台湾也应在中国政府的统治之下;因而,也应该明白,这两个滨海之地的居民都是中国人,他们是自古以来就已据有此地,并在此地耕种的人。以前,当荷兰人的船只来谋求通商贸易时,荷兰人在这些地方连一小块土地都没有;那时家父一官出于友谊,指这块土地给他们,但只是借用而已。我跟家父在他的时代一样,也继续跟公司交易来往,丝毫不变;为此目的,我们也都释放所有的荷兰俘虏,让他们回家,这是所有远方来的人,特别是贵公司的人所熟知的,也从各方面见识过我亲切友善的表现。您阁下已经来此地居住多年,对此应该完全明白,对您阁下来说,我的大名,已经知道得很清楚了。

但是现在,我率领强大的军队来到此地,不仅要来改善这块土地,也要在这块上建造几个城市,开创繁衍一个庞大的人群社会。您阁下也当知道得很清楚,还要继续占据别人的土地是不妥当的。因此,如果你们及早来向我弯腰低头,用商谈的方式,和气地将你们的城堡移交给我,我不但会把你们的地位升高,使妇女儿童都得保全生命,还将允许你们仍旧保有你们所有的物品,也将允许你们按照自己的意愿居住在我的辖区里。

相反地,如果你们拒绝听从我的话,要反抗我,向我表现敌意,那就要仔细想想,将没有人逃得了命,会全部被杀。又,如果你们想偷偷离开你们的城堡,搭船逃回巴达维亚城,因你们以死刑禁止此事的严厉国法,那时你们将同样必被处死。这种事情,我没有必要跟你们多加解说，也不必为了要你们来向我投降，而再跟你们详谈那些好坏利弊的道理，因为这样下去，将拖延太久，那时，你们将后悔不已，所以要赶快做出决定。

最后，我已派十二艘戎克船，载我的官吏和士兵去你们那边的市镇，要去防止发生抢劫和扰乱的事情，使住在那里的人，无论是中国人或是荷兰人，不必害怕我的军队。

写于永历十五年三月二十七日（1661年4月27日）盖有国姓爷的印章。①

郑成功在这封信中明确提出了他东进大员的理由。其一，是大员与澎湖等地都是中国人长期活动的地区，远早于荷兰人的到来，因此这应属于中国人。其二，郑芝龙当时仅是将大员暂时借给荷兰居住。5月2日，郑成功借荷兰人俘虏又送一封信劝降揆一。荷兰人派出使者与郑成功谈判。5月3日，郑成功在回信中强调了这一观点：

我来此地，不是要来用不公正的态度夺取什么，只是要来收回属于家父，因而现在属于我的这块土地，这块土地只是给公司借用的，从未给过公司所有权。这件事，现在无论如何都必须被承认。②

但大员的荷兰人不会就此屈服。他们很快派出船只，与郑成功在海上展开交锋。

1661年5月1日的《热兰遮城日志》记载：

福尔摩沙议会决议，要送命令去给昨夜来这港外沿海停泊的船只，即 de Hector 号，Graavelande 号与那艘小快艇 Maria 号，命令他们，在没有危险的有利情况下，要去攻击在那里所有的戎克船，把他们夺来或把

---

① Voc 1235, fol.520v—521v，《热兰遮城日志》第四册，1661年5月1日，第418页。

② Voc 1235, fol.536v，《郑成功给揆一的信》，《热兰遮城日志》第四册，1661年5月3日，第428页。

他们毁坏。

　　我们上述那三艘戎克船,也跟30艘向他们下来的戎克船激烈地互相射击起来了。我们那些船一起碰,就很轻巧地扬帆顺风开往海上,因为在海上比较安全,敌人也跟着往海上去追赶他们,但不料,我们那艘漂亮的快艇 den Hector 号却遭遇厄运,在这炮火交战中,我们突然看到,这艘快艇消失在一团烈火与浓烟之间,不久以后,看到该船的残骸沉入海底了。①

　　这是郑荷双方的第一次海战。《先王实录》记载此战:"时红夷尚有水师甲板在港。藩遣宣毅前镇、侍卫镇陈广并左虎协陈冲等为水师攻打甲板一□,□击沉甲板一只,烧焚甲板一只,走回一只。自后甲板泊宿台湾城下。"与荷兰人之记载可相印证。郑成功方面利用船只数量的优势围攻荷船获胜。在此战以后,荷兰人开始坚守城堡,等待巴达维亚的支援。

　　如果说郑荷双方的第一次海战,郑方还存在一定的"出其不意"的优势,那么双方的第二次海战,则切实反映了双方海上的军事实力。第二次海战,也是郑成功东渡大员的决定性战役。

　　在被围三个月以后,1661 年的 8 月 12 日,荷兰人终于等到了巴达维亚的援军。《热兰遮城日志》记载:

　　上午,约上午十点半钟,我们先是以为看到十八艘荷兰船,随后看见是十一艘荷兰船,偕同一艘大戎克船,从北方向这边航来,这使我们城堡里的人大为高兴起来,甚至医院里的病人和跛子也都跑出来大声欢呼。②

　　但受到气候的影响,这批荷兰战船无法驶入大员港道。在澎湖修整补给将近一个月以后,9 月 9 日,卡尤的船只终于来到大员港口。③ 此时,郑荷

----

① Voc 1235,fol.524r,《热兰遮城日志》第四册,1661 年 5 月 1 日,第 420—421 页。
② Voc 1235,fol.726v,《热兰遮城日志》第四册,1661 年 8 月 12 日,第 573 页。
③ Voc 1235,fol.769v,《热兰遮城日志》第四册,1661 年 9 月 9 日,第 616 页。

决战的时刻才真正到了。

9 月 14 日的《热兰遮城日志》记载荷兰人的战斗部署：

> 我们要如何，并且运用什么方法，才能使敌人受到最大的损害，决议：首先要令快艇 Koukerchen 号与 Anckeveen 号，以及平底船 Loenen 号、Der Boede 号与 Kortenhoef 号，都要为此目的进入这港湾，那艘大帆船 De Roode Vos 号和我们的领港船 De Jager 号，以及停在这海边泊船处的所有大船的小船，都要按照比例分配那七百一十二个强壮的水手与勇敢的士兵搭船，然后去停泊在这市镇后方，也要同时去攻击停泊在那水域中央的敌人的水师船只，在神的帮助下把他们摧毁，同时，要令大部分的士兵在这城堡后方拿好武器准备出击，朝这市镇，或往羊廐去追杀敌人，使敌人遭受最大的损失；届时，就要按照上述方法从各方面去攻击敌人的船只，如同从这议会记录可以详细看到的情形那样，为此目的，我们还要从这城堡挪出十门大炮，借给停在这港湾里的船只用来增强火力。上午也下令，这些大船的所有小船都要切实装备好防御设施，于傍晚来这城堡旁边，要令其中几艘来警戒今晚的火船攻击；同时下令，那艘大帆船 De Roode Vos 号要切实装备好所有的作战设施。①

9 月 15 日荷兰人又记载：

> 上午九点钟的时候，再次召集福尔摩沙议员开会，会中决议，我们上述的计划，将于明天早晨开始涨潮时奉行神的名执行，并补充决定：快艇 Koukerchen 要去停泊在那条北街与那税务所之间，去射击那两条横街；Anckeveen 号要去越过那旁边的角湾，去停泊在略东南的地方，去射击北岸的沿岸，也射击停泊在这市镇与普罗岷西亚之间的那些戎克船；然后，那三艘小平底船偕同大帆船 De Vos 号与领港船 De Jager 号，以及所有的小船，有的装备一门小炮，有的两门小炮，加上那些小

---

① Voc 1235,fol.776v,《热兰遮城日志》第四册,1661 年 9 月 14 日,第 624 页。

艇,要去到上述那些戎克船旁边攻击她们。

　　在这激战中,地方的任何人毫无分别地都必须全部杀死,不得留下活命。①

　　荷兰人的反击依然从海上开始。他们将所有船只全部派出,并且将热兰遮城的大炮也搬到船上加强火力,下令尽可能地杀伤郑成功的有生力量。尽管孤注一掷,荷兰人在这次海战中依然不占上风。

　　此战的经过,由于海上激烈而混乱的局面,荷兰人在大员也未能观察得十分清楚。但从9月16日记载荷兰人在战后的总结大致可以看出端倪。这一天的《热兰遮城日志》记载:

　　他(荷兰战士)说,他们战败的主要原因是,因为那些小船,如上面已经说过那样,不能去接近敌人那些戎克船;另一方面,因为敌人向他们射来太多强力的箭,又每当他们要把小船去钩住并进攻那些戎克船时,每次都被敌人丢掷重的石头和大炮发射的炮弹所击退,他们有很多人因此被打伤,此外,敌人还把我方投过去的手榴弹和火罐,用席子接住,就这样再甩进我们那些小船,他们甚至拥有火器……我方的人曾经攻击一艘戎克船,攻击到那艘戎克船上的人大喊饶命,即将把船夺来了,却被另一艘戎克船迅速赶来救援,以致我方的人只得离开那艘戎克船……②

　　从这些记载中,可以感受到此战的激烈和残酷。郑成功丰富的作战手段和训练有素的水师,让荷兰人无计可施。并且,荷兰人感慨道:"敌人能在同一个炮台那么迅速操作他们的大炮,令人惊奇,我方有很多人感到惭愧(那些航海的人如此表示),特别是对 Koukerchen 号的炮击更是如此。"③

　　有研究者认为,从台江内海海战来看,荷兰人的船只更加高大、坚固,郑成功的船只已经落后。"中国的内战主要是陆地上的争夺,即使有海战也

---

①　Voc 1235,fol.780r,《热兰遮城日志》第四册,1661年9月15日,第627页。
②　Voc 1235,fol.783r,《热兰遮城日志》第四册,1661年9月16日,第630页。
③　Voc 1235,fol.784r,《热兰遮城日志》第四册,1661年9月16日,第631页。

是近海作战；而且郑成功 1660 年的舰船装备足以击败清军的水师、满足内战的需要；郑成功收复台湾后。又多次击败荷属东印度公司的战船（不是荷兰正规海军）；清军在打败衰弱的郑氏集团后，长期没有出现海上的威胁。这诸多的原因都使得中国海军的军事近代化缺乏动力。缺少于世界顶尖军事技术的交流，也造成了固步自封、日益落后于世界，并被西方所羞辱的可悲局面"。① 台湾学者陈信雄先生也认为，郑成功时期的中国帆船，无论是在航运能力还是作战能力方面，都已落后于荷兰人。从这场海战本身来看，这个观点可算客观。但如从当日东亚海域的历史背景来看，似乎还有值得考虑的方面。

首先，从东亚海域的地理环境来说，在南中国海有许多浅滩，是中国商船避之唯恐不及的，如有名的千里石塘、万里长沙。"千里石塘，在崖州海面之七百里外。相传海水特下八九尺，舶必远避而行（'海槎余录'）。万里长沙，在万里石塘东南，即西南夷之流沙河也。弱水出其南（'海语'）。……分水，在占城之外。罗海中沙屿，隐隐如门限；延线横亘，不知其几百里。巨浪拍天，异于常海。由海鞍山抵旧港，东注为诸番之路，西注为朱崖、儋耳之路。此天地设险以域华夷者也（'海语'）。"②

而大员港道的深度向来是荷兰人最头疼的问题。自 1649 年开始，每年的《东印度事务报告》几乎都会提到这个问题。1649 年 1 月 18 日的《东印度事务报告》说：

> 大员水道今年变得极浅，以致货船 Patientie 在入口最深处（不过 12 荷尺深）搁浅一整天。东京湾的入口同样变浅，船只每年均冒险航行，因此我们像去年一样在此向您提出请求，派出几艘轻便的货船用于北部水域。③

---

① 赵雅丹：《郑成功水师与荷兰海军装备、作战方式差异之探析》，《军事历史研究》2010 年第 2 期。

② 《厦门志》卷八，"海险"。

③ Voc 1167, fol.105，《东印度事务报告》，1649 年 1 月 18 日。《荷兰人在福尔摩沙》，第 304 页。

可见,除了大员以外,东京湾同样有这样的问题。荷兰人的船高大坚固,但在这些水域航行却变成了劣势。1651 年 1 月 20 日的《东印度事务报告》则称:

> 大员海道越来越浅,今年在退潮时,水深只有 9 荷尺,多数海船因而被迫在外洋装卸货物,这种做法不但困难大而且花费多,用时多,在天气不好的情况下,导航船和帆船数日不能出海。……同时最令人担忧的是,海道将变得越来越浅,致使此价值连城的殖民地成为无用之地。①

1652 年的情况也未曾好转。② 从上述荷兰人的报告来看,这个问题已成为大员进一步发展的命门,甚至可以使大员成为"无用之地"。因此,荷兰人一度想把贸易港口移至鸡笼。1655 年 1 月 26 日的《东印度事务报告》称:

> 因近几年来这些担忧和风险我们已感觉到危机迫在眉睫,迫使我们将来设法在一定时候避开灾难的根源——毫无改进的大员浅海道。请您考虑,将大员对中国的贸易转移到另一可供公司船只避风浪的地方和港口,是否更为有利。为此我们在福尔摩沙找不出比北角的鸡笼港更优良的港湾。③

但这似乎只是巴达维亚总督的一厢情愿。1656 年 2 月 1 日的《东印度事务报告》收到了时任大员长官的西撒尔对此事的意见:

---

① Voc 1175,fol.21,《东印度事务报告》,1651 年 1 月 20 日,《荷兰人在福尔摩沙》,第 323 页。

② Voc 1189,fol.71,《东印度事务报告》,1652 年 12 月 24 日,《荷兰人在福尔摩沙》,第 353 页。

③ Voc 1202,fol.65,《东印度事务报告》,1655 年 1 月 26 日,《荷兰人在福尔摩沙》,第 415 页。

我们在 1655 年 1 月 27 日的报告中提出的建议,实验大员的贸易是否可逐渐移至鸡笼,我们已交由长官和评议会商榷,并下令,如果他们与我们意见一致,可派出一艘海船装运胡椒、铅、锡及苏木前往,为人已长期驻大员并善于与中国人来往的商务员范·登恩德为首主管。但从西撒尔先生的来信中得知,他对此事的观点与我们颇有分歧,他强调(对此事有长篇报告),中国人无论如何不愿舍弃大员前往鸡笼与我们贸易,不仅因为他们已习惯于大员,而且大员水道的浅水对他们毫无影响(他们驾小帆船从中国前去贸易)。①

在 1657 年 1 月 31 日的《东印度事务报告》中,西撒尔迫切希望东印度公司能够派出小型的平地货船来适应大员的港道:

希望您能下令多造几艘此类的船只,大员至少还需要两艘像 Breuckele 这样的小型货船,以及两艘得力的平底船,像 Roode Vos 一样没有压舱物照样可以行驶,极受那一地区的欢迎,因而将此船由他们留用。总之,我们为公司事务着想,希望您能考略将来下令建造三到四艘像 Breuckele 那样的小型货船,五到六艘大小如同 Roode Vos 的平底船,派来我处。过去一季大部分小型船只用于装卸货物,使货物损失明显减少。水道的深度目前涨潮时达 13 荷尺,给大员带来便利,几艘轻便的海船均可驶入。只是我们恐怕这样的水深不可能令人满意地持续下去,久而久之又会因汹涌的波浪变浅。②

与荷兰人相反,华人使用的小帆船受水道的影响不大。此外,郑成功除了一定数量的常备战船以外,其控制下的众多华人商船更是他的后备力量。《巴达维亚城日志》1661 年 6 月条下记载:

---

① Voc 1212,fol.21,《东印度事务报告》,1656 年 2 月 1 日,《荷兰人在福尔摩沙》,第 434 页。

② Voc 1217,fol.22,《东印度事务报告》,1657 年 1 月 31 日,《荷兰人在福尔摩沙》,第 466 页。

一条于 1660 年 12 月抵达巴达维亚的帆船带来消息：

国姓爷已集结战斗用帆船二百艘以上于厦门及其附近，并努力集结更多，命令凡在日本制帆船船主等，立即返航，违者将予处死，又在交趾、柬埔寨、暹罗及其他地方之帆船，已不再驶往日本，命其载米、硝石、硫黄、锡、铅及其他驶往厦门。[1]

在动员战争时，所有的商船都被可征召入伍，并且只要稍加装备便可成为战舰。在鹿耳门登陆中，郑军船只的优势已经体现，《先王实录》记载：

四月初一日天明，赐姓至台湾外沙线，各船络绎俱至鹿耳门线外。此港甚浅，沙坛重叠，大船无从出入，故夷人不甚防备。是日水涨丈余，赐姓下小船，由鹿耳门登岸。午后大艅船齐进，泊水寨港，登岸扎营。[2]

郑成功先用小船登陆，出荷兰人之不备。台江内海的海战中，荷兰人的船只在台江内海便担心搁浅限制了其活动，而令一艘大船则只能驶向外洋，再掉转炮口攻击郑军。但郑军的舰队直接包围这艘荷兰大船 Hecter 号加以攻击，并成功点燃其船上的火药。巴达维亚总督在一篇报告中对此感叹道："我们的船队在那里甚至无能为力，因为水浅这一障碍我们的海船无法驶入，而敌人使用轻便的船只在内部水域占有巨大优势。"[3]

其次，对于非战时的贸易航运来说，荷兰商船一般装备武器，但也增加了更多的成本，中国帆船则大部分没有武装，这也是台湾学者张彬村指出的在 16 至 18 世纪华人在东亚水域的贸易优势之一。[4] 因此，郑成功舰队的特点事实上基于华人商船在东亚海域更具经济效益的贸易形式，进一步影

---

[1] 《巴达维亚城日志》第三册，第 218 页。

[2] 杨英：《先王实录》，陈碧笙校注，第 246 页。

[3] Voc 1234, fol.21，《东印度事务报告》，1662 年 1 月 30 日，《荷兰人在福尔摩沙》，第 548 页。

[4] 参见张彬村：《十六至十八世纪华人在东亚水域的贸易优势》，载《中国海洋发展史论文集》第三辑，第 345 页。

响了其舰队的作战方式。因此，仅以双方船只之直观比较来论证郑成功与荷兰人的海上军事能力，似乎并不全面。

另有研究者认为，郑成功的兵力是荷兰人的十倍，因此攻占大员也在情理之中。但从攻克大员的战役来看，由于受到暴风和大浪的影响，热兰遮城堡的南部水道一度无法停靠船只，这使得郑成功虽在军队数量上占优，却无法全部投入战斗中。

1661年7月28日的《热兰遮城日志》记载：

> 早晨天亮时，我们看见上述那艘戎克船在南港道外一小段距离的地方……但是，海上波涛非常汹涌，他们虽然重新尝试了两三次，还是无法前进。那时，那艘戎克船就向北方漂去，对此，我们感到奇怪，漂到半途略微停了下来，于是驶入北港道，先是在那港道搁浅，之后又浮了起来，在那里颠簸摇晃，冲去搁在北线尾附近的西南角，几乎晃成底朝天。据我们看来，如果他们升起那面大帆，即可避免这样搁浅，也可继续入港来到此地了。那时，敌人的船只，因逆风逆流，即使他们竭尽全力，也无法来到这里。①

恶劣的气候影响了郑成功对大员的围困，也使荷兰人有机会突破郑成功的包围向巴达维亚求援。热兰遮城所在沙洲与大陆之间仅有极狭窄的沙洲，荷兰人又在此建造乌特勒支城堡来守卫，因此大部队也是无法通过的。因此，在大员海战中，军队的数量并非最关键因素。

在第二次大员海战中，荷兰人已经得到长崎荷兰商馆的支援，《东印度事务报告》曾提到：

> 我们在日本的人仍然极为关心大员的事情，并为运送那里所需物品派出由上述船队截获的一条中国帆船和一艘快船 Hogelande、货船 Vinck 和 Loosduynen 于10月19日从长崎出发。结果，上述船只在福

---

① Voc 1235, fol.710r,《热兰遮城日志》第四册，1661年7月28日，第559页。

岛附近遭遇强烈风暴,使载运大部分货物和鸡笼 24 名士兵的上述帆船漂离大员,而未能运去所需物资。……司令官卡尤命令 Loosduynen 一船去日本装运所有船只能运出的弹药前往大员,因为舰队配备弹药不足,很快就会用光。①

事实上,支援大员的这支舰队也是东印度公司能够派出的最强大力量。据程绍刚统计,"十七世纪下半叶,东印度公司在亚洲的士兵大约 7800 名左右,其中此时大员的兵力已有 2000,大致已占四分之一"。②

值得一提的是,郑荷双方的战火已经从大员扩散到整个东亚海域。荷兰人曾希望能够与清军合作攻击郑成功,但卡尤却借驶往中国沿海与清军会和的机会,直接逃回巴达维亚,使大员的荷兰人大为沮丧。《被忽视的福摩萨》记载:

那三艘派往澎湖群岛的船只,找不到卡尤的踪迹,又折回大员,报告说,卡尤已不在该处,一定是到巴达维亚去了。这个消息使被围者惊慌万状,不但因为他们是去各种粮食,军需品和最好的战士,更因为卡尤卑鄙地逃跑后,他们本来指望在中国大陆击败国姓爷从而使他们获救的希望也落空了。③

除了试图与清廷合作,荷兰东印度公司开始在东亚海域无限制地抢劫郑成功的商船。巴达维亚总督在 1661 年和 1662 年的《东印度事务报告》中,数次提到荷兰人的行动:

我们将尽可能给他以沉重的打击,从日本航行水域到其他地方,因为他也令其船只对装运日本货物的公司海船发起攻击,其中一艘被炸

---

① Voc 1234, fol.156,《东印度事务报告》,1661 年 12 月 22 日,《荷兰人在福尔摩沙》,第 541 页。

② 《荷兰人在福尔摩沙》,"导论",第 xxxvii 页。

③ 《被忽视的福摩萨》,《郑成功收复台湾史料选编》,第 176 页。

毁（而我们至今为止从未下令在日本航行水域拦截帆船）。①

我们上述舰队于 8 月 9 日在广州岛附近截获一条驶自暹罗的安海帆船，此船装载 200 拉斯特米，一批锡、铅、硝石等。②

在麻纳多（苏拉威西岛北端，北纬 1.5 度，东经 125 度）前我们的人发现国姓爷的一条帆船，装运许多小炮，18 拉斯特米，107 担蜡，一些铜和其他杂物，长官因国姓爷东渡福尔摩沙的威胁暂时将此船扣留。③

尽管荷兰人抢劫这些商船、并采取各种手段打击郑成功，但这场战争的结果没有因此改变。综上可见，攻克大员的战斗，事实上是郑荷双方在海上军事能力上的决战。郑成功的胜出，也说明了他才是这一时期东亚海域的主导者。

在围困大员长达九个月之后，荷兰人之失败已成定局。1662 年 1 月 27 日，福尔摩沙众议会决定要向郑成功要求缔结合理的投降协议。在当日的《热兰遮城日志》中，记录了荷兰人的决议：

> 这福尔摩沙诸岛的长官与议员揆一寄这封信给驻军在这热兰遮城堡前面的大官国姓爷：
>
> 殿下，您阁下若有意要和我们洽谈关于这城堡的诚实的条约，就请用荷兰文写一封回信，送来放在那条石头路的中段；同时，从现在起，无论在水上或陆上，都必须停止武器的使用和敌对工事的活动；并且，双方都必须留在各自的阵地里，不得去接近对方，否则，将以敌人对待。
>
> 下面写着，热兰遮，1662 年 1 月 27 日。

---

① Voc 1232,fol.714,《东印度事务报告》，1661 年 7 月 29 日,《荷兰人在福尔摩沙》，第 539 页。

② Voc 1234,fol.546,《东印度事务报告》，1661 年 12 月 22 日,《荷兰人在福尔摩沙》，第 541 页。

③ Voc 1234,fol.B1—47,《东印度事务报告》，1662 年 1 月 30 日,《荷兰人在福尔摩沙》，第 544 页。

签名:长官 Frederick Coijett。①

缔结条约事由荷兰人提起,郑成功在 1 月 29 日给荷兰人的一封信中表明态度:

> 大明招讨大将军国姓寄这封信给大员的长官揆一及其议会。
>
> 如果您们要把这城堡及其所有的财务交给我,要,一句话就够了,不要,也一句话就够了,何必还要派代表去长谈? 如果真诚打算要来缔约,那么您们就必须老老实实地来,不能一下子这么说,一下子又有其他的想法。我的计划是要打败您们,攻破你们的城堡,而你们的是要防守这城堡。不过,如果我开始射击了,那是你们想要来我这里缔约,还可以来,都不必害怕。我要告诉您们的就是这些事情。
>
> 下面写着:永历第十五年第十二月的第十日。②

郑成功继续给荷兰人施压。如此,双方一番讨价还价之后,终于在 1662 年 2 月 1 日缔结条约。当日的《热兰遮城日志》全文记录了这个条约的内容,现摘录如下:

> 由一方自 1661 年 5 月 1 日到 1662 年 2 月 1 日围攻福尔摩沙的热兰遮城堡的他殿下大明招讨大将军国姓阁下,与另一方代表荷兰政府的该城堡的长官腓特烈·揆一及其议员们所订立的条约,其条款如下:
>
> 1. 双方造成的所有敌意均遗忘了。
>
> 2. 热兰遮城堡,及外面的工事,……都将移交给国姓爷阁下。
>
> 3. 米、面包……以及因所有被包围者与船只从此地要航往巴达维亚所需的其他物品,上述长官与议员们都可从上面所提仍属公司的这些货物中,毫无阻拦地装进停泊在这沿海的荷兰联合公司的船只里。

---

① Voc 1238,fol.737r,《热兰遮城日志》第四册,1662 年 1 月 27 日,第 772 页。

② Voc 1238,fol.745r,《热兰遮城日志》第四册,1662 年 1 月 29 日,第 780 页。

4.属于在福尔摩沙的这城堡里的，以及在战争中被送去其他地方的荷兰政府的特殊人员的所有动产，经国姓爷阁下授权的人检验之后，都得以毫无短缺地装进上述船只里。

5.除了上述物品以外，这众议会里的二十八个人，每人还可携带现钱两百……

6.军人可携带他们所有的物品与现钱，但须经检查，并按照我们的习俗，全副武装，持飞扬着的旗帜，点燃着的火绳，子弹上膛，并打鼓撤出，去搭船。

7.在福尔摩沙此地的中国人，有谁因赎租或其他原因而对尊贵的公司还有欠债的，须从公司的账簿摘录出来交给国姓爷阁下。

8.这政府的所有文件盒账簿，现在都得以一起带往巴达维亚去。

9.这尊贵公司的所有职员……还在福尔摩沙而不在他的领域内的其他的人，也要尽快使他们得以自由通行，以便来搭公司的船只。

10.国姓爷须将被他夺去的那四艘大船的小船，及所有的原配，交还我们。

11.也须安排足够尊贵的公司将他们的人员和物品运送去他们的船只所需的船只给我们。

12.农作物，牛和其他牲畜，以及公司人员在此地期间所需的其他食物，他殿下须以合理的价格，从今日起每日充分供应给上述尊贵公司的人员。

13.在尊贵公司的人员还留在此地的陆地上……国姓爷阁下的士兵或他其他的部属……任何人都不得越界来靠近这城堡或外面的工事。

14.这城堡，在尊贵公司的人员撤离以前，将只挂白旗，不挂其他旗帜。

15.仓库的管理员，于其他人员和物品都上船装船以后，将留在这城堡里二至三天，然后才与人质一起被带上船。

16.国姓爷那边，将派官员，即将领 Ongkim，和政务参谋 Punlauw-Jamosie 当人质，来搭停泊在这泊船处的一艘尊贵的公司的船，相对

地，……他们都要分别留在上述地方，直到一切都按照这条约的内容诚
实履行完毕。

17. 被囚禁在这城堡或在这泊船处的尊贵的船只里的国姓爷阁下
的人员，将跟囚禁在国姓爷阁下的领域里的我方人员交换并被释放。

18. 如有误会，以及不很重要却有需要而在这条约里被遗忘的
内容，将毫无争执地予以改正，双方都要尽力协调到双方都乐意
接受。

以上条列的条约，在众议会里，由下列人员决议并签名。①

《热兰遮城日志》也记录了荷兰人对郑成功交给荷兰方面条约的荷文
译文。参照之下，主要内容几乎相同，只是郑成功交给荷兰人之条约更为精
简，极可能是由荷兰人之条约中译之后修改而成，条约数目也合并为十六
条。② 至此，一度被荷兰人占领的大员，成为郑成功海上政权新的基地。

第三节　议取马尼拉

遗憾的是，在攻克大员仅两个月后，郑成功猝然辞世。关于郑成功去世
的原因，并未有明确的记载。但似乎在早年间，他的身体状态便有问题，还
曾请荷兰医生来治疗。《热兰遮城日志》1654 年 7 月 6 日记载：

下午，我们从一艘前来此地的戎克船收到主治医师 Beyer 从厦门
岛寄来的一封信。署期今年 6 月 20 日。写说，他们于最近的 5 月 23
日去到大官国姓爷那里。隔日国姓爷就召见 Beyer，让他看他的症状。
在他左手臂长了几个肿瘤。据该官员自己的想法，是因寒冷与风引起

---

① Voc 1238, fol.753r—755v,《热兰遮城日志》第四册，1662 年 2 月 1 日，第 788—
790 页。

② 参见 Voc 1238, fol.756r—757r,《热兰遮城日志》第四册，1662 年 2 月 1 日，第
791—792 页。

的，但是 Beyer 却另有其他的看法。国姓爷对于要服用他的一些药物非常犹豫踟蹰，显然是出于怀疑和不信任，这使 Beyer 感到非常困难。Beyer 调制煎熬的药，必须在国姓爷的医生面前调制煎熬，而药物的成分，事先须由国姓爷自己看过，虽然他对那些成分并无知识。因此，Beyer 很希望提前辞去这工作，回来此地。

虽然如此，他们已将该症状治疗到，那些肿瘤已开始消散，并且软化了，但是现在缺乏药物，那些可以完全消除那些病源的药物。因此，国姓爷非常恳切地请求，请长官阁下将附寄的药单上的药品，从此地寄去给他。这是国姓爷强调要他寄信来此的理由。①

郑成功的肿瘤是否根治，不得而知。此外，十余年的海上征战，或许也足以对郑成功的健康造成一定影响。永历十六年五月初八日，郑成功逝世。刘献廷《广阳杂记》卷二云："杨于两为余言：'赐姓之死也，面目皆抓破；曰：吾无面目见先帝及思文帝也'。"

若非郑成功去世，东亚海权的格局也许有望进一步改变。郑成功在围困大员期间，曾想进军马尼拉。1662 年 1 月 3 日，荷兰人从一个郑方逃兵中得知一则消息，当日的《热兰遮城日志》记载：

他说，当大麦收割之后，国姓爷将把他的士兵和戎克船召集起来，用武力来攻击我们，那时他若打败了，就要去马尼拉或吕宋的岛屿。②

在拿下热兰遮城以后，郑成功将在厦门的天主教传教士李科罗召到台湾，派他作为使节携带信件前往马尼拉致菲律宾西班牙总督，其内容如下：

你小国与荷夷无别，凌迫我商船，开争乱之基。予今平定台湾，拥

---

① Voc 1206,fol.444,《热兰遮城日志》第三册，1654 年 7 月 6 日，第 356—357 页。
② Voc 1238,fol.704v,《热兰遮城日志》第四册，1662 年 1 月 3 日，第 739 页。

精兵数十万,战舰数千艘,原拟率师亲伐。况自台至你国,水路近捷,朝发夕至;惟念你等迩来稍有悔意,遣使前来乞商贸易条款,是则较之荷夷已不可等视,决意始赦尔等之罪,暂留师台湾,先遣神甫奉致宣谕。倘尔等及早醒悟,每年俯首来朝纳贡,则交由神甫复命,予当示恩于尔,赦你旧罚,保你王位威严,并命我商民至尔邦贸易。倘或你仍一味狡诈,则我舰立至,凡你城池库藏与金宝立焚无遗,彼时悔莫及矣! 荷夷可为前车之鉴,而此时神甫亦无庸返台。福祸利害惟择其一,幸望慎思速决,毋延迟而后悔,此谕。永历十六年三月七日。国姓爷①

在这封信中,郑成功携攻克大员之余威,要求马尼拉的西班牙人前来"纳贡",并且不可妨碍他的商船贸易。但西班牙人并未屈服,这位李科罗于九月返回中国沿海,带来西班牙人的回信:

西班牙人惟服从其国王……鉴于数年来,中国住民携千金之商品前来,换去宝贵财物而成富,对彼等所示之友情,吾人亦曾给予厚谊与援助,即可验证。战乱以来,阁下既以友谊相待,吾人亦续守信义,保护阁下船只,并充分供粮食及其他必须之物品。鞑靼人曾要求驱逐来自阁下领土之中国移民,吾人亦予以拒绝。与阁下战运攸关之必需物资或友谊亦均供与以示厚谊。阁下曾遣使者前来,吾人以厚礼相迎,并送之厚礼以归。然今阁下背弃原应遵守之信约,而要求吾人纳贡。此乃因阁下认识不足,未曾想及曾所受至上之福以及如此将引来何等祸害所致。阁下欲征服吾诸岛,实为不可能之事,即若此群岛为阁下所征服,则阁下不啻有如征服自己。盖贸易之利比从此而亡,每年输送至贵国之如许财富,以及自本地所得之各种便利,在附近各处,何处可得……如今阁下理应力事防己之际,反以侵害为借口,携优势以挑战吾人……今仍以阁下之使臣李科罗神父为余之使者,携此复函,旨在邀信

---

① 林金枝、韩振华:《读郑成功致菲律宾总督书》,《南洋问题》1982 年第 3 期。

释疑也，殊盼善迎之，且赋予君侯间例行使臣之特权。吾等彼此存有邻邦之友谊，敬祈上帝赐阁下智慧，俾悟真理。

西元一六六二年七月十日于马尼拉①

并且，西班牙人开始加强防御工事，开始备战。关注郑成功动向的巴达维亚荷兰人在 1662 年 12 月 26 日的《东印度事务报告》中记载：

据考斯（荷兰人在安汶的长官）的报告，马尼拉的西班牙人似乎极为担忧国姓爷将有一天前往攻取菲律宾岛屿，赶走西班牙人，正如他把我们赶出福岛一样。因此，他们天天在集中其他各地区的兵力，并撤除和拆毁不同的据点。但我们希望，公司在北部地区的兵力能借助于上帝的帮忙，给他造成足够的困扰，使他暂时不会发动他的攻击，因为他若占领以上地区也将对我们构成威胁，届时将渗透到公司贵重的香料产区。②

另有人传言，国姓爷已死，他的居住在安海和岛上的儿子和朋友与他分道扬镳，将到达那里的所有国姓爷的船只扣留，据他们说是供福岛使用。而且他在马尼拉也经历一场大难，痛失 20 条帆船。这些帆船由他派出，满载中国人，并有三名使者随同前往那里通告攻占大员和福岛胜利的消息，但西班牙人马上识破其诡计，而且发现几名隐藏在当地中国人中间的几名奸细，将其帆船扣留并予以摧毁，还将所有船上的中国人杀害，清除了一大批隐藏在那里的奸细。③

从以上记载来看，郑成功已派船前往马尼拉刺探情报，理应有出兵的想法。客观上，郑成功东渡大员的魄力和强大的海上军事实力也足以支持他

---

① 赖永祥：《明郑征菲企图》，《台湾风物》1954 年第 1 期。

② Voc 1238，fol.85，《东印度事务报告》，1662 年 12 月 26 日，《荷兰人在福尔摩沙》，第 560 页。

③ Voc 1238，fol.322，《东印度事务报告》，1662 年 12 月 26 日，《荷兰人在福尔摩沙》，第 561 页。

的想法。西班牙人此时已进入到战备状态。但是随着郑成功的去世，其海权扩张的计划也戛然而止。值得注意的是，郑成功的继任者郑经、郑克塽都曾计划进军马尼拉，但皆未能成行。①

---

① 参加李毓中：《明郑与西班牙帝国：郑氏家族与菲律宾关系初探》，《汉学研究》1998 年第 2 期。

结　　语

　　此前人们对郑成功的认识,主要是其坚决抗清和驱荷复台的"民族英雄"的形象。本书探讨郑成功在这一时期东亚海权竞逐中的地位,意在指出郑成功在这一时期的海洋活动是中国海洋发展历程中的重要内容。郑成功在17世纪东亚海域东西方的冲突、交流中也扮演着重要的角色。

　　大航海时代开启后,东西方海上力量在东亚海域的接触、交流与碰撞已然不可避免。郑芝龙、郑成功父子与荷兰人的较量体现出明显的延续性。这一时期,郑氏父子成为中国海上力量的代表。

　　郑成功的海上政权,行使南明政权的公权力,继承并发展了郑芝龙的海上势力。海上政权根植于东南沿海海洋经济以及东亚华人贸易网络的发展,并且形成了极具海洋气息的军事、贸易制度,代表了中国沿海社会从大陆向海洋的转向。郑成功的海上政权,成为中国商船在东亚海域航行、贸易的坚强后盾。面对荷兰、西班牙等势力的竞争,郑成功采取索赔、禁航等手段,维护了中国海商的利益。17世纪50年代,对于大员主权的分歧,已使郑成功与荷兰人产生了数次摩擦。而作为政权基地的厦门、金门受到威胁后,郑成功也需要寻找新的海上基地。郑成功能够东渡大员、攻克热兰遮城,最直接也是最重要的条件,是他拥有一支比荷兰人更强大、更适合在东亚海域作战的海上力量。

　　郑成功去世以后,荷兰人曾卷土重来,短暂占据淡水。但由于入不敷出,随即彻底退出台湾。17世纪60年代,平均只有13艘荷兰船只驶入大员地区。1671年,荷兰东印度公司终止了在越南东京和日本之间的直接航运贸易。1675年,越南东京商馆关闭。1689年,荷兰东印度公司决定停止直接向中国派遣船只,而将经营重点退入印度洋。而清初的海禁与迁界,使东南沿海的海洋社会经济遭受毁灭性打击。1684年,台湾郑氏的第三代郑克塽降清,清廷将对外贸易转移至广州。闽南地区与东亚海洋世界的联系被削弱,中国通过海权竞逐融入正在酝酿中的世界市场的战略机遇期也被错过了。

　　将台湾纳入中国版图,是郑成功的功绩,更是这一时期中国海洋拓殖的成果。郑成功与东亚海权竞逐的历史,是中国海洋文明史的重要组成部分。这一时期,汉族的"一部分成了海上民族,甚至可以说是尤其宝贵难得的水陆两栖民族"①,反映了中国海洋文明的独特性。其中包含的文明因素和经验教训,是中国走向海洋的宝贵财富。

---

　　①　杨国桢:《郑成功与明末海洋社会权力的整合》,载杨国桢:《瀛海方程》,第285页。

参考文献

一、档案史料、古籍

《郑氏史料初编》,《台湾文献丛刊》第 157 种,台北大通书局 1984 年版。

《郑氏史料续编》,《台湾文献丛刊》第 168 种,台北大通书局 1984 年版。

《郑氏史料三编》,《台湾文献丛刊》第 175 种,台北大通书局 1984 年版。

《十七世纪台湾英国贸易史料》,《台湾研究丛刊》第 57 种,台湾经济银行研究室 1959 年版。

《荷兰人在福尔摩沙》,程绍刚译注,台北联经出版公司 2000 年版。

《巴达维亚城日志》第一册,郭辉译,台湾省文献委员会 1970 年版。

《巴达维亚城日志》第二册,郭辉译,台湾省文献委员会 1970 年版。

《巴达维亚城日志》第三册,程大学译,台湾省文献委员会 1990 年版。

《热兰遮城日志》第一册,江树生译注,台南市政府 1999 年版。

《热兰遮城日志》第二册,江树生译注,台南市政府 2002 年版。

《热兰遮城日志》第三册,江树生译注,台南市政府 2003 年版。

《热兰遮城日志》第四册,江树生译注,台南市政府 2011 年版。

《郑成功传(诸家)》,《台湾文献丛刊》第 67 种,台湾经济银行研究室 1960 年版。

《台湾关系文献集零》,《台湾文献丛刊》第 309 种,台湾银行经济研究室 1972 年版。

《思文大纪》,《台湾文献丛刊》第 111 种,台湾经济银行研究室 1961 年版。

《荷兰人侵据澎湖残档》,台湾大通书局 1987 年版。

《郑氏关系文书》,《台湾文献丛刊》第 69 种,台湾银行经济研究室 1960 年版。

《明实录》,台北"中央研究院"历史语言研究所 1982 年版。

《清世祖实录》,中华书局 1985 年版。

《崇祯实录》,台北"中央研究院"历史语言研究所 1983 年版。

《崇祯长编》,上海书店 1982 年版。

郑绪荣辑编:《郑成功在潮州活动资料》,潮汕历史文化中心 2007 年版。

中山大学东南亚研究所编:《中国古籍中有关菲律宾资料汇编》,中华书局 1980

年版。

余定邦等编著:《中国古籍中有关新加坡马来西亚资料汇编》,中华书局 2002 年版。

福建师范大学历史系编:《郑成功史料选编》,福建省郑成功研究学术讨论会组织委员会 1982 年版。

厦门市郑成功纪念馆编:《郑成功族谱四种》,福建人民出版社 2006 年版。

厦门大学郑成功历史调查研究组编:《郑成功收复台湾史料选编》,福建人民出版社 1982 年版。

中国第一历史档案馆编辑部:《郑成功满文档案史料选译》,福建人民出版社 1987 年版。

陈支平主编:《清初郑成功家族满文档案史料译编(一)》,《台湾文献汇刊》第一辑第六册,厦门大学出版社、九州出版社 2004 年版。

陈支平主编:《清初郑成功家族满文档案史料译编(二)》,《台湾文献汇刊》第一辑第七册,厦门大学出版社、九州出版社 2004 年版。

郑成功、郑经:《延平二王遗集》,何丙仲点较,上海辞书出版社 2012 年版。

[清]杨英:《先王实录》,陈碧笙校注,福建人民出版社 1981 年版。

[清]江日昇:《台湾外记》,陈碧笙点较,福建人民出版社 1983 年版。

[清]薛起凤:《鹭江志》,鹭江出版社 1998 年版。

[明]郑大郁:《经国雄略》,美国哈佛大学哈佛燕京大学图书馆编,商务印书馆、广西师范大学出版社 2003 年版。

张廷玉等:《明史》,中华书局 1980 年版。

[明]顾炎武:《天下郡国利病书》,上海古籍出版社 2012 年版。

[美]马汉:《海权对历史的影响(1660—1783)》,李少彦等译,海洋出版社 2013 年版。

[明]沈德符:《万历野获编》,中华书局 1997 年版。

[明]李东阳等:《大明会典》,台北国风出版社 1963 年版。

[清]夏琳:《闽海纪要》,林大志校注,福建人民出版社 2008 年版。

[明]曹履泰:《靖海纪略》,台湾文献丛刊第 33 种,台湾经济银行研究室 1959 年版。

[清]彭孙贻:《靖海志》,台湾文献丛刊第 35 种,台湾经济银行研究室 1959 年版。

[清]谷应泰:《明史纪事本末》,中华书局 1977 年版。

[日]川口长孺:《台湾郑氏纪事》,台湾文献丛刊第 5 种,台湾经济银行研究室 1958 年版。

[清]施琅:《靖海纪事》,福建人民出版社 1983 年版。

[清]沈云:《台湾郑氏始末》,《台湾文献丛刊》第 15 种,台湾经济银行研究室 1959 年版。

[清]陈伦炯:《海国闻见录》,李长傅校注,中州古籍出版社 1985 年版。

[明]沈有容:《闽海赠言》,台湾省文献委员会 1994 年版。

[清]凌雪:《南天痕》,《台湾文献丛刊》第 76 种,台湾经济银行研究室 1960 年版。

[清]邵廷采：《东南纪事》，《台湾文献丛刊》第 96 种，台湾经济银行研究室 1961 年版。

[清]连横：《台湾通史》，《台湾文献丛刊》第 128 种，台湾经济银行研究室 1962 年版。

[清]阮文锡：《海上见闻录》，《台湾文献丛刊》第 24 种，台湾经济银行研究室 1958 年版。

[清]李天根：《爝火录》，《台湾文献丛刊》第 177 种，台湾经济银行研究室 1963 年版。

[清]计六奇：《明季南略》，《台湾文献丛刊》第 148 种，台湾经济银行研究室 1963 年版。

[清]余文仪：《续修台湾府志》，《台湾文献丛刊》第 121 种，台湾经济银行研究室 1962 年版。

[清]李瑶：《南疆逸史》，《台湾文献丛刊》第 132 种，台湾经济银行研究室 1962 年版。

[清]查继佐：《鲁春秋》，《台湾文献丛刊》第 118 种，台湾经济银行研究室 1961 年版。

[清]倪在田：《续明记事本末》，《台湾文献丛刊》第 133 种，台湾经济银行研究室 1962 年版。

[清]郁永河：《裨海记游》，《台湾文献丛刊》第 44 种，台湾经济银行研究室 1959 年版。

[明]张煌言：《张苍水集》，上海古籍出版社 1985 年版。

二、著作

杨国桢：《瀛海方程——中国海洋发展理论和历史文化》，海洋出版社 2008 年版。

杨国桢：《闽在海中》，江西高校出版社 1998 年版。

李庆新：《濒海之地　南海贸易与中外关系史研究》，中华书局 2010 年版。

汤锦台：《闽南人的海上世纪》，台北果实出版社 2005 年版。

汤锦台：《开启台湾第一人郑芝龙》，台北果实出版社 2002 年版。

汤锦台：《大航海时代的台湾》，台北猫头鹰出版 2001 年版。

方友义主编：《郑成功研究》，厦门大学出版社 1994 年版。

陈碧笙：《郑成功历史研究》，九州出版社 2000 年版。

吴正龙：《郑成功与清政府间的谈判》，台北文津出版社 2000 年版。

邓孔昭：《郑成功与明郑在台湾》，厦门大学出版社 2013 年版。

邓孔昭：《郑成功与明郑台湾史研究》，北京台海出版社 2000 年版。

江仁杰：《结构郑成功——英雄、神话与形象的历史》，台北三民书局 2006 年版。

李德霞：《十七世纪上半叶东亚海域的贸易竞争》，云南美术出版社 2010 年版。

曹永和：《台湾早期历史研究》，台北联经出版 1979 年版。

中国闽台缘博物馆主办：《西岸文史集刊（第二辑）》，福建教育出版社 2013 年版。

张培忠：《海权战略——郑芝龙、郑成功海商集团纪事》，生活·读书·新知三联书店 2013 年版。

厦门大学台湾研究所历史研究室编：《郑成功研究国际学术会议论文集》，江西人民出版社 1989 年版。

郑成功研究学术讨论会学术组编：《台湾郑成功研究论文选》，福建人民出版社 1982 年版。

张声振、郭洪茂：《中日关系史》，社会科学文献出版社 2006 年版。

廉德瑰：《日本的海洋国家意识》，时事出版社 2013 年版。

庄国土、刘文正：《东亚华人社会的形成和发展》，厦门大学出版社 2009 年版。

金应熙等主编：《菲律宾史》，河南大学出版社 1990 年版。

赵建民、刘予苇主编：《日本通史》，复旦大学出版社 1989 年版。

方真真译：《华人与吕宋贸易（1657—1687）：史料分析与译注》，新竹"国立清华大学"出版社 2012 年版。

林昌华译注：《黄金时代一个荷兰船长的亚洲冒险》，岳麓书社 2007 年版。

郑永常主编：《海港·海难·海盗：海洋文化论集》，台北里仁书局 2012 年版。

张天泽：《中葡早期通商史》，中华书局香港分局 1988 年版。

张菼：《郑成功纪事编年》，台湾银行经济研究室 1965 年版。

张水源主编：《郑成功与延平》，中国文史出版社 2006 年版。

厦门大学历史系编：《郑成功研究论文选》，福建人民出版社 1982 年版。

郑成功研究学术讨论会学术组编：《郑成功研究论文选续集》，福建人民出版社 1984 年版。

福建郑成功研究学术讨论会学术组编：《郑成功研究论丛》，福建教育出版社 1984 年版。

许在全主编：《郑成功研究》，中国社会科学出版社 1999 年版。

张宗洽：《郑成功丛谈》，厦门大学出版社 1993 年版。

杨国桢主编：《长共海涛论延平——纪念郑成功驱荷复台 340 周年学术研讨会论文集》，上海古籍出版社 2003 年版。

泉州市政协编：《郑成功与台湾》，厦门大学出版社 2003 年版。

孟森：《明史讲义》，上海古籍出版社 2002 年版。

陈支平：《民间文书与明清东南商族研究》，中华书局 2009 年版。

杨彦杰：《荷据时代台湾史》，江西人民出版社 1992 年版。

汪熙：《约翰公司：英国东印度公司》，上海人民出版社 2007 年版。

复旦大学文史研究院编：《世界史中的东亚海域》，中华书局 2011 年版。

陈锦昌：《郑成功的台湾时代》，台北向日葵出版社 2004 年版。

张世平：《中国海权》，人民日报出版社 2009 年版。

石家铸：《海权与中国》，上海三联书店 2008 年版。

鞠海龙：《中国海权战略》，时事出版社 2011 年版。

王家俭：《清史研究论薮》，台北出版社 1994 年版。

中国海洋发展史论文集编辑委员会主编：《中国海洋发展史论文集（第一辑）》，台北"中央研究院"三民主义研究所 1984 年版。

中国海洋发展史论文集编辑委员会主编：《中国海洋发展史论文集（第二辑）》，台北"中央研究院"三民主义研究所 1986 年版。

张炎宪主编：《中国海洋发展史论文集（第三辑）》，台北"中央研究院"中山人文社会科学研究所 1990 年版。

吴健雄主编.中国海洋发展史论文集（第四辑）》，台北"中央研究院"三民主义研究所 1994 年版。

张炎宪主编：《中国海洋发展史论文集（第六辑）》，台北"中央研究院"中山人文社会科学研究所 1997 年版。

中国海洋发展史论文集编辑委员会主编：《中国海洋发展史论文集（第七辑）》，台北"中央研究院"人文社会科学研究所 1999 年版。

朱德兰主编：《中国海洋发展史论文集（第八辑）》，台北"中央研究院"中山人文社会科学研究所 2003 年版。

刘序枫主编：《中国海洋发展史论文集（第九辑）》，台北"中央研究院"三民主义研究所 2005 年版。

汤熙勇主编：《中国海洋发展史论文集（第十辑）》，台北"中央研究院"人文社会科学研究中心 2008 年版。

陈寅恪：《柳如是别传》，生活·读书·新知三联书店 2001 年版。

方豪：《方豪六十自定稿》，台北学生书局 1969 年版。

［意］白蒂：《远东国际舞台上的风云人物——郑成功》，广西人民出版社 1997 年版。

［美］马士：《东印度公司对华贸易编年史（1635—1834）》，中国海关史研究中心译，中山大学出版社 1991 年版。

［美］大卫·科兹：《来自上层的革命：苏联体制的终结》，曹荣湘、孟鸣岐等译，中国人民大学出版社 2002 年版。

［瑞士］让·皮亚杰：《儿童的语言与思维》，傅统先译，文化教育出版社 1980 年版。

［法］莫里斯·布罗尔：《荷兰史》，郑克鲁、金志平译，商务印书馆 1974 年版。

［法］保罗·祖姆托：《伦勃朗时代的荷兰》，张今生译，山东画报出版社 2005 年版。

［美］房龙：《荷兰航海家宝典》，肖宇、杨晓明译，河北教育出版社 2004 年版。

［荷］伽士特拉：《荷兰东印度公司》，倪文君译，东方出版中心 2011 年版。

［英］霍尔：《东南亚史》，中山大学东南亚历史研究所译，商务印书馆 1982 年版。

［美］胡克：《荷兰史》，东方出版中心 2009 年版。

［美］安乐博：《海上风云——南中国海的海盗及其不法活动》，中国社会科学出版社 2013 年版。

［美］芭芭拉·安达娅：《马来西亚史》，中国大百科全书出版社 2005 年版。

［美］史蒂文·德拉克雷：《印度尼西亚史》，商务印书馆 2009 年版。

［日］森正夫等编：《明清时代史的基本问题》，东京汲古书院 1997 年版。

［日］井上清：《日本历史》，天津历史研究所译校，天津人民出版社 1974 年版。

［日］松浦章：《清代帆船与中日文化交流》，上海科学技术文献出版社 2012 年版。

［日］松浦章：《明清十大东亚海域的文化交流》，江苏人民出版社 2009 年版。

［日］松浦章：《清代帆船东亚航运与中国海商海盗研究》，上海辞书出版社 2009
年版。

三、论文

杨国桢：《重新认识西方的"海洋国家论"》，《社会科学战线》2012 年第 2 期。

郑永常：《郑成功海洋性格研究》，《成大历史学报》2008 年 6 月。

李毓中：《明郑与西班牙帝国：郑氏家族与菲律宾关系初探》，《汉学研究》1998 年第
2 期。

韩家宝：《荷兰东印度公司与中国人在大员一带的经济关系（1625—1640）》，《汉学
研究》2000 年第 2 期。

王恩重：《十七世纪郑氏海商集团地位论》，《学术月刊》2005 年第 8 期。

罗桂林：《〈清史稿〉、〈清史列传〉之〈郑成功传〉考异七则》，《古籍整理研究学刊》
2003 年第 5 期。

李德霞：《十七世纪上半叶荷兰东印度公司在台湾经营的三角贸易》，《福建论坛（人
文社会科学版）》2006 年第 5 期。

张先清：《十七世纪欧洲天主教文献中的郑成功家族故事》，《学术月刊》2008 年第
3 期。

韦红：《16—19 世纪前期中西国家政权在东南亚海上贸易中的作用》，《中南民族大
学学报（哲学社会科学版）》1990 年第 6 期。

周益锋：《"海权论"东渐及其影响》，《史学月刊》2006 年第 4 期。

赵雅丹：《17 世纪中荷海商集团组织差异及原因分析》，《华东师范大学学报（哲学
社会科学版）》2012 年第 2 期。

闫彩琴：《17 世纪中期至 19 世纪越南华商研究》，厦门大学 2007 年博士学位论文。

史春林：《1990 年以来中国近代海权问题研究评述》，《中国海洋大学学报（社会科
学版）》2007 年第 2 期。

卢建一：《从东南水师看明清时期海权意识的发展》，《福建师范大学学报（哲学社会
科学版）》2003 年第 1 期。

史春林：《20 世纪 90 年代以来关于海权概念与内涵研究述评》，《中国海洋大学学报
（社会科学版）》2007 年第 2 期。

林金枝、韩振华：《读郑成功致菲律宾总督书》，《南洋问题》1982 年第 3 期。

杨国桢、张雅娟：《海盗与海洋社会权力——以 19 世纪初"大海盗"蔡迁为中心的考察》，《云南师范大学学报（哲学社会科学版）》2011 年第 5 期。

马志荣：《海洋意识重塑：中国海权迷失的现代思考》，《中国海洋大学学报（社会科学版）》2007 年第 3 期。

李德霞：《近代早期东亚海域中外贸易中的白银问题》，《中国社会经济史研究》2006 年第 2 期。

史春林：《九十年代以来关于国外海权问题研究述评》，《中国海洋大学学报（社会科学版）》2008 年第 5 期。

熊曙光：《历史视野下的国外中国海权研究》，《中国图书评论》2007 年第 10 期。

徐晓望：《论 17 世纪荷兰殖民者与福建商人关于台湾海峡控制权的争夺》，《福建论坛（人文社会科学版）》2003 年第 2 期。

谈谭：《论 17 世纪郑氏海商集团的生存困境》，《中州学刊》2010 年第 3 期。

许维勤：《论闽南文化对郑成功的影响》，《福建论坛（人文社会科学版）》2003 年第 5 期。

宋泽宇、陈艳秋：《论明后期以郑若曾为代表的海权思想》，《大连海事大学学报（社会科学版）》2012 年第 5 期。

徐晓望：《论郑成功与施琅发生冲突的原因》，《福建论坛（人文社会科学版）》2005 年第 11 期。

张文木：《论中国海权》，《中国海洋大学学报（社会科学版）》2004 年第 6 期。

王涛：《洛克对政治权力内涵的分析》，《北京行政学院学报》2011 年第 2 期。

施伟青：《略论郑成功取得厦门庚子海战胜利的原因》，《学术月刊》1997 年第 9 期。

刘永涛：《马汉及其"海权"理论》，《复旦学报（社会科学版）》1996 年第 4 期。

黄盛璋：《明代后期船引至东南亚贸易港及其相关的中国帆船、商侨诸研究》，《中国历史地理论丛》1993 年第 3 期。

聂德宁：《明末清初澳门的海外贸易》，《厦门大学学报（哲社版）》1994 年第 3 期。

聂德宁：《明末清初的民间海外贸易结构》，《南洋问题研究》1991 年第 1 期。

荆晓燕：《明末清初郑氏海商集团对日贸易制度初探》，《社会科学辑刊》2012 年第 2 期。

聂德宁：《明末清初中国帆船与荷兰东印度公司的贸易关系》，《南洋问题研究》1994 年第 3 期。

聂德宁：《明清之际郑氏集团海上贸易的组织与管理》，《南洋问题研究》1992 年第 1 期。

李德霞：《浅析荷兰东印度公司与郑氏海商集团之商业关系》，《海交史研究》2005 年第 2 期。

刘一健、吕贤臣：《试论海权的历史发展规律》，《中国海洋大学学报（社会科学版）》2007 年第 2 期。

汪瞩申：《试论近代日本海权的扩张与对台湾的侵占》，《台湾研究》2012 年第 4 期。

李育安、吴朝林:《试论郑成功的经济思想》,《郑州大学学报(哲学社会科学版)》1984 年第 2 期。

师小芹:《试析 19 世纪后期法国"青年学派"的海权理论》,《军事思想史研究》2010 年第 1 期。

徐晓望:《晚明在台湾活动的闽粤海盗》,《台湾研究》2003 年第 3 期。

王荣国:《严复海权思想初探》,《厦门大学学报(哲学社会科学版)》2004 年第 3 期。

陈名实:《林国平、郑成功的儒学思想及其影响》,《福州大学学报(哲学社会科学版)》2007 年第 2 期。

郑克晟:《郑成功海上贸易及其内部组织之特点》,《中国社会经济史研究》1991 年第 1 期。

张宗洽:《郑成功家世考》,《福建论坛(文史哲版)》1984 年第 4 期。

鲁国尧:《郑成功两至南京考》,《南京大学学报(哲学、人文科学社会科学版)》2007 年第 4 期。

潘文贵:《郑成功烈屿会盟考评》,《台湾研究集刊》1994 年第 3 期。

邓孔昭:《郑成功收复台湾期间的粮食供应问题》,《台湾研究集刊》2002 年第 3 期。

赵雅丹:《郑成功水师与荷兰海军装备、作战方式差异之探析》,《军事历史研究》2010 年第 2 期。

夏蓓蓓:《郑芝龙:十七世纪的闽海巨商》,《学术月刊》2002 年第 4 期。

孙璐:《中国海权内涵探讨》,《太平洋学报》2005 年第 10 期。

后　记

　　本书是在我的博士学位论文基础上修改而成,现在得以出版,首先需要感谢我的导师杨国桢教授。

　　四年前,有幸成为杨国桢老师的学生。本书的写作,从材料收集到最后完成,杨老师倾注了巨大的心血。记得初稿完成以后,杨老师虽身体稍有不适,但仍然连夜审阅修改。师恩之重,已不是简单的言语所能表达。

　　学习期间,杨老师每周都给我们上课。若临时有事,事后也必定补上。杨老师思维活跃,思路清晰,对于一些复杂的问题更是能够一针见血,直指其最要害之处。能够时常聆听杨老师的教诲,无疑是十分幸福的。杨老师严谨的治学精神和一贯的学术热情,也时刻督促我不断努力。

　　这里,还要感谢王日根老师、林枫老师的关心和鼓励。也感谢王文拓、徐鑫、涂丹和几位同学的帮助。

　　家人的支持是我前进的动力。

王昌谨记

2015 年 7 月